注册建筑师考试丛书

一级注册建筑师考试历年真题与解析

·5·

建筑经济 施工与设计业务管理

（第十四版）

《注册建筑师考试教材》编委会 编

曹纬浚 主编

中国建筑工业出版社

图书在版编目(CIP)数据

一级注册建筑师考试历年真题与解析. 5，建筑经济 施工与设计业务管理 /《注册建筑师考试教材》编委会编；曹纬浚主编. — 14版. — 北京：中国建筑工业出版社，2021.11
(注册建筑师考试丛书)
ISBN 978-7-112-26705-7

Ⅰ. ①一… Ⅱ. ①注… ②曹… Ⅲ. ①建筑经济—资格考试—题解②建筑工程—资格考试—题解③建筑设计—资格考试—题解 Ⅳ. ①TU-44

中国版本图书馆 CIP 数据核字(2021)第 208970 号

责任编辑：张 建 焦 扬
责任校对：李美娜
封面图片：刘延川 孟义强

注册建筑师考试丛书
一级注册建筑师考试历年真题与解析
·5·
建筑经济 施工与设计业务管理
(第十四版)
《注册建筑师考试教材》编委会 编
曹纬浚 主编
*
中国建筑工业出版社出版、发行（北京海淀三里河路 9 号）
各地新华书店、建筑书店经销
北京红光制版公司制版
北京市密东印刷有限公司印刷
*
开本：787 毫米×1092 毫米 1/16 印张：18½ 字数：445 千字
2021 年 11 月第十四版 2021 年 11 月第一次印刷
定价：**59.00** 元
ISBN 978-7-112-26705-7
(38487)

《注册建筑师考试教材》

编　委　会

序

赵春山

（住房和城乡建设部执业资格注册中心原主任）

我国正在实行注册建筑师执业资格制度，从接受系统建筑教育到成为执业建筑师之前，首先要得到社会的认可，这种社会的认可在当前表现为取得注册建筑师执业注册证书，而建筑师在未来怎样行使执业权力，怎样在社会上进行再塑造和被再评价从而建立良好的社会资源，则是另一个角度对建筑师的要求。因此在如何培养一名合格的注册建筑师的问题上有许多需要思考的地方。

一、正确理解注册建筑师的准入标准

我们实行注册建筑师制度始终坚持教育标准、职业实践标准、考试标准并举，三者之间相辅相成、缺一不可。所谓教育标准就是大学专业建筑教育。建筑教育是培养专业建筑师必备的前提。一个建筑师首先必须经过大学的建筑学专业教育，这是基础。职业实践标准是指经过学校专门教育后又经过一段有特定要求的职业实践训练积累。只有这两个前提条件具备后才可报名参加考试。考试实际就是对大学建筑教育的结果和职业实践经验积累结果的综合测试。注册建筑师的产生都要经过建筑教育、实践、综合考试三个过程，而不能用其中任何一个去代替另外两个过程，专业教育是建筑师的基础，实践则是在步入社会以后通过经验积累提高自身能力的必经之路。从本质上说，注册建筑师考试只是一个评价手段，真正要成为一名合格的注册建筑师还必须在教育培养和实践训练上下功夫。

二、关注建筑专业教育对职业建筑师的影响

应当看到，我国的建筑教育与现在的人才培养、市场需求尚有脱节的地方，比如在人才知识结构与能力方面的实践性和技术性还有欠缺。目前在建筑教育领域实行了专业教育评估制度，一个很重要的目的是想以评估作为指挥棒，指挥或者引导现在的教育向市场靠拢，围绕着市场需求培养人才。专业教育评估在国际上已成为了一种通行的做法，是一种通过社会或市场评价教育并引导教育围绕市场需求培养合格人才的良好机制。

当然，大学教育本身与社会的具体应用需要之间有所区别，大学教育更侧重于专业理论基础的培养，所以我们就从衡量注册建筑师的第二个标准——实践标准上来解决这个问题。注册建筑师考试前要强调专业教育和三年以上的职业实践。现在专门为报考注册建筑师提供一个职业实践手册，包括设计实践、施工配合、项目管理、学术交流四个方面共十项具体实践内容，并要求申请考试人员在一名注册建筑师指导下完成。

理论和实践是相辅相成的关系，大学的建筑教育是基础理论与专业理论教育，但必须要给学生一定的时间使其把理论知识应用到实践中去，把所学和实践结合起来，提高自身的业务能力和专业水平。

大学专业教育是作为专门人才的必备条件，在国外也是如此。发达国家对一个建筑师的要求是：没有经过专门的建筑学教育是不能称之为建筑师的，而且不能进入该领域从事与其相关的职业。企业招聘人才也首先要看他们是否具备扎实的基本知识和专业本领，所以大学的本科建筑教育是必备条件。

三、注意发挥在职教育对注册建筑师培养的补充作用

在职教育在我国有两个含义：一种是后补充学历教育，即本不具备专业学历，但工作后经过在职教育通过社会自学考试，取得从事现职业岗位要求的相应学历；还有一种是继续教育，即原来学的本专业和其他专业学历，随着科技发展和自身业务领域的拓宽，原有的知识结构已不适应了，于是通过在职教育去补充相关知识。由于我国建筑教育在过去一时期底子薄，培养数量与社会需求差距很大。改革开放以后为了满足快速发展的建筑市场需求，一批没有经过规范的建筑教育的人员进入了建筑师队伍。而要解决好这一历史问题，提高建筑师队伍整体职业素质，在职教育有着重要的补充作用。

继续教育是在职教育的一种行之有效的教育形式，它特指具有专业学历背景的在职人员从业后，因社会的发展使得原有知识需要更新，要通过参加新知识、新技术的学习以调整原有知识结构，拓宽知识范围。它在性质上与在职培训相同，但又不能完全画等号。继续教育是有计划性、目标性、提高性的，从整体人才队伍和个人知识总体结构上作调整和补充。当前，社会在职教育在制度上和措施上还不够完善，质量很难保证。有一些人把在职读学历作为“镀金”，把继续教育当作“过关”。虽然最后证明拿到了，但实际的本领和水平并没有相应提高。为此需要我们做两方面的工作：一是要让我们的建筑师充分认识到在职教育是我们执业发展的第一需求；二是我们的教育培训机构要完善制度、改进措施、提高质量，使参加培训的人员有所收获。

四、为建筑师创造一个良好的职业环境

要向社会提供高水平、高质量的设计产品，关键还是要靠注册建筑师的自身素质，但也不可忽视社会环境的影响。大众审美的提高可以让建筑师感受到社会的关注，增强自省意识，努力创造出一个经受得住大众评价的作品。但目前实际上建筑师的很多设计思想受开发商与业主方面很大的影响，有时建筑水平并不完全取决于建筑师，而是取决于开发商与业主的喜好。有的业主审美水平不高，很多想法往往只是自己的意愿，这就很难做出跟社会文化、科技、时代融合的建筑产品。要改善这种状态，首先要努力创造尊重知识、尊重人才的社会环境。建筑师要维护自己的职业权力，大众要尊重建筑师的创作成果，业主不要把个人喜好强加于建筑师。同时建筑师自己也要提高自身的素质和修养，增强社会责任感，建立良好的社会信誉。要让创造出的作品得到大众的尊重，首先自己要尊重自己的劳动成果。

五、认清差距，提高自身能力，迎接挑战

目前中国的建筑师与国际水平还存在着一定差距，而面对信息化时代，如何缩小差距以适应时代变革和技术进步，成为建筑教育需要探讨解决的问题，并及时调整、制定新的对策。

我们现在的建筑教育不同程度地存在重艺术、轻技术的倾向。在注册建筑师资格考试中明显感觉到建筑师们在相关的技术知识包括结构、设备、材料方面的把握上有所欠缺，这与教育有一定的关系。学校往往比较注重表现能力方面的培养，而技术方面的教育则相对不足。尽管这些年有的学校进行了一些课程调整，加强了技术方面的教育，但从整体来看，现在的建筑师在知识结构上还是存在欠缺。

建筑是时代发展的历史见证，它凝固了一个时期科技、文化发展的印记，建筑师如果不能与时代发展相适应，努力学习和掌握当代社会发展的科学技术与人文知识，提高建筑的科技、文化内涵，就很难创造出高水平的作品。

当前，我们的建筑教育可以利用互联网加强与国外信息的交流，了解和掌握国外在建筑方面的新思路、新理念、新技术。这里想强调的是，我们的建筑教育还是应该注重与社会发展相适应。当今，社会进步速度很快，建筑所蕴含的深厚文化底蕴也在不断地丰富、发展。现代建筑创作不能单一强调传统文化，要充分运用现代科技发展成果，使经济、安全、健康、适用和美观得到全面体现。在人才培养上也要与时俱进。加强建筑师科技能力的培养，让他们学会适应和运用新技术、新材料去进行建筑创作。

一个好的建筑要实现它的内在和外表的统一，必须要做到：建筑的表现、材料的选用、结构的布置以及设备的安装融为一体。但这些在很多建筑中还做不到，这说明我们一些建筑师在对新结构、新设备、新材料的掌握和运用上能力不够，还需要加大学习的力度。只有充分掌握新的结构技术、设备技术和新材料的性能，建筑师才能够更好地发挥创造水平，把技术与艺术很好地融合起来。

中国加入 WTO 以后面临国外建筑师的大量进入，这对中国建筑设计市场将会有很大的冲击，我们不能期望通过政府设立各种约束限制国外建筑师的进入而自保，关键是要使国内建筑师自身具备与国外建筑师竞争的能力，迎接挑战，参与竞争，通过实践提高我们的设计水平，为社会提供更好的建筑作品。

前　言

一、本套书编写的依据、目的及组织构架

原建设部和人事部自1995年起开始实施注册建筑师执业资格考试制度。

本套书以考试大纲为依据，结合考试参考书目和现行规范、标准进行编写，并结合历年真实考题的知识点作出修改补充。由于多年不断对内容的精益求精，本套书是目前市面上同类书中，出版较早、流传较广、内容严谨、口碑销量俱佳的一套注册建筑师考试用书。

本套书的编写目的是指导复习，因此在保证内容综合全面、考点覆盖面广的基础上，力求重点突出、详略得当；并着重对工程经验的总结、规范的解读和原理、概念的辨析。

为了帮助考生准备注册考试，本书的编写教师自1995年起就先后参加了全国一、二级注册建筑师考试辅导班的教学工作。他们都是在本专业领域具有较深造诣的教授、一级注册建筑师、一级注册结构工程师和具有丰富考试培训经验的名师、专家。

本套《注册建筑师考试丛书》自2001年出版至今，除2002、2015、2016三年停考之外，每年均对教材内容作出修订完善。现全套书包含：《一级注册建筑师考试教材》（简称《一级教材》，共6个分册）、《一级注册建筑师考试历年真题与解析》（简称《一级真题与解析》，知识题科目，共5个分册）；《二级注册建筑师考试教材》（共3个分册）、《二级注册建筑师考试历年真题与解析》（知识题科目，共2个分册）。

二、本书（本版）修订说明

（1）三章内容均有一定的修订，规范完善了题目解析，并在题目解析中补充了一些行业标准规范的相关内容，如《砌体结构工程施工质量验收规范》《混凝土结构工程施工质量验收规范》等。

（2）由于《中华人民共和国合同法》被《中华人民共和国民法典》第三编代替，因此将有关《合同法》的题目和解析，根据《民法典》进行了相应修改。

（3）增加了2021年、2019年和2017年三年的考试真题，提供参考答案，并对考题进行了详细解析，方便考生了解最新考试真题，并进行模拟。

三、本套书配套使用说明

考生在学习《一级教材》时，除应阅读相应的标准、规范外，还应多做试题，以便巩固知识，加深理解和记忆。《一级真题与解析》是《一级教材》的配套试题集，收录了2003年以来知识题的多年真实试题并附详细的解答提示和参考答案，其5个分册分别对应《一级教材》的前5个分册。《一级真题与解析》的每个分册均包含两个部分，即按照《一级教材》章节设置的分散试题和近几年的整套试题。考生可以在考前做几次自测练习。

《一级教材》的第6分册收录了一级注册建筑师资格考试的“建筑方案设计”“建筑技术设计”和“场地设计”3个作图考试科目的多年真实试题，并提供了参考答卷，部分试题还附有评分标准；对作图科目考试的复习大有好处。

四、《一级教材》作者及协助编写人员

《第1分册　设计前期 场地与建筑设计（知识）》——第一、二章王昕禾；第三、七章晁军、尹桔；第四章何力；第五章王又佳；第六章荣玥芳。

《第2分册　建筑结构》——第八章钱民刚；第九、十章黄莉、王昕禾；第十一章黄莉、冯东；第十二～十四章冯东；第十五、十六章黄莉、叶飞。

《第3分册　建筑物理与建筑设备》——第十七章汪琪美；第十八章刘博；第十九章李英；第二十章许萍；第二十一章贾昭凯、贾岩；第二十二章冯玲。

《第4分册　建筑材料与构造》——第二十三章侯云芬；第二十四章陈岚。

《第5分册　建筑经济 施工与设计业务管理》——第二十五章陈向东；第二十六章穆静波；第二十七章李魁元。

《第6分册　建筑方案 技术与场地设计（作图）》——第二十八、三十章张思浩；第二十九章建筑剖面及构造部分姜忆南，建筑结构部分冯东，建筑设备、电气部分贾昭凯、冯玲。

除上述编写者之外，多年来曾参与或协助本套书编写、修订的人员有：王其明、姜中光、翁如璧、耿长孚、任朝钧、曾俊、林焕枢、张文革、李德富、吕鉴、朋改非、杨金铎、周慧珍、刘宝生、张英、陶维华、郝昱、赵欣然、霍新民、何玉章、颜志敏、曹一兰、周庄、陈庆年、周迎旭、阮广青、张炳珍、杨守俊、王志刚、何承奎、孙国樑、张翠兰、毛元钰、曹欣、楼香林、李广秋、李平、邓华、翟平、曹铎、栾彩虹、徐华萍、樊星。

在此预祝各位考生取得好成绩，考试顺利过关！

《注册建筑师考试教材》编委会

2021年9月

目　录

二十五　建　筑　经　济[1]

（一）基本建设程序和工程造价的确定

25-1-1　（2010）下列工程造价由总体到局部的组成划分中，正确的是(　　)。

A　建设项目总造价→单项工程造价→单位工程造价→分部工程费用→分项工程费用

B　建设项目总造价→单项工程造价→单位工程造价→分项工程费用→分部工程费用

C　建设项目总造价→单位工程造价→单项工程造价→分项工程费用→分部工程费用

D　建设项目总造价→单位工程造价→单项工程造价→分部工程费用→分项工程费用

解析： 工程造价由总体到局部的组成划分，正确的应是：建设项目总造价→单项工程造价→单位工程造价→分部工程费用→分项工程费用。

答案： A

25-1-2　（2009）建设项目的实际造价是(　　)。

A　中标价　　　　B　承包合同价

C　竣工决算价　　D　竣工结算价

解析： 当建设项目通过竣工验收交付使用时，竣工决算价就是建设项目的实际造价。

答案： C

25-1-3　（2006）下列不属于工程造价计价特征的是（　　）。

A　单件性　　B　多次性

C　组合性　　D　依据的复杂性

解析： 工程造价计价特征是单件性、组合性和多次性，故不是依据的复杂性。

答案： D

25-1-4　（2006）编制概、预算的过程和顺序是（　　）。

A　单项工程造价→单位工程造价→分部分项工程造价→建设项目总造价

B　单位工程造价→单项工程造价→分部分项工程造价→建筑项目总造价

C　分部分项工程造价→单位工程造价→单项工程造价→建设项目总造价

---

[1] 在本章及后面的成套试题中，《建筑工程建筑面积计算规范》GB/T 50353—2013 被引用次数较多，我们将其简称为《面积计算规范》。

D　单位工程造价→分部分项工程造价→单项工程造价→建设项目总造价

解析： 在确定工程建设项目的概预算时，则需按工程构成的分部组合由下而上地计价，其计算程序是：分部分项工程造价→单位工程造价→单项工程造价→建设项目总造价。

答案： C

25-1-5　(2006) 工程项目设计概算是由设计单位在哪一个阶段编制的？

A　可行性研究阶段　　B　初步设计阶段

C　技术设计阶段　　D　施工图设计阶段

解析： 设计单位应在项目初步设计阶段编制工程项目设计概算。

答案： B

25-1-6　建设工程造价是建设项目有计划地进行固定资产再生产和形成相应的(　　)及铺底流动资金的一次性费用总和。

A　实际费用　B　无形资产　C　有形资产　D　预备费

解析： 建设工程造价是建设项目有计划地进行固定资产再生产和形成相应的无形资产和铺底流动资金的一次性费用的总和。因为当进行固定资产再生产时不仅可以形成固定资产（如房屋与机器设备），同时也形成无形资产（如土地所有权转让而获得的土地使用权和专利技术与非专有技术等）。

答案： B

25-1-7　根据工程造价的特点，工程造价具有下列中的哪几项计价特征？

①单件性；②大额性；③组合性；④兼容性；⑤多次性

A　①②③　B　②③④　C　①③⑤　D　②④⑤

解析： 工程造价具有单件性、组合性和多次性计价特征。

答案： C

25-1-8　建设工程进行多次性计价，它们之间的关系是下列中的哪几项？

①投资估算控制设计概算；②设计概算控制施工图预算；③设计概算是对投资估算的落实；④投资估算作为工程造价的目标限额，应比设计概算更为准确；⑤在正常情况下投资估算应小于设计概算

A　①②③　B　②③④　C　①④⑤　D　①③⑤

解析： 建设工程进行多次计价，各次计价之间最主要的关系是：

①投资估算控制设计概算，就是按国家规定：设计概算不能超过已批准可研报告中投资估算的±10%，否则应重新报批可研报告。

②设计概算控制施工图预算，就是施工图预算不能突出（不应超过）设计概算，并作理论价格来控制工程造价。

③设计概算是投资估算的落实。由于投资估算是在项目设计图纸未形成之前的估算或匡算；而按初步设计图纸和定额计算的设计概算就较具体地把投资估算落实到实处。

答案： A

25-1-9　关于建设项目各阶段相对应的建设工程计价，正确的是(　　)。

A　项目建议书阶段编制设计概算　　B　可行性研究阶段编制投资估算

C　施工图设计阶段编制竣工决算　　D　方案深化设计阶段确定承包合同价

解析： 项目建议书和可行性研究阶段编制投资估算，施工图设计阶段编制施工图预算，方案深化设计即技术设计阶段编制修正总概算，不能确定承包合同价。

答案： B

25-1-10　厂区工程中的办公楼属于(　　)工程。

A　单位工程　　B　单项工程　　C　分部工程　　D　分项工程

解析： 厂区工程中的办公楼是厂区建设项目中的单项工程。

答案： B

25-1-11　某教学楼的土建工程属于(　　)。

A　单位工程　　B　分部工程　　C　分项工程　　D　单项工程

解析： 土建工程属于单位工程。

答案： A

25-1-12　(　　)是指通过较为简单的施工过程就能生产出来，且可以用适当的计量单位进行计量、描述的建筑或设备安装工程各种基本构造要素。

A　分部工程　　B　分项工程　　C　单项工程　　D　单位工程

解析： 分项工程是能用较简单的施工过程生产出来，并可用适当的计量单位计量、估价描述的建筑或设备安装工程各种基本构造要素。

答案： B

（二）建设项目费用的组成与计算

25-2-1　(2010) 下列费用中，不属于直接工程费的是(　　)。

A　人工费　　B　措施费　　C　施工机械使用费　D　材料费

解析： 直接工程费仅包括人工费、材料费和施工机械使用费；而措施费属于直接费。

答案： B

25-2-2　(2010) 工程建设其他费用中，与企业（建设方）未来生产和经营活动有关的是(　　)。

A　建设管理费　B　勘察设计费　C　工程保险费　D　联合试运转费

解析： 联合试运转费是与企业（建设方）未来生产和经营活动有关的工程建设其他费用。

答案： D

25-2-3　(2010) 下列费用中，不属于间接费的是(　　)。

A　工程排污费　B　环境保护费　C　企业管理费　D　住房公积金

解析： 环境保护费属于直接费中的措施费，不属于间接费。

答案： B

25-2-4　(2010) 企业按规定缴纳的房产税、车船使用税、土地使用税、印花税等属于(　　)。

A 措施费　　B 规费　　C 企业管理费　　D 营业税

解析：企业缴纳的房产税、车船使用税、土地使用税和印花税等属于企业管理费中的税金。

答案：C

25-2-5 (2009) 某办公楼的建筑安装工程费用为800万元，设备及工器具购置费用为200万元，工程建设其他费用为100万元，建设期贷款利息为100万元，项目基本预备费费率为5%，则该项目的基本预备费为（　）。

A 40万元　　B 50万元　　C 55万元　　D 60万元

解析：按计算公式：基本预备费＝（建筑安装工程费＋设备费＋工程建设其他费用）×基本预备费率＝（800＋200＋100）×5%＝55万元

答案：C

25-2-6 (2008) 可行性研究报告的编制费属于总概算中的哪一项费用？

A 工程费用　　B 建设期贷款利息

C 铺底流动资金　　D 其他费用

解析：可行性研究报告的编制费属于总概算中的其他费用，是勘察设计费的组成部分。

答案：D

25-2-7 (2008) 基本预备费的计算应以下列哪一项为基数？

A 工程费用＋室外工程＋红线外市政工程

B 工程直接费＋间接费

C 工程费用＋建设单位管理费

D 工程费用＋工程建设其他费用

解析：基本预备费的计算是以工程费用和工程建设其他费用之和为基数。

答案：D

25-2-8 (2008) 某工程购置空调机组3台，单台出厂价2.2万元，运杂费率7%，则该工程空调机组的购置费为下列哪一项？

A 2.35万元　　B 4.71万元　　C 6.6万元　　D 7.06万元

解析：设备购置费＝设备原价＋设备运杂费＝（2.2万＋2.2万×7%）×3台≈7.06万元

答案：D

25-2-9 (2007) 直接费由以下哪项组成？

A 人工费、直接工程费　　B 措施费、材料费

C 直接工程费、措施费　　D 人工费、机械使用费

解析：直接费由直接工程费和措施费组成。

答案：C

25-2-10 (2007) 下列哪些费用属于建筑安装工程企业管理费？

A 环境保护费、文明施工费、安全施工费、夜间施工费

B 财产保险费、财务费、差旅交通费、管理人员工资

C 养老保险费、住房公积金、临时设施费、工程定额测定费

D　夜间施工费、已完工程及设备保护费、脚手架费

解析： 属于建筑安装工程企业管理费的包括财产保险费、财务费、差旅交通费和管理人员工资等。

答案： B

25-2-11　（2007）下列哪些费用属于建筑安装工程措施费？

A　工程排污费、工程定额测定费、社会保障费

B　办公费、养老保险费、工具用具使用费、税金

C　夜间施工费、二次搬运费、大型机械设备进出场及安拆费、脚手架费

D　工具用具使用费、劳动保险费、危险作业意外伤害保险费、财务费

解析： 按《建筑安装工程费用项目组成》（建标[2013]44号）规定，夜间施工费、二次搬运费、大型机械设备进出场及安拆费、脚手架费等属于建筑安装工程措施费。

答案： C

25-2-12　（2007）某工程购置电梯两部，购置费用130万元，运杂费率8%，则该电梯的原价为（　　）。

A　119.6万元　　B　120.37万元　　C　140.4万元　　D　150万元

解析： 设备购置费＝设备原价＋设备运杂费

130万元＝设备原价×（1＋运杂费率）＝设备原价×（1＋8%）

设备原价＝130万元/（1＋8%）＝120.37万元

答案： B

25-2-13　（2006）在下列建筑安装工程费用中，应列入直接费的是（　　）。

A　施工机械的进出场费　　B　仪器仪表使用费

C　检验试验费　　D　工具、用具使用费

解析： 检验试验费是指对建筑材料和构件等进行一般鉴定和检查所发生的费用，按原规定属于材料费，按现行《建筑安装工程费用项目组成》（建标[2013]44号）规定，材料试验费应列入企业管理费。

答案： C

25-2-14　（2006）我国现行建设项目工程造价的构成中，下列哪项费用属于工程建设其他费用？

A　基本预备费　　B　税金

C　建设期贷款利息　　D　建设单位临时设施费

解析： 建设单位临时设施费是建设单位在建设施工期间所需搭设的生产和生活用的临时设施及维修等费用，并用于工程建设的其他费用。

答案： D

25-2-15　（2006）土地出让金是向土地管理部门支付的取得土地（　　）的费用。

A　使用权　　B　所有权　　C　收益权　　D　处置权

解析： 土地出让金仅是取得土地使用权的费用。因为土地所有权只能属于国家公有或集体所有。

答案： A

25-2-16 **(2005) 某土建工程人工费50万，材料费200万，机械使用费30万，间接费费率为14%，则间接费是（　　）。**

A 7万元　　B 28万元　　C 35万元　　D 39.2万元

解析： 间接费＝直接费×间接费率

＝（人工费＋材料费＋机械使用费）×间接费率

＝（50万＋200万＋30万）×14%

＝280万×14%＝39.2万元

答案： D

25-2-17 **(2005) 下列费用不属于直接工程费的是（　　）。**

A 施工机械使用费　　B 企业管理费

C 现场管理费　　D 其他直接费

解析： 企业管理费不属于直接工程费，它属于间接费。

答案： B

25-2-18 **(2005) 土地使用费属于下列费用中的哪一项？**

A 建设单位管理费　　B 研究试验费

C 建筑工程费　　D 工程建设其他费用

解析： 土地使用费应属于工程建设其他费用。

答案： D

25-2-19 **(2005) 根据设计要求，在施工过程中需对某新型钢筋混凝土屋架进行一次破坏性试验，以验证设计的正确性，此项试验费应列入下列哪一项？**

A 施工单位的直接费　　B 施工单位的其他直接费

C 设计费　　D 建设单位的研究试验费

解析： 本题提出的为验证设计的正确性而在施工过程中对钢筋混凝土屋架的破坏性试验的费用，应列入建设单位的研究试验费，属于工程建设其他费用。

答案： D

25-2-20 **(2004) 下列费用中哪一项应计入设备购置费？**

A 采购及运输费　　B 调试费

C 安装费　　D 设备安装、保险费

解析： 设备购置费中应包括设备运杂费，其中含有采购及运输费。

答案： A

25-2-21 **(2003) 联合试运转费应计入下列哪项费用中？**

A 设备安装费　　B 建筑安装工程费

C 生产准备费　　D 工程建设其他费用

解析： 联合试运转费属于工程建设其他费用中与未来企业生产经营有关的费用。

答案： D

25-2-22 **国产标准设备的原价一般是指（　　）。**

A 设备制造厂的交货价　　B 出厂价与运费、装卸费之和

C 设备预算价格　　D 设备成本价

解析：设备可分为国产标准设备、国产非标准设备和进口设备，在确定这些设备原价时的方法不尽相同，应注意掌握。国产标准设备原价一般是指设备制造厂的交货价，即出厂价。

答案：A

25-2-23 在建筑安装工程费中，工程排污费应列入(　　)。

A 企业管理费　B 材料费　C 规费　D 措施费

解析：规费包括社会保险费、住房公积金和工程排污费。

答案：C

25-2-24 在批准的初步设计范围内，设计变更、局部地基处理等增加的费用应计入(　　)。

A 勘察设计费　B 施工企业管理费

C 涨价预备费　D 基本预备费

解析：按我国现行规定，预备费包括基本预备费和涨价预备费。其中基本预备费是指在初步设计及概算内难以预料的工程费用，包括设计变更和局部地基处理等增加的费用。

答案：D

25-2-25 工具、器具及生产家具购置费一般按(　　)计算。

A 原价＋运杂费

B 原价×(1＋运杂费率)

C 原价×(1＋运杂费率)×(1＋损耗率)

D 设备购置费×定额费率

解析：工具、器具及生产家具购置费一般以设备购置费为计算基数，按照部门或行业规定的工具、器具及生产家具定额费率计算。

答案：D

25-2-26 对部分进口设备应征收消费税，计算公式为(　　)。

A 应纳消费税额＝(到岸价＋关税)×消费税税率

B 应纳消费税额＝(到岸价＋关税＋增值税)×消费税税率

C 应纳消费税额＝(到岸价＋关税)×(1＋消费税税率)×消费税税率

D 应纳消费税额$=\frac{\text{到岸价}+\text{关税}}{1-\text{消费税税率}}\times$消费税税率

解析：消费税是价内税，计税价格应含消费税在内。(到岸价＋关税)中不含消费税，所以要把它换算成含税价格才能作为计算消费税的基础。

答案：D

25-2-27 设备购置费的计算公式为(　　)。

A 设备购置费＝设备原价

B 设备购置费＝设备原价＋附属工、器具购置费

C 设备购置费＝设备原价＋设备运杂费

D 设备购置费＝设备原价＋设备运输费

解析：设备购置费应为设备原价和设备运杂费之和。

答案：C

25-2-28 **基本预备费的计算以下列哪一项为基数？**

A 工程费用＋室外工程＋红线外市政工程

B 工程直接费＋间接费

C 工程直接费＋工程建设其他费用

D 工程费用＋工程建设其他费用

解析： 基本预备费的计算是以工程费用和工程建设其他费用之和为基数。

答案： D

25-2-29 **下列费用中能列入建筑安装工程直接工程费中的人工费的是(　　)。**

①生产工人劳动保护费；②生产工人辅助工资；③生产工人住房公积金；④生产工人福利费；⑤生产职工医疗保险费

A ①②③　　B ②③④　　C ①②④　　D ③④⑤

解析： 此题列入人工费的应是生产工人劳动保护费、生产工人辅助工资和生产工人福利费。

答案： C

25-2-30 **对建筑材料、构件和建筑安装物进行一般鉴定、检查所发生的检验试验费，属于(　　)。**

A 其他直接费　　B 企业管理费

C 材料费　　D 工具用具使用费

解析： 按《建筑安装工程费用项目组成》（建标［2013］44号）规定：对建筑材料、构件和建筑安装物进行一般鉴定、检查所发生的检验试验费列入企业管理费。

答案： B

25-2-31 **下列价格中不属于到岸价的是(　　)。**

A CIF价　　B 运费、保险费在内价

C 关税完税价格　　D 增值税的组成计税价格

解析： 增值税的组成计税价格是作为到岸价中增值税的计算基础，而不属于到岸价。

答案： D

25-2-32 **施工企业为进行建筑安装工程施工，所必需的临时设施费用，依据计价规范列入(　　)。**

A 分部分项工程费　　B 措施项目费

C 其他项目费　　D 零星项目费

解析： 临时设施费属于措施项目费。

答案： B

25-2-33 **下列哪些费用属于土地征用及迁移补偿费？**

①征地动迁费；②土地使用权出让金；③安置补助费；④土地清理费；⑤青苗补偿费

A ①②③　　B ②③④　　C ①③⑤　　D ③④⑤

解析： 土地征用及迁移补偿费包括土地补偿费，青苗补偿费和被征用土地上的房屋、水井、树木等附着物补偿费，安置补助费，征地动迁费，水利水电工程的水库淹没处理补偿费。

答案： C

25-2-34　国产非标准设备原价的计算方法主要有下列中的哪几种方法？

①成本计算估价法；②分部组合估价法；③综合定额估价法；④扩大指标法；⑤定额指标法

A　①②③　　B　②③④　　C　③④⑤　　D　①③⑤

解析： 国产非标准设备原价的计算方法很多，其中成本计算估价法、分部组合估价法和综合定额估价法是常用的主要方法。

答案： A

25-2-35　进口设备的交货方式可分为下列中的哪三类？

①内陆交货类；②目的港交货类；③目的地交货类；④装运港交货类；⑤中转地交货类

A　①②④　　B　②④⑤　　C　①③④　　D　③④⑤

解析： 进口设备的交货方式可分为内陆交货、目的地交货和装运港交货三类，而装运港交货方式是我国最常用的。

答案： C

25-2-36　进口设备外贸手续费＝(　　)×人民币外汇牌价×外贸手续费率。

A　组成计税价格　　B　到岸价　　C　离岸价　　D　到岸价＋关税

解析： 进口设备外贸手续费＝到岸价×外汇牌价×外贸手续费率。

答案： B

25-2-37　规费中的社会保障费应包括下列哪几项费用？

①财产保险费；②养老保险费；③失业保险费；④医疗保险费；⑤劳动保险费；⑥生育保险费；⑦工伤保险费

A　①②③⑤⑥　　B　②③④⑥⑦

C　①③⑤⑥⑦　　D　②④⑤⑥⑦

解析： 规费中的社会保障费包括：养老保险费、失业保险费、医疗保险费、工伤保险费、生育保险费。

答案： B

25-2-38　建筑安装工程造价主要由下列中的哪几项组成？

①间接费；②其他投资；③土地费投资；④直接费；⑤利润和税金

A　①④⑤　　B　②③④　　C　①③⑤　　D　③④⑤

解析： 建筑安装工程造价应包括直接费、间接费、利润和税金四大部分。

答案： A

25-2-39　进口设备计算应纳增值税时，计税价格应由下列哪几项构成？

①关税完税价格；②关税；③消费税；④增值税；⑤银行财务费

A　①②④　　B　①②③　　C　③④⑤　　D　②④⑤

解析： 组成计税价格应包括关税完税价格、关税和消费税。

答案：B

25-2-40 建筑施工企业工伤保险费属于（　　）。

A 企业管理费　　B 规费

C 建设单位管理费　　D 工程建设其他费

解析：工伤保险费属于规费。

答案：B

25-2-41 工程建设其他费用包括下列中的哪四项？

①土地使用费；②建设单位管理费；③工程保险费；④联合试运转费；⑤排污费

A ①②③④　　B ①②③⑤　　C ②③④⑤　　D ①②④⑤

解析：土地使用费、建设单位管理费、工程保险费和联合试运转费应属于工程建设其他费用，而工程排污费是属于间接费中的规费。

答案：A

25-2-42 下列中哪些属于施工企业管理费项目？

①流动施工津贴；②办公费；③特殊工程培训费；④职工教育经费；⑤劳动保险和职工福利费

A ①③⑤　　B ②④⑤　　C ①②④　　D ②③⑤

解析：施工企业管理费应包括管理人员工资、办公费、差旅交通费、工会经费、职工教育经费、劳动保险和职工福利费、税金等14项费用。

答案：B

25-2-43 施工企业按规定标准为职工缴纳的基本养老保险费，归入（　　）。

A 人工费　　B 规费　　C 企业管理费　　D 其他费用

解析：规费中包括社会保障费，社会保障费包括养老保险费、失业保险费和医疗保险费。

答案：B

25-2-44 在施工中设计规定要求进行试验、验证所需的费用列入（　　）。

A 建筑安装工程费　　B 建设单位管理费

C 工程建设单位其他费用　　D 基本预备费

解析：工程建设单位其他费用包括为建设项目提供试验或验证设计参数、数据资料等必要的研究试验费用。

答案：C

25-2-45 按照计价规范，建筑安装工程造价构成中，脚手架、模板的摊销费列在（　　）。

A 分部分项工程费　　B 措施项目费

C 其他项目费　　D 零星项目费

解析：措施项目的通用项目包括脚手架、混凝土、钢筋混凝土模板及支架费。

答案：B

25-2-46 下列哪一项应列入建筑工程分部分项工程费？

A 二次搬运　　B 脚手架

C 施工机械使用费　　　　　　　D 大型机械设备进出场及安拆

解析： A、B、D属措施项目费内容，不列入建筑工程分部分项工程费。

答案： C

25-2-47 **建筑安装工程费用中的材料费包括哪些项目？**

①材料原价；②检验试验费；③运杂费；④运输损耗费；⑤采购及保管费；⑥新材料的试验费用

A ①②③④　　B ①③④⑤　　C ①②④⑤　　D ①④⑤⑥

解析： 材料费包括材料原价、运杂费、运输损耗费和采购及保管费。

答案： B

25-2-48 **建筑安装工程施工中生产工人的流动施工津贴属于(　　)。**

A 生产工人辅助工资　　　　　　B 工资性补贴

C 职工福利费　　　　　　　　　D 生产工人劳动保护费

解析： 生产工人的流动施工津贴属于工资性补贴。

答案： B

25-2-49 **某进口设备CIF价为1000万美元，外贸手续费率为1.5%，银行财务费率为0.5%，关税税率为20%，增值税率为17%，则进口设备的增值税额为(　　)万美元。**

A 170　　B 204　　C 207.4　　D 249.9

解析： 其计算为：(1000＋1000×20％)×17％＝204万美元。

答案： B

25-2-50 **综合单价法是分部分项工程单价为全费用单价，全费用单价经综合计算后生成，其内容包括(　　)、间接费、利润和税金。**

A 人工费　　B 直接费　　C 材料费　　D 直接工程费

解析： 全费用单价经综合计算后生成，内容包括直接工程费、间接费、利润和税金。

答案： D

25-2-51 **工料单价法是以分部分项工程量乘以单价后的合计为直接工程费，直接工程费以人工、材料、机械的消耗量及其相应价格确定。(　　)汇总后另加措施费、间接费、利润、税金生成工程承发包价。**

A 直接费　　B 材料费　　C 人工费　　D 直接工程费

解析： 直接工程费汇总后另加间接费、利润、税金生成工程承发包价。

答案： D

25-2-52 **工程建设监理费应计入(　　)。**

A 建设单位管理费　　　　　　　B 工程建设其他费用

C 建安工程费　　　　　　　　　D 勘察、设计费

解析： 工程建设监理费是属于与项目建设有关的其他费用。

答案： B

25-2-53 **在建筑安装工程费用中，环境保护费属于(　　)。**

A 规费　　　　　　　　　　　　B 安全文明施工费

C　企业管理费　　　　　　　　　　D　社会保险费

解析： 安全文明施工费包括环境保护费、文明施工费、安全施工费和临时设施费。

答案： B

25-2-54　广告费应归于(　　)。

A　现场经费　　B　现场管理费　　C　其他直接费　　D　间接费

解析： 广告费属于间接费中的企业管理费。

答案： D

25-2-55　建筑安装工程费用中税金的计算基数是(　　)之和。

A　直接工程费、间接费、利润　　　　B　直接费、间接费

C　直接费、间接费、利润　　　　　　D　间接费、计划利润

解析： 税金的计算基数是直接费、间接费和利润之和。

答案： C

25-2-56　在措施费中，以直接工程费为计费基础的有下列中哪几种费用?

①环境保护费；②文明施工费；③脚手架费；④安全施工费；⑤夜间施工费

A　①②③　　B　①②④　　C　②③④　　D　③④⑤

解析： 此题中环境保护费、文明施工费和安全施工费是以直接工程费为计费基础的。

答案： B

25-2-57　离退休职工的易地安家补助费属于(　　)。

A　生产工人辅助工资　　　　　　B　劳动保险费

C　待业保险费　　　　　　　　　D　规费

解析： 企业支付给离退休职工的易地安家补助费是属于企业管理费中的劳动保险费。

答案： B

(三) 建设项目投资估算

25-3-1　(2009) 在详细可行性研究阶段，其投资估算的精度要求控制在 (　　)。

A　±30%以内　　B　±20%以内　　C　±10%以内　　D　±5%以内

解析： 在详细可行性研究阶段，投资估算的精度要求控制在±10%以内。

答案： C

25-3-2　(2008) 某项目工程费用 6400 万元，其他费用 720 万元，无贷款，不考虑投资方向调节税、流动资金，总概算 7476 万元，则预备费费率为下列哪一项?

A　5.6%　　B　5%　　C　4.76%　　D　4%

解析： 总概算＝工程费用＋其他费用＋预备费＋建设期利息＋投资方向调节税＋流动资金预备费，则预备费＝总概算－(工程费用＋其他费用)＝7476－(6400＋720)＝356 万元，预备费率＝预备费/(工程费用＋其他费用)×100%＝356÷(6400＋720)×100%＝5%

答案： B

25-3-3 （2006）为工程项目贷款所支付的利息，属于下列哪一项费用？

A 工程建设其他费用　　B 成本费用

C 财务费用　　D 工程直接费

解析： 为工程项目贷款所需支付的利息应列入财务费用。

答案： C

25-3-4 朗格系数（k_L）是指(　　)。

A 总建设费用与建筑安装费用之比　　B 总建设费用与设备费用之比

C 建筑安装费用与总建设费用之比　　D 设备费用与总建设费用之比

解析： $k_L=\frac{D}{C}=(1+\Sigma k_i)\cdot k_c$，其中 k_i 是管线、仪表、建筑物等项费用的估算系数，k_c 是包括管理费、合同费、应急费等间接费在内的总估算系数。因此朗格系数（k_L）是指总建设费用（D）与设备费用（C）之比。

答案： B

25-3-5 项目投产后发生的流动资金属于(　　)的流动资产投资。

A 短期性　　B 永久性　　C 暂时性　　D 占用性

解析： 流动资金是指建设项目投产后为维持正常生产经营用于购买原材料、燃料、支付工资及其他生产经营费用等所必不可少的周转资金。它是伴随着固定资产投资而发生的永久性流动资产投资。

答案： B

25-3-6 固定资产静态投资的估算方法包括下列中的哪几种？

①资金周转率法；②比例估算法；③系数估算法；④指标估算法；⑤扩大指标估算法

A ①②③④　　B ②③④⑤　　C ①③④⑤　　D ①②③⑤

解析： 扩大指标估算法是流动资金的估算方法。

答案： A

25-3-7 涨价预备费的计算依据是(　　)。

A 建设期各年的计划投资额　　B 建设期各年的实际投资额

C 编制期各年的计划投资额　　D 编制期各年的实际投资额

解析： 涨价预备费是指建设项目在建设期间，由于人工、设备、材料、施工机械价格及费率、利率、汇率等变化引起工程造价变化的预备预留费用，因此，该费用应以建设期各年的计划投资额作为计算依据进行计算。

答案： A

25-3-8 建设一座年产量50万吨的某生产装置投资额为10亿元，现拟建一座年产100万吨的类似生产装置，用生产能力指数法估算拟建生产装置的投资额是(　　)亿元。($n=0.5$，$f=1$)

A 20　　B 14.14　　C 15.14　　D 15

解析： 按照生产能力指数法的公式估算拟建生产装置的投资额，如下式：

$$C_2=C_1\left(\frac{A_2}{A_1}\right)^n\times f=10\times\left(\frac{100}{50}\right)^{0.5}\times 1=14.14\text{ 亿元}$$

答案：B

25-3-9　项目建议书阶段的投资估算，其误差率应控制在(　　)。

A　±30%以上　　B　±30%以内　　C　±20%以内　　D　±10%以内

解析：项目建议书（初步可行性研究）阶段的投资估算的误差率应为±20%。

答案：C

25-3-10　某项目投产后的年产值为1.5亿元，其同类企业的百元产值流动资金占用额为17.5%，则该项目的铺底流动资金为(　　)万元。

A　2625　　B　787.5　　C　4500　　D　262.5

解析：应按扩大指数估算法的计算公式估算，如下式：

流动资金=1.5亿元×17.5%=2625万元

铺底流动资金=2625万元×30%=787.5万元

（因为铺底流动资金是占全部流动资金的30%）

答案：B

25-3-11　若将设计中的化工厂生产系统的生产能力在原基础上增加两倍，生产能力指数为0.63，投资额大约为原投资的(　　)（$n=0.63$，$f=1$）。

A　200%　　B　199.8%　　C　63%　　D　126%

解析：应按生产能力指数法的计算公式估算：

$$C_2=C_1\left(\frac{A_2}{A_1}\right)^n\times f，则\frac{C_2}{C_1}=\left(\frac{A_2}{A_1}\right)^n=\left(\frac{3}{1}\right)^{0.63}=199.8\%$$

答案：B

25-3-12　某建设项目的静态投资为3750万元，按进度计划，项目建设期为两年。两年的投资分年使用，比例为第一年40%，第二年60%。建设期内平均价格变动率预测为6%，则该项目建设期的涨价预备费为(　　)万元。

A　368.1　　B　360　　C　267.5　　D　370

解析：应按照涨价预备费的计算公式分年度进行计算，如下式：

$$V=\sum_{t=1}^{n}年投资额\times\left[\left(1+\frac{价格}{指数}\right)^{年份}-1\right]$$

第一年　$V_1=3750\times40\%[(1+6\%)^1-1]=90$

第二年　$V_2=3750\times60\%[(1+6\%)^2-1]=270$

$V=V_1+V_2=90+270=360$ 万元

答案：B

25-3-13　流动资金的估算方法可采用下列中的哪几种？

①扩大指标估算法；②系数估算法；③资金周转率法；④分项详细估算法；⑤比例估算法

A　①③　　B　②④　　C　①④　　D　③⑤

解析：系数估算法、资金周转率法和比例估算法是对固定资产投资估算的方法。

答案：C

25-3-14　静态投资包括建筑安装工程费，设备和工、器具购置费，工程建设其他费用

和(　　)。

A　预备费　　B　基本预备费

C　涨价预备费　　D　未明确项目准备金

解析：静态投资是以某一基准年的建设要素的价格为依据所计算出的建设项目静态投资额，它必须包含因工程量误差而引起的工程造价增减的基本预备费。

答案：B

25-3-15　若将化工生产系统的生产能力增加2倍，则投资额增加(　　)。(n=0.6，f=1)

A　1.9倍　　B　0.9倍　　C　1.52倍　　D　0.52倍

解析：因$n=0.6$、$f=1$，根据生产能力指数法的估算公式：$\frac{C_2}{C_1}=\left(\frac{A_2}{A_1}\right)^n=\left(\frac{3}{1}\right)^{0.6}=1.9$，则扩大以后的投资额是扩大前的1.9倍，投资额增加应为1.9−1=0.9倍。

答案：B

25-3-16　在合同履行期间由于市场人工价格变动而增加的人工费用应在(　　)支付。

A　建安工程费　　B　基本预备费

C　工程造价涨价预备费　　D　建设单位管理费

解析：由于市场价格变动而增加的人工费应在工程造价涨价预备费内支付。

答案：C

25-3-17　在编制建设项目投资估算时，生产能力指数法是根据(　　)来估算拟建项目投资额的。

A　投资估算指标　　B　设备费用百分比法

C　资金周转速度　　D　已建类似项目的投资额和生产能力

解析：采用生产能力指数法进行项目投资估算时，是根据已建类似项目的投资额和生产能力来估算拟建项目投资的。

答案：D

(四)建设项目设计概算的编制

25-4-1　(2010)设计三级概算是指(　　)。

A　项目建议书概算、初步可行性研究概算、详细可行性研究概算

B　投资概算、设计概算、施工图概算

C　总概算、单项工程综合概算、单位工程概算

D　建筑工程概算、安装工程概算、装饰装修工程概算

解析：设计三级概算是指：总概算、单项工程综合概算和单位工程概算。

答案：C

25-4-2　(2010)建议项目总概算除了工程建设其他费用概算、预备费及投资方向调节

税等，还应包括(　　)。

A　工程监理费　　　　　　　　B　单项工程综合概算

C　工程设计费　　　　　　　　D　联合试运转费

解析：建设项目总概算除了工程建设其他费用概算、预备费及投资方向调节税等，还应包括单项工程综合概算。

答案：B

25-4-3　(2009) 工程建设投资的最高限额是(　　)。

A　经批准的设计总概算的投资额　　B　施工图预算的投资额

C　投资估算的投资额　　　　　　　D　竣工结算的投资额

解析：经过批准的设计总概算是建设项目造价控制的最高限额。

答案：A

25-4-4　(2009) 当初步设计达到一定深度，建筑结构比较明确，并能够较准确地计算出概算工程量时，编制概算可采用(　　)。

A　概算定额法　　　　　　　　B　概算指标法

C　类似工程预算法　　　　　　D　预算定额法

解析：当初步设计达到一定深度，建筑结构比较明确，并能较准确地计算出工程量时，可采用概算定额法编制概算。

答案：A

25-4-5　(2008) 总概算按费用划分为六部分，其中有工程费用、其他费用、建设期贷款利息等，以下哪一项也包括在内?

A　培训费　　　　　　　　　　B　建设单位管理费

C　预备费　　　　　　　　　　D　安装工程费

解析：总概算费用除包括工程费用、其他费用、建设期贷款利息之外，还应包括预备费。

答案：C

25-4-6　(2008) 勘察设计费应属于总概算中六部分之一的哪一项费用?

A　其他费用　　　　　　　　　B　土建工程费

C　前期工作费　　　　　　　　D　安装工程费

解析：勘察设计费应属于总概算中的其他费用。

答案：A

25-4-7　(2008) 总概算文件应有五项，除包括总概算表、各单项工程综合概算书等外，还包括下列哪一项?

A　编制说明　　　　　　　　　B　设备表

C　主要材料表　　　　　　　　D　项目清单表

解析：总概算文件除总概算表、工程建设其他费用表及单项与单位工程概算表等以外，还应包括主要材料汇总表。

答案：C

25-4-8　(2007) 编制概算时，室外工程总图专业应提交下列哪些资料?

A　平、立、剖面及断面尺寸

B　主要材料表和设备清单

C　建筑场地地形图、场地标高及道路、排水沟、挡土墙、围墙等的断面尺寸

D　项目清单及材料做法

提示： 室外工程总图专业编制概算时，应提交建筑场地地形图、场地标高及道路、排水沟、挡土墙、围墙等的断面尺寸。

答案： C

25-4-9　(2007) 当建设项目资金来源有银行贷款时，总概算应计列 (　　)。

A　全部贷款利息　　　　B　建设期贷款利息

C　经营期贷款利息　　　D　流动资金贷款利息

解析： 当建设项目资金来源有银行贷款时，则总概算应计列建设期贷款利息。

答案： B

25-4-10　(2007) 安装工程的单位工程概算书应包括哪些内容？

A　安装工程直接费计算表，安装工程人工、材料、机械台班价差表，安装工程费用构成表

B　编制说明，总概算表，单项工程综合概算书

C　工程概况，编制方法，编制依据

D　编制说明，编制依据，其他需要说明的内容

解析： 单位工程概算书应包括：工程概况、编制方法和编制依据等内容。

答案： C

25-4-11　(2007) 总概算文件包括总概算表、各单项工程综合概算书（表）、编制说明、主要建筑安装材料汇总表及 (　　)。

A　设计费计算表　　　　　B　建设单位管理费计算表

C　工程建设其他费用概算表　D　单位估价表

解析： 项目设计总概算文件一般应包括：总概算表、工程建设其他费用概算表、各单项工程综合概算书（表）、编制说明及主要建筑安装材料汇总表等。

答案： C

25-4-12　(2005) 在编制初步设计总概算时，对于难以预料的工程和费用应列入下列哪一项？

A　涨价预备费　　　　B　基本预备费

C　工程建设其他费用　D　建设期贷款利息

解析： 在编制初步设计总概算时，对于难以预料的工程和费用应列入基本预备费。

答案： B

25-4-13　(2005) 初步设计概算编制的主要依据是 (　　)。

A　初步设计图纸及说明　B　方案招标文件

C　项目建议书　　　　　D　施工图

解析： 编制初步设计概算主要依据初步设计图纸及说明。

答案： A

25-4-14　(2004) 总概算除包括工程建设其他费用、预备费外，还应包括下列哪一项

费用？

A 工程监理费　　B 单项工程综合概算

C 工程设计费　　D 联合试运转费

解析：总概算除包括工程建设其他费用、预备费外，还应包括单项工程综合概算。

答案：B

25-4-15　(2004) 下列方法中，哪一项适用于概算编制？

A 生产能力指数法　　B 0.6指数法

C 类似工程预算法　　D 单位指标估算法

解析：类似工程预算法是适用于编制概算的方法之一。

答案：C

25-4-16　(2003) 下列方法中，哪一项适用于概算编制？

A 生产能力指数法　　B 单位指标估算法

C 类比法　　D 概算指标法

解析：工程概算编制方法有概算定额法（扩大单价法）、概算指标法和类似工程预算法。

答案：D

25-4-17　(2003) 下列内容中，哪一项是设计概算的主要编制依据？

A 项目建议书　　B 方案招标书

C 方案设计　　D 初步设计图纸及说明

解析：初步设计图纸及说明是编制设计概算的主要依据。

答案：D

25-4-18　编制设计概算的主要方法有下列中的哪几种？

①扩大单价法；②概算指标法；③预算定额法；④类似工程预算法；⑤扩大综合定额法

A ①②③　　B ①②④　　C ②③⑤　　D ①③⑤

解析：编制设计概算的主要方法有三种：扩大单价法、概算指标法和类似工程预算法。

答案：B

25-4-19　设计概算可分为下列中的哪几种？

①单位工程概算；②一般土建工程概算；③单项工程综合概算；④建设项目总概算；⑤预备费概算

A ①②③　　B ②③④　　C ①③④　　D ③④⑤

解析：设计概算分为单位工程概算、单项工程综合概算和建设项目总概算等三级概算。

答案：C

25-4-20　安装工程的单位工程概算书应包括哪些内容？

A 安装工程直接费计算表和费用构成表

B 编制说明、总概算表、单项工程综合概算书

C　工程概况、编制方法和编制依据

D　编制说明和依据，其他需说明内容

解析：安装工程的单位工程概算书应包括：工程概况、编制方法和编制依据。

答案：C

25-4-21　下列中属设备安装工程概算的有哪几项?

①通风空调工程概算；②照明工程概算；③给水排水管道工程概算；④机械设备安装工程概算；⑤通信设备安装工程概算

A　①③⑤　　B　②④⑤　　C　③④⑤　　D　①④⑤

解析：照明工程概算和给水排水管道工程概算属于建筑单位工程概算；而通风空调工程概算、机械设备安装工程概算和通信设备安装工程概算属于设备及安装单位工程概算。

答案：D

25-4-22　建设项目总概算包括单项工程综合概算、工程建设其他费用概算，还有下列哪些费用组成?

A　预备费、投资方向调节税、建设期贷款利息

B　预备费、投资方向调节税、生产期贷款利息

C　人工费、材料费、施工机械费

D　现场经费、财务费、保险费

解析：建设项目总概算包括单项工程综合概算、工程建设其他费用概算，还有预备费、投资方向调节税和建设期贷款利息等费用组成。

答案：A

25-4-23　初步设计深度不够的小型工程（无平、立、剖面图，只有设计说明），编制概算不宜采用的方法是(　　)。

A　套用技术经济指标

B　采用类似工程预算

C　采用概算指标

D　计算主要工程量，套用定额单价，计算各项费用

解析：初步设计深度不够的小型工程，不宜采用计算主要工程量、套用定额单价和计算各项费用的方法来编制概算，因为没有平、立、剖面图，只能采用类似工程预算、概算指标和套用技术经济指标的方法编制概算。

答案：D

25-4-24　土建工程概算一般属于(　　)。

A　单位工程概算　　B　分部工程概算

C　单项工程概算　　D　分项工程概算

解析：一般土建工程概算是建筑单位工程概算的主要组成部分。设计概算只分为单位工程、单项工程和建设项目总概算三级概算，而不再细分为分部、分项工程概算。

答案：A

25-4-25　编制设计概算必须在(　　)阶段完成。

A 总体设计　　B 初步设计

C 扩大初步设计　　D 施工图设计

解析： 设计概算是在初步设计阶段，根据设计要求对工程造价进行的概略计算。

答案： B

25-4-26 建设项目总概算不应包括的费用为以下哪一项？

A 建筑安装费　　B 设备购置费

C 生产工具费　　D 投产期利息

解析： 投产期利息属于生产成本的范围，不应计入项目总概算。

答案： D

25-4-27 设备安装工程概算的编制方法主要有(　　)。

A 预算单价法、扩大单价法、综合吨位指标法

B 预算单价法、概算指标法、类似工程法

C 扩大单价法、综合指标法、类似工程法

D 类似工程法、扩大单价法、概算指标法

解析： 设备安装工程概算的编制方法主要有预算单价法、扩大单价法和综合吨位指标法等。

答案： A

25-4-28 总概算文件应有五项，除包括总概算表、各单项工程综合概算书等外，还包括下列哪一项？

A 编制说明　　B 设备表　　C 主要材料表　　D 项目清单表

解析： 总概算文件除总概算表、工程建设其他费用表及单项与单位工程概算表等以外，还应包括主要材料汇总表。

答案： C

25-4-29 当初步设计深度不够，不能准确地计算出工程量，但工程设计是采用技术比较成熟而又有类似工程概算指标可以利用时，可采用(　　)编制概算。

A 概算指标法　　B 类似工程概算法

C 单位工程概算法　　D 类似工程预算法

解析： 当初步设计深度不够，但工程设计是采用技术比较成熟又有类似工程概算指标可利用时，可采用类似工程预算法编制概算。

答案： D

(五) 施工图预算的编制

25-5-1 (2010) 建筑工程预算编制的主要依据是(　　)。

A 初步设计图纸及说明　　B 方案招标文件

C 项目建议书　　D 施工图

解析： 经批准审定的施工图纸是编制建筑工程施工图预算的重要依据。

答案： D

25-5-2　(2010) 某土建工程人工费 200 万元、机械使用费 120 万元、间接费费率 14%，以直接费为计算基础计算得出的间接费是 156.8 万元，则材料费为(　　)。

A　1440 万元　　B　1320 万元　　C　1000 万元　　D　800 万元

解析： 间接费＝(人工费＋机械费＋材料费)×费率

$$材料费=\frac{间接费}{费率}-人工费-机械费=\frac{156.8}{0.14}-200-100=800\ 万元$$

答案： D

25-5-3　(2010) 按照综合单价法，工程发承包价是(　　)。

A　由人工、材料、机械的消耗量确定的价格

B　由直接工程费汇总后另加间接费、利润、税金生成的价格

C　由各分项工程量乘以综合单价的合价汇总后生成的价格

D　由人工费、材料费、施工机械使用费、企业管理费与利润以及一定范围内的风险费用综合而成的价格

解析： 工程发承包价是由各分项工程量乘以综合单价的合价汇总后生成的价格。

答案： C

25-5-4　(2009) 单位工程建筑工程预算按其工程性质分为(　　)。

Ⅰ. 一般土建工程预算；Ⅱ. 采暖通风工程预算；Ⅲ. 电气照明工程预算；Ⅳ. 给排水工程预算；Ⅴ. 设备安装工程预算

A　Ⅰ、Ⅲ　　B　Ⅰ、Ⅲ、Ⅴ

C　Ⅰ、Ⅲ、Ⅳ、Ⅴ　　D　Ⅰ、Ⅱ、Ⅲ、Ⅳ

解析： 单位工程建筑工程预算按其工程性质分为一般土建工程、给排水工程、采暖通风工程和电气照明工程等预算。

答案： D

25-5-5　(2008) 单位工程预算书的编制除了以当地预算定额及相关规定为依据外，还应以下列哪一项为依据?

A　初步设计预算　　B　施工图设计图纸和文字说明

C　施工组织方案　　D　初步设计

解析： 单位工程概算书的编制必须依据该单位工程的施工图设计图纸和文字说明，以及当地预算定额等资料。

答案： B

25-5-6　(2006) 编制工程施工图预算的主要方法一种为单价法，另一种为（　　）。

A　实物法　　B　扩大综合定额法

C　类似工程预算法　　D　概算指标法

解析： 编制工程施工图预算的主要方法为单价法和实物法两种。

答案： A

25-5-7　(2005) 编制预算时，钢筋混凝土梁的工程量计量单位是（　　）。

A　长度：米　　B　截面：平方米

C　体积：立方米　　　　　　　　D　梁高：米

解析： 编制预算时，钢筋混凝土的工程量计量单位是——体积：立方米。

答案： C

25-5-8　(2005) 编制土方工程预算时，1 立方米夯实土体积换算成天然密度体积的系数是(　　)。

A　1.50　　　B　1.15　　　C　1.00　　　D　0.85

解析： 编制土方工程预算时，1 立方米夯实土体积换算成天然密度体积的系数是 1.15。

答案： B

25-5-9　(2004) 编制土建分部分项工程预算时，需用下列哪种定额或指标？

A　概算定额　　B　概算指标　　C　估算指标　　D　预算定额

解析： 编制土建分部分项工程预算时，需用预算定额。

答案： D

25-5-10　(2003) 编制土建工程预算时，场地平整与土方工程是以下列哪一种挖填厚度为分界线?

A　30cm　　　B　40cm　　　C　45cm　　　D　50cm

解析： 平整场地是指工程动土开工前，对施工现场±30cm 以内高低不平的部位就地挖、运、填和找平。

按当时工程量计算规则以及现行工程量清单计价的工程量计算规则，建筑物场地厚度在±30cm 以内的挖、填、运、找平，按平整场地编码列项，±30cm 以外的挖土，按挖土方编码列项。

答案： A

25-5-11　(2003) 编制基础砌筑工程分项预算时，下列哪一种工程量的计量单位是正确的?

A　立方米　　B　平方米　　C　长度米　　D　高度米

解析： 根据工程量计算规则，砌筑工程计量单位为立方米。

答案： A

25-5-12　用实物法编制施工图预算时，"计算工程量"之后的步骤是(　　)。

A　计算各项费用　　　　　　　B　进行工料分析

C　套用预算定额单价　　　　　D　套用预算人工、材料、机械定额

解析： 实物法编制施工图预算的步骤：

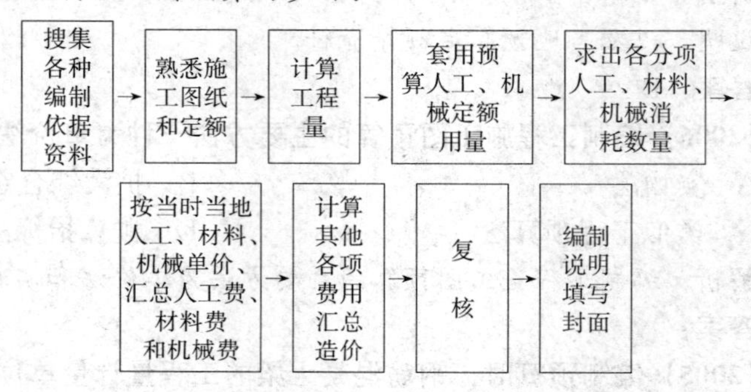

题 25-5-12 解图

答案：D

25-5-13　采用单价法和实物法编制施工图预算的主要区别是(　　)。

A　计算工程量的方法不同

B　计算直接工程费的方法不同

C　计算利税的方法不同

D　计算其他直接费、间接费的方法不同

解析： 单价法编制施工图预算时计算直接工程费采用的公式为：

单位工程施工图预算直接工程费=Σ(工程量×预算综合单价)

而实物法编制施工图预算时计算直接费采用的公式为：

$$\text{单位工程预算直接工程费}=\left\{\sum\begin{bmatrix}\text{工} & & \text{人工预} & & \text{当时当地}\\ \text{程} & \times & \text{算定额} & \times & \text{人工工资}\\ \text{量} & & \text{用量} & & \text{单价}\end{bmatrix}\right.$$

$$\left.+\sum\begin{bmatrix}\text{工} & & \text{材料预} & & \text{当时当地}\\ \text{程} & \times & \text{算定额} & \times & \text{材料预算}\\ \text{量} & & \text{用量} & & \text{价格}\end{bmatrix}+\sum\begin{bmatrix}\text{工} & & \text{施工机械} & & \text{当时当地}\\ \text{程} & \times & \text{台班预算} & \times & \text{机械台班}\\ \text{量} & & \text{定额用量} & & \text{单价}\end{bmatrix}\right\}$$

答案：B

25-5-14　施工图预算是在施工图设计完成后，以施工图为依据，根据下列中的哪几项进行编制的？

①设计概算；②预算定额；③取费标准；④地区人工、材料、机械台班的预算价格；⑤单位工程概算

A　①②③　　　　B　②③④　　　　C　①③⑤　　　　D　②④⑤

解析： 施工图预算是施工图设计预算的简称，又叫设计预算。它是由设计单位在施工图设计完成后，根据施工图设计图纸，现行预算定额，费用定额以及地区设备、材料、人工、施工机械台班等预算价格编制和确定的建筑安装工程造价的文件。

答案：B

25-5-15　采用单价法编制单位工程施工图预算，下列中的哪项是正确的直接工程费计算公式？

A　Σ(工程量×预算综合单价)

B　[Σ(工程量×预算综合单价)]×(1+其他直接费率)

C　[Σ(工程量×人工预算定额用量×当时当地人工工资单价)]×(1+其他直接费率+现场经费费率)

D　[Σ(工程量×人工预算定额用量×当时当地人工工资单价)]×(1+其他间接费率)

解析： 用单价法编制施工图预算的直接工程费计算应按下列公式：

直接工程费=Σ(工程量×预算综合单价)

答案：A

25-5-16 用实物法编制施工图预算时，“计算其他各项费用汇总造价”之前的步骤是(　　)。

A　计算工程量

B　按实际情况汇总人工费、材料费和机械费

C　求出各分项人工、材料、机械消耗数量

D　套用预算人工、机械定额用量

解析：用实物法编制施工图预算时，在“计算其他各项费用汇总造价”之前，应“按照当时当地的人工、材料、机械单价，汇总人工费、材料费和机械费”。如题25-5-12解图所示。

答案：B

25-5-17 单位工程预算书的编制除了以当地预算定额及相关规定为依据外，还应以下列哪一项为依据？

A　初步设计预算　　　B　施工图设计的图纸和文字说明

C　施工组织方案　　　D　初步设计

解析：单位工程预算书的编制必须依据该单位工程的施工设计图纸和文字说明，以及当地预算定额等资料。

答案：B

25-5-18 下列对编制施工图预算的作用表述错误的一项是(　　)。

A　编制或调整固定资产投资计划的依据

B　控制概算的重要依据

C　确定合同价的基础

D　实行招投标的重要依据

解析：控制概算的重要依据是投资估算，而不是施工图预算。

答案：B

25-5-19 施工图预算编制方法有下列中的哪几种？

①指标法；②类似工程预算法；③生产能力指数法；④单价法；⑤实物法

A　①②　　B　②③　　C　③⑤　　D　④⑤

解析：目前我国编制施工图预算的主要方法是采用单价法和实物法。

答案：D

(六) 工程量清单计价

25-6-1 (2010) 分部分项工程量清单应包括项目编码、项目名称、项目特征、计量单位和(　　)。

A　单价　　B　工程量　　C　税金　　D　费率

解析：根据《建设工程工程量清单计价规范》GB 50500—2013 第4.2.1条，分部分项工程量清单应包括项目编码、项目名称、项目特征、计量单位和工程量。

答案：B

25-6-2 (2010) 采用工程量清单计价，建设工程造价由下列何者组成？

Ⅰ. 分部分项工程费；Ⅱ. 措施项目费；Ⅲ. 其他项目费；Ⅳ. 规费；Ⅴ. 税金；Ⅵ. 利润

A Ⅰ、Ⅱ、Ⅲ、Ⅳ、Ⅴ　　B Ⅰ、Ⅱ、Ⅲ、Ⅳ、Ⅵ

C Ⅰ、Ⅲ、Ⅳ、Ⅴ、Ⅵ　　D Ⅰ、Ⅱ、Ⅲ、Ⅴ、Ⅵ

解析：根据《建设工程工程量清单计价规范》GB/T 50500—2013 第 2.0.1 条，采用工程量清单计价方式，则建设工程造价应由：分部分项工程费、措施项目费、其他项目费、规费和税金组成（注：因在分部分项工程费中已包括了利润，故不需再加“利润”一项）。

答案：A

25-6-3 (2010) 现浇混凝土基础工程量的计量单位是(　　)。

A 长度，m　　B 截面，m^2　　C 体积，m^3　　D 梁高，m

解析：现浇混凝土基础工程量的计量单位是：体积，m^3。

答案：C

25-6-4 (2009) 工程量清单计价中，分部分项工程的综合单价主要费用除人工费、材料费、机械费外，还有哪两项？

A 规费、税金　　B 税金、措施费

C 利润、管理费　　D 规费、措施费

解析：《建设工程工程量清单计价规范》GB 50500—2013 第 2.0.4 条规定，综合单价主要费用除人工费、材料和工程设备费、施工机具使用费外，还包括企业管理费和利润，以及一定范围内的风险费用。

答案：C

25-6-5 (2009) 目前，我国施工阶段公开招标主要采用的计价模式是（　　）。

A 工程量清单计价　　B 定额计价

C 综合单价计价　　D 工料单价计价

解析：根据《建设工程工程量清单计价规范》GB 50500—2013，工程量清单计价是目前我国施工阶段公开招标主要采用的计价模式。

答案：A

（七）建筑面积计算规范

25-7-1 (2010) 利用坡屋顶内空间时，不计算面积的净高为(　　)。

A 小于 1.2m　　B 小于 1.5m　　C 小于 1.8m　　D 小于 2.1m

解析：《面积计算规范》第 3.0.3 条规定：利用坡屋顶内空间时，净高不足 1.2m 的部位不应计算面积。

答案：A

25-7-2 (2010) 关于建筑物内通风排气竖井的建筑面积计算规划，正确的是(　　)。

A 按建筑物自然层计算　　B 按建筑物自然层的 1/2 计算

C 按建筑物自然层的 1/4 计算　　D 不计算

解析：《面积计算规范》第 3.0.19 条规定：建筑物内通风排气竖井的建筑面积应按建筑物自然层计算。

答案：A

25-7-3 （2010）以幕墙作为围护结构的建筑物，建筑面积计算正确的是（　　）。

A 按楼板水平投影线计算　　B 按幕墙外边线计算

C 按幕墙内边线计算　　D 根据幕墙具体做法而定

解析：《面积计算规范》第 3.0.23 条规定，以幕墙作为围护结构的建筑物，应按幕墙外边线计算建筑面积。

答案：B

25-7-4 （2010）某单层厂房外墙水平面积为 1623m²，厂房内设有局部 2 层设备用房，设备用房的外墙外围水平面积为 300m²，层高 2.25m，则该厂房总面积是（　　）。

A 1623m²　　B 1773m²　　C 1923m²　　D 2223m²

解析：按《面积计算规范》第 3.0.2 条计算：厂房总面积＝单层厂房外墙水平面积 1623m²＋设备用房两层面积 300m²＝1923m²。

答案：C

25-7-5 （2009）某工业厂房一层勒脚以上结构外围水平面积为 7200m²，层高 6.0m；局部二层结构外围水平面积为 350m²，层高 3.6m；厂房外有覆混凝土顶盖的楼梯，其水平投影面积为 7.5m²，则该厂房的总建筑面积为（　　）。

A 7565m²　　B 7557.5m²　　C 7550m²　　D 7200m²

解析：见《面积计算规范》第 3.0.1 条、第 3.0.2 条及第 3.0.20 条，该厂房的总建筑面积＝7200m²＋350m²＋7.5×2÷2＝7557.5m²。

答案：B

25-7-6 （2009）某学校建造一座单层游泳馆，外墙保温层外围水平面积 4650m²，游泳馆南北各有一雨篷，其中南侧雨篷的结构外边线离外墙 2.4m，雨篷结构板的投影面积 12m²；北侧雨篷的结构外边线离外墙 1.8m，雨篷结构板的投影面积 9m²，则该建筑的建筑面积为（　　）。

A 4650m²　　B 4656m²　　C 4660.5m²　　D 4671m²

解析：根据《面积计算规范》第 3.0.16 条，该学校游泳馆建筑面积＝单层游泳馆的建筑面积 4650m²＋南侧雨篷建筑面积 12m²×1/2＝4656m²。

答案：B

25-7-7 （2009）关于建筑面积计算，下列哪种说法是正确的？

A 有顶盖无围护结构的车棚、货棚、站台、加油站、收费站等，应按其顶盖水平投影面积的 1/2 计算

B 高低联跨的建筑物，应以高跨结构外边线为界分别计算建筑面积，其高低跨内部连通时，其变形缝应计算在高跨面积内

C 以幕墙作为围护结构的建筑物，应按幕墙内结构线计算建筑面积

D 建筑物的封闭阳台按水平投影面积计算建筑面积

解析：《面积计算规范》第 3.0.22 条规定：有顶盖无围护结构的车棚、货棚、

站台、加油站、收费站等，应按其顶盖水平投影面积的1/2计算建筑面积。

答案：A

25-7-8 （2008）建筑物的屋顶水箱，其建筑面积应按下列哪一种计算？

A 按水平投影面积计算　　B 按垂直投影面积计算

C 按自然层面积计算　　D 不计算

解析：按《面积计算规范》第3.0.27-4条，屋顶水箱不应计算面积。

答案：D

25-7-9 （2008）层高2.10m、有围护结构的剧场舞台灯光控制室，其建筑面积的计算方法是（　　）。

A 不计算建筑面积

B 按其围护结构的外围水平面积计算

C 按其围护结构的外围水平面积的1/2计算

D 按其围护结构的轴线尺寸计算

解析：《面积计算规范》第3.0.11条规定：层高不足2.20m、有围护结构的剧场舞台灯光控制室，应按其围护结构外围水平面积的1/2计算其建筑面积。

答案：C

25-7-10 （2008）建筑物外有围护结构的落地橱窗（高度大于2.20m），其建筑面积应按下列哪一种计算？

A 按其围护结构的外围水平面积计算

B 按其围护结构的内包水平面积计算

C 按其围护结构的垂直投影面积计算

D 按其围护结构的垂直投影面积的一半计算

解析：《面积计算规范》第3.0.12条规定：附属在建筑物外墙的落地橱窗，应按其围护结构外围水平面积计算其建筑面积；结构层高在2.20m及以上的，应计算全面积。

答案：A

25-7-11 （2008）无结构层的立体书库，其建筑面积应按下列哪一种计算？

A 一层计算　　B 按书库层数计算

C 按书库层数的一半计算　　D 不计算

解析：《面积计算规范》第3.0.10条规定：无结构层的立体书库应按一层计算建筑面积。

答案：A

25-7-12 （2007）某多层住宅楼的外阳台，其结构底板水平投影面积是12m²，其建筑面积应该是下列哪一种？

A $0m^2$　　B $6m^2$　　C $9m^2$　　D $12m^2$

解析：按《面积计算规范》第3.0.21条，建筑物外的阳台均应按其结构底板水平投影面积的1/2计算。

$$阳台面积=\frac{1}{2}\times 12m^2=6m^2。$$

答案：B

25-7-13 **（2007）单层建筑物内设有局部楼层者，局部楼层层高在多少米时，其建筑面积应计算全面积？**

A 层高在2.00m及以上者　　B 层高在2.10m及以上者

C 层高在2.20m及以上者　　D 层高在2.40m及以上者

解析：按《面积计算规范》第3.0.2条，局部楼层层高在2.2m及以上者，应计算全面积。

答案：C

25-7-14 **（2007）有顶盖无围护结构的车棚应如何计算建筑面积？**

A 此部分不计算建筑面积　　B 按顶盖水平投影计算2/3面积

C 按顶盖水平投影计算3/4面积　　D 按顶盖水平投影计算1/2面积

解析：按《面积计算规范》第3.0.22条，有顶盖无围护结构的车棚应按顶盖水平投影面积计算1/2面积。

答案：D

25-7-15 **（2007）某图书馆单层书库的建筑面积为500m^2，层高为2.2m，其应计算的建筑面积是（　　）。**

A 500m^2　　B 375m^2　　C 250m^2　　D 125m^2

解析：见《面积计算规范》第3.0.10条，立体书库，无结构层的应按一层计算，层高在2.2m及以上者应计算全面积。

答案：A

25-7-16 **（2006）建筑物外有顶盖和围护结构的架空走廊，其建筑面积的计算规则是（　　）。**

A 按其围护结构外围水平面积计算全面积

B 按其围护结构外围的水平投影面积的1/2计算

C 按柱的外边线水平面积计算

D 按柱的外边线水平面积的1/2计算

解析：按《面积计算规范》第3.0.9条，建筑物外有顶盖和围护结构的架空走廊，应按其围护结构外围水平面积计算全面积。

答案：A

25-7-17 **（2006）突出外墙面的构件、配件、艺术装饰建筑面积的计算规则是（　　）。**

A 按其水平投影面积计算　　B 按其水平投影面积的1/2计算全面积

C 按其水平投影面积的1/4计算　　D 不计算建筑面积

解析：按《面积计算规范》第3.0.27-6条，突出外墙面的构件、配件、艺术装饰等不计算建筑面积。

答案：D

25-7-18 **（2006）建筑物外有围护结构的门斗，层高超过2.2m，其建筑面积计算的规则是（　　）。**

A 按该层围护结构外围水平面积计算全面积

B 按该层内包线的水平面积计算

C　按该层外围水平面积的 1/2 计算

D　不计算建筑面积

解析： 按《面积计算规范》第 3.0.15 条，有围护结构的门斗、层高超过 2.2m 的面积应按该层围护结构外围水平面积计算全面积。

答案： A

25-7-19　（2003）下列哪一种情况按建筑物自然层计算建筑面积？

A　建筑物内的上料平台　　B　坡地建筑物吊脚架空层

C　挑阳台　　D　管道井

解析： 根据《面积计算规范》第 3.0.19 条，建筑物的室内楼梯、电梯井、提物井、管道井、通风排气竖井、烟道，应并入建筑物的自然层计算建筑面积。

答案： D

25-7-20　（2003）下列哪一种情况按水平投影面积的一半计算建筑面积？

A　突出屋面的有围护结构的楼梯间

B　单排柱的货棚

C　单层建筑物内分隔的控制室

D　封闭式阳台

解析：《面积计算规范》相关规定如下：

3.0.17　设在建筑物顶部的、有围护结构的楼梯间、水箱间、电梯机房等，结构层高在 2.20m 及以上的应计算全面积；结构层高在 2.20m 以下的，应计算 1/2 面积。

3.0.21　在主体结构内的阳台，应按其结构外围水平面积计算全面积；在主体结构外的阳台，应按其结构底板水平投影面积计算 1/2 面积。

3.0.22　有顶盖无围护结构的车棚、货棚、站台、加油站、收费站等，应按其顶盖水平投影面积的 1/2 计算建筑面积。

3.0.26　对于建筑物内的设备层、管道层、避难层等有结构层的楼层，结构层高在 2.20m 及以上的，应计算全面积；结构层高在 2.20m 以下的，应计算 1/2 面积。

答案： B

25-7-21　（2003）下列哪一种情况不计算建筑面积？

A　突出屋面的有围护结构的水箱间

B　缝宽在 20cm 以下的变形缝

C　突出墙面的构件、配件

D　封闭式阳台

解析：《面积计算规范》相关规定如下：

3.0.17　设在建筑物顶部的、有围护结构的楼梯间、水箱间、电梯机房等，结构层高在 2.20m 及以上的应计算全面积；结构层高在 2.20m 以下的，应计算 1/2 面积。

3.0.21　在主体结构内的阳台，应按其结构外围水平面积计算全面积；在主体结构外的阳台，应按其结构底板水平投影面积计算 1/2 面积。

3.0.25　与室内相通的变形缝，应按其自然层合并在建筑物建筑面积内计算。对于高低联跨的建筑物，当高低跨内部连通时，其变形缝应计算在低跨面积内。

3.0.27　下列项目不应计算建筑面积：

勒脚、附墙柱、垛、台阶、墙面抹灰、装饰面、镶贴块料面层、装饰性幕墙，主体结构外的空调室外机搁板（箱）、构件、配件，挑出宽度在 2.10m 以下的无柱雨篷和顶盖高度达到或超过两个楼层的无柱雨篷。

答案：C

25-7-22　多层建筑物的二层及二层以上按下述(　　)计算建筑面积。

A　外墙轴线　　B　外墙结构外围水平面积

C　外墙内壁净面积　　D　外墙内保温层内壁净面积

解析：见《面积计算规范》第 3.0.1 条，建筑物的建筑面积应按自然层外墙结构外围水平面积之和计算。

答案：B

25-7-23　建筑物架空层及坡地建筑物吊脚架空层，结构层高在 2.2m 及以上的，按(　　)计算建筑面积。

A　应按其顶板水平投影计算建筑面积　B　架空层外围的水平面积的一半

C　架空层外墙轴线的水平面积　　D　架空层外墙内包线的水平面积

解析：见《面积计算规范》第 3.0.7 条，建筑物架空层及坡地建筑物吊脚架空层，结构层高在 2.20m 及以上的，应按其顶板水平投影计算建筑面积。

答案：A

25-7-24　建筑物的骑楼、过街楼的底层的建筑面积应(　　)。

A　按围护结构外围水平面积计算

B　按围护结构外围水平面积的 1/2 计算

C　按围护结构外围水平面积的 3/4 计算

D　不计算

解析：见《面积计算规范》第 3.0.27 条第 2 款，建筑物骑楼、过街楼底层的开放公共空间及建筑物通道不计算建筑面积。

答案：D

25-7-25　下列中哪些不计算建筑面积?

①屋顶水箱、花架、露台；②室外楼梯；③建筑物内的操作平台；④建筑物通道；⑤垃圾道

A　①③④　　B　①②③　　C　②④⑤　　D　③④⑤

解析：见《面积计算规范》第 3.0.27 条第 2、4、5 款，屋顶水箱、花架、露台等，建筑物通道和建筑物内的操作平台都不计算建筑面积。

答案：A

25-7-26　下列中哪些应计算建筑面积?

①单层建筑内分隔单层操作间；②没有围护结构的屋顶水箱；③有顶盖无围护结构有围护设施的架空走廊；④管道井；⑤宽度在 2.1m 以上的无柱雨篷

结构

A ①②③　　B ①②③④　　C ②③④　　D ③④⑤

解析：见《面积计算规范》第3.0.9、第3.0.16及第3.0.19条，有顶盖无围护结构有围护设施的架空走廊按其结构底板水平投影面积的一半计算建筑面积；管道井应并入建筑物的自然层计算建筑面积；无柱雨篷结构的外边线至外墙结构外边线宽度在2.10m及以上，应按雨篷结构板的水平投影面积的1/2计算建筑面积。

答案：D

25-7-27　提物井应按(　　)计算建筑面积。

A 建筑物自然层　　B 提物井净空尺寸

C 提物井外围尺寸　　D 一层

解析：见《面积计算规范》第3.0.19条，提物井应并入建筑物的自然层计算建筑面积。

答案：A

25-7-28　独立烟囱的建筑面积应(　　)。

A 按投影面积计算　　B 按投影面积的1/2计算

C 按投影面积的2/3计算　　D 不计算

解析：见《面积计算规范》第3.0.27条第10款，建筑物以外的构筑物，如独立烟囱、烟道、水塔贮油（水）池、贮仓等都不计算建筑面积。

答案：D

25-7-29　有围护结构的舞台灯光控制室层高在2.2m及以上者，按其围护结构外围水平面积的(　　)计算建筑面积。

A 100%　　B 70%　　C 50%　　D 30%

解析：见《面积计算规范》第3.0.11条，有围护结构的舞台灯光控制室层高在2.2m及以上者，按其围护结构外围水平面积全部计算建筑面积。

答案：A

25-7-30　建筑物内的门厅、大厅建筑面积应该(　　)。

A 按一层计算　　B 按自然层折算计取

C 按其高度除以2.2m的折算层数计算　　D 不计算

解析：见《面积计算规范》第3.0.8条，建筑物内的门厅、大厅，按一层计算建筑面积。

答案：A

25-7-31　建筑物内设有局部楼层，有围护结构，该建筑物的建筑面积应按(　　)计算。

A 首层勒脚以上外墙外围水平面积

B 局部楼层的二层和二层以上楼层，有围护结构的应按其围护结构外围水平面积

C 楼层的建筑面积之和

D 首层净面积加上二层及二层以上的净面积之和

解析：见《面积计算规范》第3.0.2条，建筑物内设有局部楼层的，局部楼

层的二层和二层以上楼层，有围护结构的应按其围护结构外围水平面积计算。层高在 2.20m 以上者计算全面积，层高不足 2.20m 的计算 1/2 面积。

答案：B

25-7-32 以幕墙作为围护结构的建筑物，应按(　　)计算。

A 幕墙外边线　　B 幕墙外边线的一半

C 按幕墙外围结构水平面积　　D 按幕墙外围结构水平面积的一半

解析：见《面积计算规范》第 3.0.23 条，以幕墙作为围护结构的建筑物，应按幕墙外边线计算建筑面积。

答案：A

25-7-33 建筑物顶部有围护结构的电梯机房，层高在 2.2m 及以上者，其建筑面积应(　　)。

A 按其顶盖面积一半计算　　B 按其围护结构水平面积计算全面积

C 按其顶盖计算　　D 不计算

解析：见《面积计算规范》第 3.0.17 条，建筑物顶部有围护结构的电梯机房，结构层高在 2.2m 及以上者应按围护结构水平面积计算全建筑面积。

答案：B

25-7-34 如果立体仓库设有结构层的，按其结构层计算建筑面积，无结构层的其建筑面积应(　　)。

A 不计算　　B 按顶盖水平投影面积计算

C 按单层计算　　D 按一层计算

解析：见《面积计算规范》第 3.0.10 条，立体仓库如果无结构层则应按一层计算建筑面积。

答案：D

25-7-35 两建筑物间有顶盖和围护结构的架空走廊的建筑面积应(　　)。

A 不计算　　B 按围护结构外围水平面积计算

C 按走廊顶盖水平投影面积一半计算　　D 按走廊底板净面积计算

解析：见《面积计算规范》第 3.0.9 条，有顶盖和围护结构的架空走廊应按其围护结构外围水平面积计算建筑全面积。

答案：B

(八) 建设项目经济评价和主要经济指标

25-8-1 (2010) 建设项目经济评价分为(　　)。

Ⅰ. 财务评价；Ⅱ. 国民经济评价；Ⅲ. 市场评价；Ⅳ. 潜力评价

A Ⅰ、Ⅱ　　B Ⅱ、Ⅲ　　C Ⅲ、Ⅳ　　D Ⅰ、Ⅳ

解析：建设项目经济评价一般分为财务评价和国民经济评价两类。

答案：A

25-8-2 (2010) 在财务评价中使用的价格应是下列哪一种?

A 影子价格　　B 基准价格　　C 预算价格　　D 市场价格

解析： 在财务评价中应使用现行市场价格。

答案： D

25-8-3 （2010）判断建设项目盈利能力的参数不包括(　　)。

A　资产负债率　　　　B　财务内部收益率

C　总投资收益率　　　D　项目资本金净利润率

解析： 在本题中判断建设项目盈利能力的参数不包括资产负债率。

答案： A

25-8-4 （2009）能全面反映项目的资金活动全貌的报表是（　　）。

A　全部投资现金流量表　　　　B　资产负债表

C　资金来源与运用表　　　　　D　损益表

解析： "资金来源与运用表"是能全面反映建设项目资金活动全貌的财务报表。

答案： C

25-8-5 （2009）一家私营企业拟在市中心投资建造一个商品房项目，对于该项目，业主主要应作（　　）。

A　企业财务评价　　　　B　国家财务评价

C　国民经济评价　　　　D　社会评价

（注：此题 2005 年考过）

解析： 私营企业投资建造的一个商品房项目，业主主要应作企业财务评价，不需要作国民经济与社会评价。

答案： A

25-8-6 （2008）财务评价指标是可行性研究的重要内容，以下指标哪一个不属于财务评价指标？

A　固定资产折旧率　　　　B　盈亏平衡点

C　投资利润率　　　　　　D　投资利税率

解析： 根据国家发改委 2006 年 7 月 3 日（发改投资［2006］1325 号文）发布的《建设项目经济评价方法与参数》（第三版），固定资产折旧率不属于可行性研究中的财务评价指标。

答案： A

25-8-7 （2008）财务评价是从企业财务的角度，分析项目发生的收益和费用，考察项目的盈利能力、偿债能力和抵抗风险的能力，评价项目的财务可行性，因此，在计算财务评价指标时应根据下列哪一项进行？

A　预算价格　　　　　　　B　国家现行的影子价格

C　国家现行的财税制度　　D　国家现行的财税制度和市场价格

解析： 根据《建设项目经济评价方法与参数》（第三版），项目财务评价应根据国家现行财务、会计与税收制度，按照现行市场价格计算财务评价指标。

答案： D

25-8-8 （2008）在项目财务评价中，能反映项目财务生存能力的财务报表是(　　)。

A 项目财务现金流量表　　B 利润与利润分配表

C 财务计划现金流量表　　D 资产负债表

解析： 在项目财务评价中，应根据财务计划现金流量表计算分析项目是否具有财务生存能力，说明项目是否有足够的净现金流量来维持项目的正常运营。

答案： C

25-8-9 **(2007) 财务评价指标的高低是经营类项目取舍的重要条件，以下指标哪一个不属于财务评价指标?**

A 还款期　B 折旧率　C 投资回收期　D 内部收益率

解析： 折旧率不属于项目财务评价指标。

答案： B

25-8-10 **(2007) 进行建设项目财务评价时，项目可行的判据是(　　)。**

A 财务净现值≤0，投资回收期≥基准投资回收期

B 财务净现值≤0，投资回收期≤基准投资回收期

C 财务净现值≥0，投资回收期≥基准投资回收期

D 财务净现值≥0，投资回收期≤基准投资回收期

解析： 对项目进行财务评价时，判断项目可行的主要判据是：财务净现值≥0，投资回收期≤基准投资回收期。

答案： D

25-8-11 **(2007) 对建设项目进行偿债能力评价的指标是(　　)。**

A 财务净现值　B 内部收益率　C 投资利润率　D 资产负债率

解析： 资产负债率是反映项目各年所面临的财务风险程度及偿债能力的指标。这一比率越小，说明回收借款的保障越大。

答案： D

25-8-12 **(2006) 建设项目的经济评价一种是财务评价，另一种是(　　)。**

A 静态评价　B 国民经济评价　C 动态评价　D 经济效益评价

解析： 建设项目的经济评价应包括财务评价和国民经济评价两种。

答案： B

25-8-13 **(2006) 对建设项目动态投资回收期的描述，下列哪一种是正确的?**

A 项目以经营收入抵偿全部投资所需的时间

B 项目以全部现金流入抵偿全部现金流出所需的时间

C 项目以净收益抵偿全部投资所需的时间

D 项目以净收益现值抵偿全部投资所需的时间

解析： 项目动态投资回收期是以项目的净收益现值来抵偿全部投资所需的时间。

答案： D

25-8-14 **(2006) 下列评价指标中属于动态指标的是(　　)。**

A 投资利润率　B 投资利税率　C 内部收益率　D 投资报酬率

解析： 内部收益率指标考虑了资金的时间价值，属于动态指标。

答案： C

25-8-15　(2005) 对项目进行财务评价，可分为动态分析和静态分析两种，下列哪个指标属于动态分析指标？

A　投资利润率　　B　投资利税率

C　财务内部收益率　　D　资本金利润率

解析：财务内部收益率属于财务评价的动态分析指标。

答案：C

25-8-16　(2005) 在对项目进行财务评价时，下列哪种情况，项目被评价为不可接受？

A　财务净现值＞0

B　项目投资回收期＞行业基准回收期

C　项目投资利润率＞行业平均投资利润率

D　项目投资利税率＞行业平均投资利税率

解析：在项目财务评价中，当项目投资回收期＞行业基准回收期时，则该项目被评价为不可接受。

答案：B

25-8-17　(2004) 下列指标中，哪一个是项目财务评价结论中的重要指标？

A　贷款利率　　B　所得税率

C　投资利润率　　D　固定资产折旧率

解析：项目财务评价结论中的重要指标是投资利润率。

答案：C

25-8-18　(2004) 建设项目可行性研究经济评价中，下图为敏感性分析图，斜线（1）应为下列哪一种线？

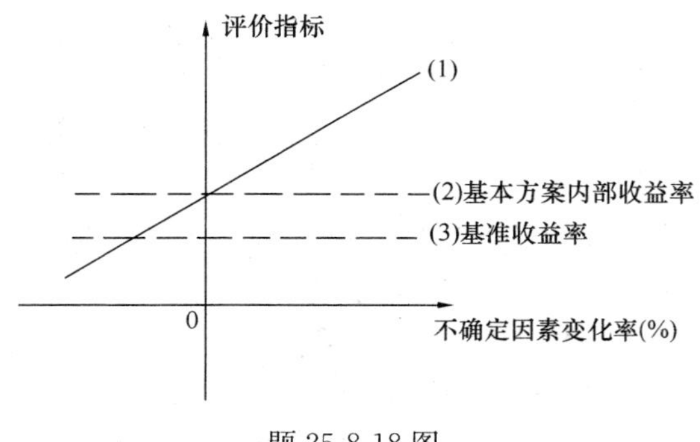

题 25-8-18 图

A　建设投资斜线　　B　主要原材料价格线

C　销售价格线　　D　成本线

解析：敏感性分析图中的斜线（1）为销售价格线。

答案：C

25-8-19　(2003) 从财务评价角度看，下列四个方案哪一个最差？

A　投资回收期 6.1 年，内部收益率 15.5％

B　投资回收期 5.5 年，内部收益率 16.7％

C　投资回收期 5.9 年，内部收益率 16%

D　投资回收期 8.7 年，内部收益率 12.3%

解析： 根据财务评价对项目盈利能力的判定准则，投资回收期应低于基准投资回收期，投资回收期越短越好，表示投资可以尽快收回。对于同一个方案，内部收益率至少应高于基准收益率，内部收益率越高越好。

答案： D

25-8-20　(2003) 下列指标哪一个反映项目盈利水平?

A　折旧率　　　　B　财务内部收益率

C　税金　　　　D　摊销费年限

解析： 反映项目盈利能力的评价指标包括财务内部收益率、财务净现值、投资回收期、总投资收益率、项目资本金净利润率等。

答案： B

25-8-21　(2003) 建设项目可行性研究经济评价中，下图为敏感性分析图，斜线 (1) 应为下列哪一种线?

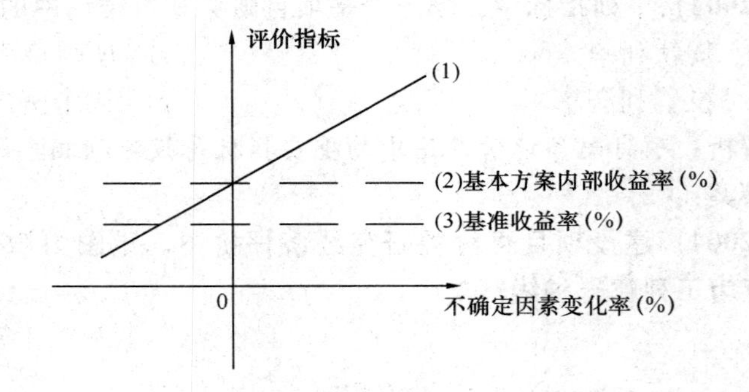

题 25-8-21 图

A　生产能力线　　　　B　经营成本线

C　建设投资线　　　　D　回收期线

解析： 敏感性分析是通过测定一个或者多个不确定因素的变化所导致财务评价指标的变化幅度，项目效益的影响程度。敏感性分析采用的评价指标有财务内部收益率、财务净现值，采用的主要静态指标有投资收益率、投资回收期和贷款偿还期等。不确定因素有产品价格、产量、建设投资、经营成本、建设工程工期等。本题选用的评价指标为内部收益率，图中斜线 (1) 随着不确定因素变化率的增加而增加，即不确定性因素变化率增加、项目评价指标内部收益率也提高。其他因素不变的条件下，生产能力（产量）增加，项目内部收益率增加，在敏感性分析图中斜线的斜率为正；而经营成本、建设投资等增加，则内部收益率下降，其在敏感性分析图中斜线的斜率为负。

答案： A

25-8-22　一般工程建设项目的经济评价可分为下列各项中的哪两个层次?

①财政评价；②社会评价；③环境评价；④财务评价；⑤国民经济评价

A ①③　　B ④⑤　　C ③④　　D ②③

解析：一般建设项目的经济评价可分为财务评价、国民经济评价两个层次。

答案：B

25-8-23　项目财务评价的基本目标是考察项目的哪几项能力？

①资金流动性能力；②盈利能力；③偿债能力；④财务生存能力；⑤适应环境能力

A ①②③　　B ②③④　　C ②③⑤　　D ③④⑤

解析：项目财务评价的基本目标是考察项目的盈利能力、偿债能力和财务生存能力。

答案：B

25-8-24　项目财务评价方法主要采用下列中的哪几种方法？

①有无对比分析；②费用效益分析；③静态和动态盈利性分析；④资金成本分析；⑤现金流量分析

A ①③⑤　　B ②③⑤　　C ③④⑤　　D ①②④

解析：项目财务评价主要采用现金流量分析、静态和动态盈利性分析和有无对比分析等方法。

答案：A

25-8-25　在现金流量表中，作为现金流入的流动资金回收，应发生在(　　)。

A 计算期每一年　　B 生产期每一年

C 计算期最后一年　　D 投产期第一年

解析：作为现金流入的流动资金应在计算期最后一年回收。

答案：C

25-8-26　总投资收益率是(　　)与总投资之比。

A 年销售收入

B 年销售利润＋年贷款利息

C 年销售收入＋年折旧费及摊销费

D 年销售利润＋年贷款利息＋年折旧费及摊销费

解析：总投资收益率是年销售利润与年贷款利息之和（即息税前利润）与总投资之比。

答案：B

25-8-27　若 *M*、*N* 是两个属于常规现金流量的互斥方案，如果其财务净现值 $FNPV(i)_M > FNPV(i)_N$，则下列财务内部收益关系中哪个是正确的？

A $FIRR_M > FIRR_N$　　B $FIRR_M = FIRR_N$

C $FIRR_M \leqslant FIRR_N$　　D 关系不确定

解析：在两个常规现金流量的互斥方案中，如果其 $FNPV(i)_M > FNPV(i)_N$，则根据选取的利率 i 的不同，其财务内部收益率 $FIRR_M$ 可能大于、等于或小于 $FIRR_N$。

答案：D

25-8-28　下列反映偿债能力指标的是(　　)。

A 投资回收期 B 流动比率 C 财务净现值 D 资本金利润率

解析： 在此题中流动比率是反映企业短期偿债能力的指标。

答案： B

25-8-29 **下列评价指标中，属于动态指标的是哪几项？**

①总投资收益率；②投资利税率；③财务净现值；④内部收益率；⑤投资报酬率

A ①② B ③④ C ②③ D ④⑤

解析： 财务净现值和内部收益率属于动态评价指标。

答案： B

25-8-30 **某企业进行设备更新，年固定总成本为10万元，利用新设备生产的产品售价为10元/件，单位产品可变成本为5元/件，按线性盈亏平衡分析方法计算其平衡点产量为(　　)万件。**

A 2 B 1 C 3 D 0.5

解析：

$$\begin{aligned}\text{线性盈亏平衡点(产量)}&=\frac{\text{年固定成本}}{\text{产品单价}-\text{单位可变成本}-\text{单位产品税金}}\\&=\frac{100000}{10-5-0}=20000\text{件}\end{aligned}$$

答案： A

25-8-31 **进行项目财务评价的基本报表有下列中的哪几项？**

①固定资产投资估算表；②现金流量表；③利润与利润分配表；④资产负债表；⑤生产成本估算表；⑥借款还本付息计划表

A ①②③④ B ②③④⑥

C ③④⑤⑥ D ①②⑤⑥

解析： 固定资产投资估算表和生产成本估算表是项目财务评价的辅助报告。

答案： B

25-8-32 **某项目预计年销售收入为3000万元，年总成本2500万元（其中利息支出为500万元），总投资4000万元，该项目的总投资收益率为(　　)。**

A 20% B 25% C 30% D 40%

解析：

$$\begin{aligned}\text{总投资收益率}&=\frac{\text{年息税前利润}\times100\%}{\text{总投资}}\\&=(\text{年利润}+\text{利息})/\text{总投资}\times100\%\\&=\frac{\text{年销售收入}-\text{年总成本}+\text{利息}}{\text{总投资}}\times100\%\\&=\frac{3000-2500+500}{4000}\times100\%=25\%\end{aligned}$$

答案： B

25-8-33 **某项目，当 $i_1=15\%$ 时，净现值为125万元；当 $i_2=20\%$ 时，净现值为－42万元。则该项目的内部收益率为(　　)。**

A ＜15% B 在15%至20%之间

C ＞20% D 无法判定

解析：内部收益率 $IRR=i_1+\frac{PV(i_2-i)}{PV+|NV|}$

$$=15\%+\frac{125(20\%-15\%)}{125+42}=18.74\%$$

答案：B

25-8-34 **某投资方案的净现金流量如表所示，其静态投资回收期为(　　)年。**

题 25-8-34 表

年　序	0	1	2	3	4	5	6
净现金流量	−100	−80	40	60	60	60	60
Σ		−180	−140	−80	−20	+40	+100

A　4　　　　B　4.33　　　　C　4.67　　　　D　5

解析：先在表中计算出累计净现金流量，之后按下列公式计算：

$$静态投资回收期=\frac{累计净现金流量}{开始出现正值的年份}-1+\frac{上年累计净现金流量的绝对值}{当年净现金流量}$$

$$=5-1+\frac{20}{60}=4.33$$

答案：B

25-8-35 **在项目财务评价中所涉及的营业税、增值税、城市维护建设税和教育费附加，是从(　　)中扣除的。**

A　销售收入　　　　B　固定资产

C　建设投资　　　　D　总成本费用

解析：财务评价中的营业税、增值税、城市维护建设税和教育费附加都应从销售收入中扣除。

答案：A

25-8-36 **项目敏感性分析中选择敏感性因素的主要条件是(　　)。**

A　变化幅度最小　　　　B　风险系数最大

C　敏感度系数（变化率）最大　　　　D　敏感度系数（变化率）最小

解析：在项目敏感性分析中选择敏感性因素的主要条件之一是敏感度系数（变化率）最大。

答案：C

25-8-37 **在盈亏平衡图中，销售收入线扣除销售税金及附加与(　　)线的相交点就是盈亏平衡点。**

A　变动成本　　　　B　总产量

C　固定成本　　　　D　总成本

解析：在盈亏平衡图中，销售收入线扣除销售税金及附加与总成本线相交的点就是盈亏平衡点。

答案：D

(九) 建设工程技术经济指标及部分建筑材料价格

25-9-1 (2010) 在外墙外保温改造中，每平方米综合单价最高的是(　　)。

A 25厚聚苯颗粒保温砂浆，块料饰面

B 25厚聚苯颗粒保温砂浆，涂料饰面

C 25厚挤塑泡沫板，块料饰面

D 25厚挤塑泡沫板，涂料饰面

解析：在外墙外保温改造中，最高的综合单价是25厚挤塑泡沫板，块料饰面。

答案：C

25-9-2 (2010) 下列各类建筑中土建工程单方造价最高的是(　　)。

A 砖混结构车库　　B 砖混结构住宅

C 框架结构住宅　　D 钢筋混凝土结构地下车库

解析：在题中各类建筑中钢筋混凝土结构地下车库工程的单方造价最高。

答案：D

25-9-3 (2010) 居住区的技术经济指标中，人口毛密度是指(　　)。

A 居住总户数/住宅建筑基底面积　　B 居住总人口/住宅建筑基底面积

C 居住总人口/住宅用地面积　　D 居住总人口/居住区用地面积

解析：在居住区的技术经济指标中，人口毛密度＝居住总人口/居住区用地面积。

答案：D

25-9-4 (2009) 下列带形基础每立方米综合单价最低的是(　　)。

A 有梁式钢筋混凝土C15　　B 无梁式钢筋混凝土C15

C 素混凝土C15　　D 无圈梁砖基础

解析：按照《北京市各类分部分项工程造价》基础部分的概算定额：带形基础每立方米综合单价最低的是无圈梁砖基础。

答案：D

25-9-5 (2009) 下列同口径管材单价最高的是(　　)。

A PVC管　　B PP管

C 铸铁管　　D 无缝钢管

解析：按照《北京市建筑材料市场价格参考表》(2002年)在同口径管材单价中最高的是无缝钢管。

答案：D

25-9-6 (2009) 下列地面面层单价最高的是(　　)。

A 水泥花砖　　B 白锦砖

C 抛光通体砖　　D 预制白水泥水磨石

解析：此题中抛光通体砖的地面面层单价最高。

答案：C

25-9-7 **（2009）一般情况下，下列装饰工程的外墙块料综合单价最低的是（　　）。**

A 湿贴人造大理石　　B 湿贴天然磨光花岗石

C 干挂人造大理石　　D 干挂天然磨光花岗石

（注：此题2005年考过）

解析： 此题中装饰工程的外墙块料综合单价最低的是湿贴人造大理石。

答案： A

25-9-8 **（2009）建造三层的商铺，若层高由3.6m增至4.2m，则土建造价约增加(　　)。**

A 不可预测　　B 3%

C 8%　　D 15%

解析： 依据多层建筑层高对工程造价的影响：每±10cm层高约增减造价1.33%～1.5%。本题建造三层商铺，层高由3.6m增至4.2m，则土建造价约增加：（4.2－3.6）×1.33%≈8%。

答案： C

25-9-9 **（2009）建筑设计阶段影响工程造价的因素是（　　）。**

Ⅰ.平面形状；Ⅱ.层高；Ⅲ.混凝土标号；Ⅳ.文明施工；Ⅴ.结构类型

A Ⅰ、Ⅱ、Ⅲ　　B Ⅰ、Ⅱ、Ⅳ

C Ⅱ、Ⅲ、Ⅴ　　D Ⅰ、Ⅱ、Ⅴ

解析： 在建筑设计阶段对工程造价有影响的主要因素是平面形状、层高和结构类型。

答案： D

25-9-10 **（2008）以下（大于10m^3的）设备基础哪一种单价（元/m^3）最低？**

A 毛石混凝土基础　　B 毛石预拌混凝土基础

C 现浇钢筋混凝土基础　　D 预拌钢筋混凝土基础

解析： 大于10m^3的设备基础单价最低的是毛石混凝土基础。

答案： A

25-9-11 **（2008）以下单层房屋层高相同的非黏土墙(240mm厚)哪一个单价(元/m^2)最高？**

A 框架间内墙　　B 普通外墙

C 框架间外墙　　D 普通内墙

解析： 对层高相同的单层房屋，采用240mm厚的非黏土墙中普通外墙的单价最高。

答案： B

25-9-12 **（2008）下列哪一种做法的磨光花岗石面层单价（元/m^2）最高？**

A 挂贴　　B 干挂勾缝

C 粉状胶粘剂粘贴　　D 砂浆粘贴

解析： 采用干挂勾缝做法的磨光花岗石面层单价最高。

答案： B

25-9-13 **（2008）下列各种块料楼地面的面层单价（元/m^2）哪一种最高？**

A 陶瓷锦砖面层　　B 石塑防滑地砖面层

C 钛合金不锈钢覆面地砖面层　　D 碎拼大理石面层

解析：钛合金不锈钢覆面地砖面层的单价最高。

答案：C

25-9-14 (2008) 下列各种同材质单玻木窗的单价哪一种最低?

A 单层矩形普通木窗　　B 矩形木百叶窗

C 圆形木窗　　D 多角形木窗

解析：单层矩形普通木窗的单价最低。

答案：A

25-9-15 (2008) 下列各种木门的单价，哪一种最低?

A 纤维板门　　B 硬木镶板门

C 半截玻璃木门　　D 多玻木门

解析：纤维板木门的单价最低。

答案：A

25-9-16 (2008) 某北方地区单层钢结构轻型厂房建安工程单方造价为1000元/m²，造价由以下三项工程组成：(1) 土建工程（包括结构、建筑、装饰装修工程）；(2) 电气工程（包括强电、弱电工程）；(3) 设备工程（包括水、暖、通风、管道等工程）。问下列哪一组单方造价的组成比例较合理?

A (1)80%;(2)3%;(3)17%　　B (1)60%;(2)20%;(3)20%

C (1)80%;(2)10%;(3)10%　　D (1)60%;(2)10%;(3)30%

解析：北方地区单层钢结构厂房建安工程单方造价中，土建、电气和设备工程三项造价比例以60%：20%：20%较合理。

答案：B

25-9-17 (2008) 某北方地区框剪结构病房楼，地上19层，地下2层，一般装修，其建安工程单方造价为3500元/m²，造价由以下三项工程组成：(1) 土建工程（包括结构、建筑、装饰装修工程）；(2) 电气工程（包括强电、弱电、电梯工程）；(3) 设备工程（包括水、暖、通风空调、管道等工程）。问下列哪一组单方造价的组成较合理?

A (1) 2500元/m²；(2) 700元/m²；(3) 300元/m²

B (1) 2100元/m²；(2) 550元/m²；(3) 850元/m²

C (1) 1600元/m²；(2) 950元/m²；(3) 950元/m²

D (1) 2050元/m²；(2) 200元/m²；(3) 1250元/m²

解析：北方地区框剪结构病房高层建筑的建安工程单方造价中，土建、电气和设备三项工程造价比以60%：16%：24%较合理。

答案：B

25-9-18 (2007) 下述台阶做法哪种单价（元/m²）最贵?

A 花岗石面　　B 地砖面　　C 剁斧石面　　D 水泥面

解析：花岗石面台阶单价最贵。

答案：A

25-9-19 （2007）下列相同等级的混凝土单价（元/m^2）哪一种最贵？

A 普通混凝土　　B 抗渗混凝土

C 豆石混凝土　　D 免振捣自密实混凝土

（注：此题2004年考过）

解析： 免振捣自密实混凝土单价（元/m^2）最贵。

答案： D

25-9-20 （2007）下列同等材质的铝合金窗中，单价（元/m^2）最贵的是（　　）。

A 双层玻璃推拉窗　　B 单层玻璃推拉窗

C 中空玻璃平开窗　　D 单层玻璃平开窗

解析： 同等材料的铝合金窗中单价最贵的是中空玻璃平开窗。

答案： C

25-9-21 （2007）基础按材料划分，下列哪一种造价最高？

A 砖基础　　B 砖石基础

C 混凝土基础　　D 钢筋混凝土基础

解析： 按材料划分，钢筋混凝土基础造价最高。

答案： D

25-9-22 （2007）多层建筑随着层高的降低，土建单价的变化下列哪一种说法是正确的？

A 没关系　　B 减少　　C 增加　　D 相同

（注：此题2004年考过）

解析： 随着层高的降低，多层建筑的土建单价会随之减少。

答案： B

25-9-23 （2007）一般钢筋混凝土框架结构不含室内精装修的民用建筑的造价，其建筑与结构造价的比例下列哪一种比较接近？

A 0.4∶0.6　　B 0.5∶0.5

C 0.6∶0.4　　D 0.7∶0.3

（注：2006年考过此题近似题）

解析： 一般钢筋混凝土框架结构民用建筑的造价中，建筑与结构的比例约为0.4∶0.6。

答案： A

25-9-24 （2007）高层内浇外砌大模结构住宅的建安工程单价（元/m^2）中，土建工程造价的比例，下列哪一种比较接近？

A 50%以下　　B 50%～60%　　C 61%～89%　　D 90%以上

解析： 在高层内浇外砌大模结构住宅中，土建工程一般占建安工程造价的比例是61%～89%。

答案： C

25-9-25 （2007）同地区同结构形式的住宅中，下列哪种住宅工程单价（元/m^2）最高？

A 多层　　B 14层以下小高层

C 15～20层高层　　D 21～30层高层

解析：在同地区同结构形式的住宅中，21～30层高层的住宅工程单价最高。

答案：D

25-9-26 **（2006）下列各类楼板的做法中，单价最高的是（ ）。**

A C30钢筋混凝土平板100厚 B C30钢筋混凝土有梁板100厚

C C25钢筋混凝土平板100厚 D C25钢筋混凝土有梁板100厚

解析：各类楼板的做法中，单价最高的是C30钢筋混凝土有梁板100厚。

答案：B

25-9-27 **（2006）下列各类车库建筑中，土建工程单方造价最低的是（ ）。**

A 石材砌体结构车库 B 钢筋混凝土框架结构车库

C 钢筋混凝土框架结构地下车库 D 砖混结构车库

解析：在本题各类车库建筑中，土建工程单方造价最低的是石材砌体结构车库。

答案：A

25-9-28 **（2006）一般情况下，下列窗中单价最低的是（ ）。**

A 塑钢中空玻璃窗 B 喷塑铝合金中空玻璃窗

C 塑钢双层玻璃窗 D 喷塑铝合金双层玻璃窗

解析：本题各类窗中单价最低的是塑钢双层玻璃窗。

答案：C

25-9-29 **（2006）下列吊顶面层的综合单价（元/m^2）最高的是（ ）。**

A 纤维板 B 铝合金方板 C 胶合板 D 珍珠岩石膏板

解析：本题吊顶面层综合单价最高的是铝合金方板。

答案：B

25-9-30 **（2006）下列烟囱中哪一种造价（元/座）最低？**

A 砖混结构30m高 B 砖混结构50m高

C 钢筋混凝土结构30m高 D 钢筋混凝土结构50m高

解析：砖混结构30m高的烟囱是造价最低的。

答案：A

25-9-31 **（2006）在8度地震设防地区，钢筋混凝土剪力墙结构的小高层住宅，每平方米建筑面积钢筋消耗量是（ ）。**

A 20～30kg B 31～40kg C 41～50kg D 51kg以上

解析：在8度地震设防地区，钢筋混凝土剪力墙结构的小高层住宅，每平方米建筑面积钢筋消耗量是41～50kg。

答案：C

25-9-32 **（2006）一般情况下，砖混结构形式的多层建筑随层数的增加，土建单方造价（元/m^2）会呈何变化？**

A 降低 B 不变 C 增加 D 二者无关系

解析：砖混结构的多层建筑会随层数的增加，土建单方造价会降低。

答案：A

25-9-33 **（2006）门窗工程中，下列铝合金门的综合单价（元/m^2），最贵的是哪种？**

A 推拉门　　B 平开门

C 自由门（带地弹簧）　　D 推拉栅栏

解析：本题铝合金门的综合单价最贵的是自由门（带地弹簧）。

答案：C

25-9-34 **（2005）下列带形基础每立方米综合单价最低的是（　　）。**

A 有梁式钢筋混凝土 C15　　B 无梁式钢筋混凝土 C15

C 普通混凝土 C15　　D 无圈梁砖基础

解析：带形基础每立方米综合单价最低的是无圈梁砖基础。

答案：D

25-9-35 **（2005）下列吊顶材料每平方米综合单价最高的是（　　）。**

A 轻钢龙骨轴线内包面积≤30m^2

B 轻钢龙骨轴线内包面积>30m^2

C 铝合金龙骨轴线内包面积≤30m^2

D 铝合金龙骨轴线内包面积>30m^2

解析：本题吊顶材料综合单价最高的是铝合金龙骨轴线内包面积小于等于30m^2。

答案：C

25-9-36 **（2005）下列隔断墙每平方米综合单价最高的是（　　）。**

A 硬木装饰隔断　　B 硬木半玻璃隔断

C 铝合金半玻璃隔断　　D 轻钢龙骨单排石膏板隔断

解析：本题隔断墙综合单价最高的是硬木半玻璃隔断。

答案：B

25-9-37 **（2005）下列内墙面装饰材料每平方米综合单价最低的是（　　）。**

A 装饰壁布　　B 弹性丙烯酸涂料

C 绒面软包　　D 防霉涂料

解析：本题内墙面装饰材料综合单价最低的是防霉涂料。

答案：D

25-9-38 **（2005）同一地区，在结构形式及装修标准基本相同的情况下，单方造价最低的是（　　）。**

A 多层住宅　　B 多层宿舍

C 多层医院门窗部（三级甲等）　　D 多层商店

解析：在同一地区，结构形式与装修标准基本相同的情况下，多层宿舍的单方造价是最低的。

答案：B

25-9-39 **（2005）一般学校建筑，其土建工程与设备安装工程的造价比例大致是(　　)。**

A 41～42：59～58　　B 51～52：49～48

C 65～66：35～34　　D 80～81.6：20～18.4

解析：一般学校建筑的土建工程与设备安装工程的造价比例大致是65～66；35～34。

答案：C

25-9-40　(2005) 钢筋混凝土多层住宅，随着层数的增加，其每平方米建筑面积木材的消耗量（　）。

A　随之增加　　B　基本维持不变　C　随之减少　　D　随之大幅减少

解析：钢筋混凝土多层住宅，随着层数的增加，其每平方米建筑木材的消耗量也随之减少。

答案：C

25-9-41　(2005) 在8度地震设防要求下，钢筋混凝土框架结构的办公楼，层数为26～30层，一般情况下每平方米建筑面积钢材的消耗量是（　）。

A　90kg以上　B　75～89kg　C　66～74kg　D　55～65kg

解析：在8度地震设防要求下，层数为26～30层的钢筋混凝土框架结构的办公楼，每平方米建筑面积钢材所消耗量是90kg以上。

答案：A

25-9-42　(2004) 下列框架结构多层办公楼（一般装修）的单位面积造价（元/m^2）最接近以下哪一项？

A　400～600元/m^2　　B　600～800元/m^2

C　800～1000元/m^2　　D　1000～1800元/m^2

解析：框架结构多层办公楼的单位面积造价接近于1000～1800元/m^2。

答案：D

25-9-43　(2004) 下列框排架结构基础的单价（元/m^3）哪一种最贵？

A　砖带形基础　　B　钢筋混凝土带形基础（无梁式）

C　钢筋混凝土独立基础　　D　钢筋混凝土杯形基础

解析：在本题框排架结构基础中钢筋混凝土杯形基础的单价最贵。

答案：D

25-9-44　(2004) 下列保护层的单价（元/m^2）哪一种最贵？

A　水泥砂浆　　B　水泥聚苯板

C　聚乙烯泡沫塑料　　D　豆石混凝土

解析：本题保护层单价最贵的是水泥聚苯板。

答案：B

25-9-45　(2004) 下列产品的单价（元/m^2）哪一种最贵？

A　中空玻璃（双白）6mm隔片（聚硫胶）

B　中空玻璃（双白）9mm隔片（聚硫胶）

C　中空玻璃（双白）6mm隔片（不干胶条）

D　中空玻璃（双白）9mm隔片（不干胶条）

解析：在中空玻璃中，中空玻璃（双白）9mm隔片（聚硫胶）单价最贵。

答案：B

25-9-46　(2004) 下列产品的单价（元/m^2）哪一种最便宜？

A　水磨石隔断（青水泥）　　B　水磨石窗台板（青水泥）

C　水磨石踏步（青水泥）　　D　水磨石扶曲（青水泥）

解析：本题中水磨石踏步（青水泥）产品的单价最便宜。

答案：C

25-9-47 （2004）下列不同产品的单价（元/m³）中，最贵的是哪一种？

A 加气保温块 600×250×50（mm） B 加气块 600×250×100（mm）

C 加气保温块 600×250×100（mm） D 加气块 600×250×50（mm）

解析：此题中加气保温块 600×250×50（mm）的单价最贵。

答案：A

25-9-48 （2004）下列不同体积的玻璃钢水箱单价（元/m³）中，最便宜的是哪一种？

A 玻璃钢水箱 1～5m³ B 玻璃钢水箱 6～14m³

C 玻璃钢水箱 15～50m³ D 玻璃钢水箱 51～100m³

解析：此题中玻璃钢水箱 51～100m³ 的单价（元/m³）最便宜。

答案：D

25-9-49 （2003）下列框排架结构基础的单价（元/m³），哪一种最便宜？

A 砖带形基础

B 钢筋混凝土带形基础（无梁式）

C 钢筋混凝土独立基础

D 钢筋混凝土杯形基础

解析：砖基础的单价低于钢筋混凝土基础的单价。

答案：A

25-9-50 （2003）下列哪一种最接近北方地区单层钢筋混凝土普通厂房的单方造价(元/m²)?

A 500～800 元/m² B 800～1000 元/m²

C 1200～2000 元/m² D 2500～3000 元/m²

解析：参考当时价格指标。

答案：B

25-9-51 （2003）下列产品的单价（元/m³），哪一种最贵？

A 普通混凝土 C40 B 抗渗混凝土 C40

C 高强混凝土 C65 D 陶粒混凝土 C30

解析：高强混凝土单价较高。

答案：C

25-9-52 （2003）下列产品的单价（元/m²），哪一种最贵？

A 塑钢固定窗 B 塑钢平开窗

C 塑钢推拉门 D 塑钢平开门

解析：题目中产品单价（元/m²）从高到低依次为：塑钢平开门、塑钢推拉门、塑钢平开窗、塑钢固定窗。

答案：D

25-9-53 （2003）下列产品的单价（元/m³），哪一种最便宜？

A 加气块 600×250×50 B 加气块 600×250×300

C 加气保温块 600×250×50 D 加气保温块 600×250×125

解析：可参考当地市场价格信息。加气块的单价低于加气保温块的单价，规格较小加气块的单价较高。

答案：B

25-9-54 （2003）下列产品的单价（元/台），哪一种最贵？

A 冷却塔 DBNL3-12　　B 冷却塔 DBNL3-20

C 冷却塔 DBNL3-40　　D 冷却塔 DBNL3-60

解析：同型号冷却塔中，冷却水量大的冷却塔单价较高。

答案：D

25-9-55 （2003）下列产品的单价（元/m^2），哪一种最便宜？

A 中空玻璃（双白）6mm 隔片（聚硫胶）

B 中空玻璃（双白）9mm 隔片（聚硫胶）

C 中空玻璃（双白）6mm 隔片（不干胶条）

D 中空玻璃（双白）9mm 隔片（不干胶条）

解析：上述中空玻璃中，中空玻璃（双白）6mm 隔片（不干胶条）最便宜。

答案：C

25-9-56 （2003）相同结构型式的单层与三层建筑，就其土建单方造价作比较，下列哪一种是正确的？

A 单层比三层的要低　　B 单层比三层的要高

C 两者相同　　D 单层比三层的要低得多

解析：相同结构型式的单层与多层建筑，一般单层建筑的单方造价高于多层建筑的单方造价。

答案：B

25-9-57 （2003）基础按材料划分，下列哪一种造价最高？

A 砖基础　　B 砖石基础

C 混凝土基础　　D 钢筋混凝土基础

解析：基础按材料划分，单方造价从低到高依次为砖石基础、砖基础、混凝土基础、钢筋混凝土基础。

答案：B

25-9-58 由表可知下列关于 6 层以内住宅的叙述哪些是正确的？

题 25-9-58 表

住宅层数		一	二	三	四	五	六
单方造价系数（%）	不含基础费用	122.85	109.13	104.57	102.27	100.86	100
	含基础费用	138.05	116.95	108.38	103.51	101.68	100

①层数越多，单方造价越低；②层次越多，相邻层次间单方造价差值越小；③多层住宅采用 5～6 层为好；④层数越多，单方造价越高；⑤层次越多，相邻层次间单方造价差值越大

A ①③⑤　　B ②④⑤　　C ①②③　　D ②③④

解析：多层住宅在一定范围内层数增加，则房间内部和外部的设施费，供水管道、煤气管道、电力照明和交通道路等费用随层数增加而降低。由于目前烧结普通砖的强度等级一般只能达到75kg/m^{2}强度，则建7层以上的住宅必须改变承重结构，造价必然增加。另外，住宅超过7层时需配置价格较高的电梯，需较多的交通面积和补充设备。

答案：C

25-9-59　吊顶材料价格最低的是（　　）。

A 铝合金平板　　B 纸面石膏板　　C 铝合金条板　　D 矿棉吸声板

解析：题中吊顶材料价格最低的是纸面石膏板。

答案：B

25-9-60　在一般民用建筑造价中，土建工程与安装工程（含水、暖、电等）的比例约为（　　）。

A 50%∶50%　　B 65%～80%∶20%～35%

C 85%～95%∶5%～15%　　D 无一定规律

解析：在一般民用建筑造价中，土建工程与安装工程（含水、暖、电等）的比例约为：65%～80%∶20%～35%。

答案：B

25-9-61　一般民用砌体建筑土建工程建筑与结构造价比为（　　）。

A 3～3.5∶7～6.5　　B 5～6∶5～4

C 7～8∶3～2　　D 4.5∶5.5

解析：民用建筑中一般砌体结构类型，其土建工程建筑与结构造价之比为：(3～3.5)∶(7～6.5)。

答案：A

25-9-62　在住宅层数的划分中，多层住宅是指（　　）的住宅。

A 1～3层　　B 4～6层　　C 7～9层　　D 10层以上

解析：根据《民用建筑设计通则》，4～6层为多层住宅。

答案：B

25-9-63　矩形住宅建筑设计中，从技术角度出发最佳的长宽比为（　　）。

A 5∶1　　B 4∶1　　C 3.5∶1　　D 2∶1

解析：在矩形住宅建筑设计中，从技术角度看，长宽比为2∶1是最佳（最经济）的。

答案：D

25-9-64　在衡量小区规划设计主要技术经济指标中的公共建筑系数指标时，与其有关的指标是下列中的哪几项？

①居住用地面积；②小区总占地面积；③公共建筑用地面积；④总居住建筑用地面积；⑤居住建筑总面积

A ①②　　B ②③　　C ③④　　D ③⑤

解析：在衡量小区规划设计中公共建筑系数指标时，主要是小区总占地面积和公共建筑用地面积的技术经济指标。

答案：B

25-9-65 在公用建筑中采用多层住宅的优点是下列中的哪几项?

①降低造价；②提高造价；③降低使用费用；④提高使用费用；⑤节约用地

A ①②　　B ①③　　C ②④　　D ④⑤

解析：在公用建筑中采用多层住宅，可以降低造价和使用费用。

答案：B

25-9-66 在下列几种窗中价格最低的是（　）。

A 实腹中空玻璃保温窗　　B 空腹中空保温窗

C 铝合金中空玻璃窗　　D 铝合金手平窗带纱

解析：各种窗的价格为：实腹中空玻璃保温窗为702元/m^2，空腹中空玻璃保温窗为549元/m^2，铝合金中空玻璃窗为698.7元/m^2，铝合金手平窗带纱为606元/m^2。

答案：B

25-9-67 每立方米C20混凝土的水泥用量约需（　）kg。

A 200　　B 330　　C 400　　D 500

解析：每立方米C20混凝土的水泥用量为330kg。

答案：B

25-9-68 北方地区多层砖混结构办公楼的楼地面净面积（不含楼梯面积）约占建筑面积的（　）。

A 60%　　B 70%　　C 80%　　D 90%

解析：北方地区多层砖混结构办公楼的楼地面净面积（不含楼梯面积）约占建筑面积的70%。

答案：B

25-9-69 下列外墙面材料中单价最高的是（　）。

A 白水泥水刷石　B 剁假石　　C 贴玻璃锦砖　　D 贴面砖

解析：上述四种外墙面单价中，贴面砖是最贵的。

答案：D

25-9-70 下列地面面层中单价最低的是（　）。

A 水泥花砖　　B 白锦砖

C 预制白水泥水磨石　　D 抛光通体砖

解析：题中四种地面，用水泥花砖面层单价最低。

答案：A

25-9-71 下列单层外窗中最贵的一种是（　）。

A 空腹钢窗　　B 实腹钢窗

C 铝合金推拉窗　　D 铝合金平开窗

解析：在题中铝合金平开窗在单层外窗中是最贵的。

答案：D

25-9-72 计算外墙工程量时，外墙的长度应以（　）为准。

A 外墙轴线　　B 外墙中心线
C 外包长度　　D 内净长度

解析：计算外墙工程量时，外墙长度应以外墙中心线为准。

答案：B

25-9-73 有一栋5层建筑物，其平屋面约占建筑面积的百分数为（　　）。

A 20%　　B 25%　　C 30%　　D 15%

解析：一栋5层建筑物的平屋面约占建筑面积的20%。

答案：A

25-9-74 下列内墙面做法中何者最贵（包括底层和面层）？

A 水泥砂浆打底乳胶漆三遍　　B 白瓷砖
C 预制白水泥水磨石　　D 人造大理石

解析：人造大理石内墙最贵。

答案：D

25-9-75 在高级宾馆的造价中，土建工程与安装工程（含水、暖、空调、电气、电梯等）的比例约为（　　）。

A 30%～40%：60%～70%　　B 50%：50%
C 70%～80%：20%～30%　　D 85%～95%：5%～15%

解析：在高级宾馆造价中，土建工程与安装工程的比例约为70%～80%：20%～30%。

答案：C

25-9-76 下列各类建筑中何者的土建工程单方造价最贵？

A 砌体结构车库　　B 砌体结构锅炉房
C 框架结构车库　　D 钢筋混凝土结构地下车库

解析：在此题中以钢筋混凝土结构地下车库的土建工程单方造价为最贵。

答案：D

25-9-77 在一般民用建筑中人工费占土建工程造价的（　　）。

A 5%～8%　　B 10%～15%　　C 12%～14%　　D 15%～20%

解析：民用建筑中人工费约占土建工程造价的10%～15%。

答案：B

25-9-78 下列内墙做法中造价较低的是（　　）。

A 240砖内墙　　B C20混凝土内墙200厚
C CL20陶粒混凝土内墙200厚　　D 预制内墙板180厚

解析：此题中240砖内墙造价较低。

答案：A

25-9-79 下列楼板做法中造价高的是（　　）。

A C30混凝土平板100厚　　B 预制圆孔板
C C30混凝土有梁板100厚　　D 预制大楼板

解析：此题中预制大楼板造价高。

答案：D

25-9-80　一般住宅中哪种建筑工程造价最低?

A　多层小开间砌体住宅　　B　多层塔式住宅

C　多层板式内浇外砌住宅　　D　多层板式砌体住宅

解析：此题中多层小开间砌体住宅建筑工程造价最低。

答案：A

二十六　建　筑　施　工[1]

（一）砌　体　工　程

26-1-1　(2010) 当基底标高不同时，砖基础砌筑顺序正确的是(　　)。

A　从低处砌起，由高处向低处搭砌

B　从低处砌起，由低处向高处搭砌

C　从高处砌起，由低处向高处搭砌

D　从高处砌起，由高处向低处搭砌

解析：《砌体施工验收规范》第3.0.6条第1款规定：基底标高不同时，应从低处砌起，并应由高处向低处搭砌。当设计无要求时，搭接长度不应小于基础底的高差。

答案：A

26-1-2　(2010) 砌筑施工质量控制等级分为A、B、C三级，其中对砂浆配合比计量控制严格的是(　　)。

A　A级　　B　B级　　C　C级　　D　A级和B级

解析：《砌体施工验收规范》第3.0.15条表3.0.15规定：A级对砂浆配合比计量控制严格（见题26-1-16解表）。

答案：A

26-1-3　(2010) 做同一验收批砌筑砂浆试块强度验收，以下表述错误的是(　　)。

A　砂浆试块标准养护的龄期为28d

B　在同一盘砂浆中取2组砂浆试块

C　不超过250m^3砌体的各种类型及强度的砌筑砂浆，每台搅拌机应至少抽检一次

D　同一类型、强度等级的砂浆试块应不少于3组

解析：《砌体施工验收规范》第4.0.12条第2款规定：在同一盘砂浆中只应制作1组砂浆试块。

答案：B

26-1-4　(2010) 关于填充墙砌体工程，下列表述错误的是(　　)。

A　填充墙砌筑前块材应提前1d浇水

B　蒸压加气混凝土砌块砌筑时的产品龄期为28d

[1] 本章解析及后面几套试题中有些规范引用次数较多，我们采用了简称，并在本章末列出了这些规范的简称、全称对照表，供查阅。

C　空心砖的临时堆放高度不宜超过 2m

D　填充墙砌至梁、板底时，应及时用细石混凝土填补密实

解析：《砌体施工验收规范》第 9.1.2 条规定：蒸压加气空心砖、混凝土砌块砌筑时的产品龄期不应小于 28d。第 9.1.3 条规定：空心砖进场后应按品种、规格堆放整齐，堆置高度不宜超过 2m。第 9.1.5 条规定：砌筑填充墙时，混凝土小型空心砌块应提前 1～2d 浇水湿润。第 9.1.9 条规定：填充墙与承重主体结构间空（缝）隙部位施工，应在填充墙砌筑 14d 后进行。

答案：D

26-1-5　(2010) 下列表述哪项不符合砌筑工程冬期施工相关规定？

A　石灰膏、电石膏如遭冻结，应经融化后使用

B　普通砖、空心砖在高于 0℃条件下砌筑时，应浇水湿润

C　砌体用砖或其他块材不得遭水浸冻

D　当采用掺盐砂浆法施工时，不得提高砂浆强度等级

解析：依据《砌体施工验收规范》第 10.0.12 条第 1、3 款可知，采用外加剂法配制的砌筑砂浆，当设计无要求，且最低气温等于或低于－15℃时，砂浆强度等级应较常温施工提高一级。第 10.0.13 条规定，配筋砌体不得采用掺氯盐的砂浆施工。

答案：D

26-1-6　(2010) 底层室内地面以下的砌体应采用混凝土灌实小砌块的空洞，混凝土强度等级最低应不低于(　　)。

A　C10　　B　C15　　C　C20　　D　C25

解析：《砌体施工验收规范》第 6.1.6 条规定：底层室内地面以下或防潮层以下的砌体，应采用强度等级不低于 C20 的混凝土灌实小砌块的孔洞。

答案：C

26-1-7　(2009) 砌筑砂浆应随拌随用，施工期间最高气温超过 30℃时，水泥砂浆最迟应在多长时间内使用完毕？

A　2h　　B　3h　　C　4h　　D　5h

解析：《砌体施工规范》中第 5.3.4 条规定：现场搅拌的砂浆应随拌随用，拌制的砂浆应在 3h 内使用完毕；当施工期间最高气温超过 30℃时，应在 2h 内使用完毕。

答案：A

26-1-8　(2009) 可提高砖与砂浆的粘结力和砌体的抗剪强度，确保砌体的施工质量和力学性能的施工工艺措施是(　　)。

A　采用混合砂浆　　B　采用水泥砂浆

C　采用掺有机塑化剂的水泥砂浆　　D　砖砌筑前浇水湿润

解析：《砌体施工验收规范》第 5.1.6 条规定：砌筑烧结普通砖、烧结多孔砖、蒸压灰砂砖和蒸压粉煤灰砖砌体时，砖应提前 1～2d 适度湿润，严禁用干砖或处于吸水饱和状态的砖砌筑。所以，选项 D“砖砌筑前浇水湿润”是确保砌体的施工质量和力学性能的主要工艺措施。而其他选项则均为材料选

用方面的措施。

答案：D

26-1-9　(2009) 拆除砖过梁底部的模板时，灰缝砂浆强度最低值不得低于设计强度的(　　)。

A　80%　　B　75%　　C　60%　　D　50%

解析：《砌体施工规范》第6.2.19条规定：砖过梁底部的模板，应在灰缝砂浆强度不低于设计强度75%时，方可拆除。

答案：B

26-1-10　(2009) 为混凝土小型空心砌块砌体浇筑芯柱混凝土时，其砌筑砂浆强度最低应大于(　　)。

A　2MPa　　B　1.2MPa　　C　1MPa　　D　0.8MPa

解析：《砌体施工验收规范》第6.1.15条第2款规定：浇筑芯柱混凝土时，砌筑砂浆强度应大于1.0MPa。以防损坏墙体。

答案：C

26-1-11　(2008) 砌筑砂浆采用机械搅拌时，自投料完算起，搅拌时间不少于3min的砂浆是(　　)。

A　水泥砂浆

B　水泥混合砂浆和水泥粉煤灰砂浆

C　掺用外加剂的砂浆和水泥粉煤灰砂浆

D　掺用有机塑化剂的砂浆

解析：《砌体施工验收规范》第4.0.9条规定，砌筑砂浆采用机械搅拌时，搅拌时间自投料完算起应符合下列规定：水泥砂浆和水泥混合砂浆不应少于120s；水泥粉煤灰砂浆和掺用外加剂的砂浆不应少于180s。掺增塑剂的砂浆不应少于210s。

答案：C

26-1-12　(2008) 砌体工程施工中，下述哪项表述是错误的?

A　砖砌体的转角处砌筑应同时进行

B　严禁无可靠措施的内外墙分砌施工

C　临时间断处应当留直槎

D　宽度超过300mm的墙身洞口上部应设过梁

解析：《砌体施工验收规范》第5.2.3条规定，砖砌体的转角处砌筑应同时砌筑，严禁无可靠措施的内外墙分砌施工。在抗震设防烈度为8度及以上地区，对不能同时砌筑而又必须留置的临时间断处应砌成斜槎，故选项C表述错误。此外规范还要求普通砖砌体斜槎水平投影长度不小于高度的2/3，多孔砖砌体的斜槎长高比不应小于1/2，斜槎高度不得超过一步脚手架的高度。

答案：C

26-1-13　(2008) 关于混凝土小型空心砌块砌体工程，下列正确的表述是哪项?

A　位于防潮层以下的砌体，应采用强度等级不低于C30的混凝土填充砌块的孔洞

B　砌体水平灰缝的砂浆饱满度，按净面积计算不得低于60%

C　小砌块应底面朝下砌于墙上

D　轻骨料混凝土小型空心砌块的产品龄期不应小于28d

解析：《砌体施工验收规范》第6.1.6条规定，底层室内地面以下或防潮层以下的砌体，应采用强度等级不低于C20（或Cb20）的混凝土灌实小砌块的孔洞。第6.2.2规定，砌体水平灰缝和竖向灰缝的砂浆饱满度，按净面积计算不低于90%。第6.1.10规定，小砌块应将生产时的底面朝上反砌于墙上。第6.1.3规定，施工采用的小砌块的产品龄期不应小于28d。因为采用湿养、蒸养的块体，在龄期到达28d之前，自身收缩速度较快，其后收缩速度减慢，且强度趋于稳定。为有效控制砌体收缩裂缝，故规范规定施工时产品龄期均应不小于28d。故D选项表述正确。

答案：D

26-1-14　（2008）砖基础砌筑时应选用下列哪种砂浆？

A　水泥石灰砂浆　　B　石灰砂浆

C　水泥混合砂浆　　D　水泥砂浆

解析：由于水泥砂浆耐水性能好且水泥是水硬性材料，因此对基础及处于潮湿环境的砌体，均应用水泥砂浆砌筑。

答案：D

26-1-15　（2008）配筋砌体工程中的钢筋品种、规格和数量应符合设计要求，下列不属于主控项目中钢筋检验方法的是哪项？

A　检查钢筋的合格证书　　B　检查钢筋性能试验报告

C　检查隐蔽工程记录　　D　检查钢筋的锚固情况

解析：《混凝土施工验收规范》8.2主控项目第8.2.1条规定：钢筋品种、规格和数量应符合设计要求。检验方法：检查钢筋的合格证书、检查钢筋性能复试试验报告、检查隐蔽工程记录。选项D"检查钢筋的锚固情况"不属于主控项目中钢筋检验方法。

答案：D

26-1-16　（2007）砌体施工质量控制等级应分为（　　）。

A　二级　　B　三级　　C　四级　　D　五级

解析：《砌体施工验收规范》第3.0.15条规定：砌体施工质量控制等级应分为三级，并应按表3.0.15划分（见题26-1-16解表）。

施工质量控制等级　　　　**题26-1-16解表**

项目	施工质量控制等级		
	A	B	C
现场质量管理	监督检查制度健全，并严格执行；施工方有在岗专业技术管理人员，人员齐全，并持证上岗	监督检查制度基本健全，并能执行；施工方有在岗专业技术管理人员，人员齐全，并持证上岗	有监督检查制度；施工方有在岗专业技术管理人员
砂浆、混凝土强度	试块按规定制作，强度满足验收规定，离散性小	试块按规定制作，强度满足验收规定，离散性较小	试块按规定制作，强度满足验收规定，离散性大

续表

项目	施工质量控制等级		
	A	B	C
砂浆拌和	机械拌和；配合比计量控制严格	机械拌和；配合比计量控制一般	机械或人工拌和；配合比计量控制较差
砌筑工人	中级工以上。其中，高级工不少于30%	高、中级工不少于70%	初级工以上

答案： B

26-1-17 （2007）砌筑砂浆中掺入微沫剂是为了提高(　　)。

A 砂浆的和易性　　B 砂浆的强度等级

C 砖砌体的抗压强度　　D 砖砌体的抗剪强度

解析： 砌筑砂浆中掺入微沫剂，起到润滑作用，是为了提高砂浆的和易性，以利于砌体的砂浆饱满度和提高砌筑效率。

答案： A

26-1-18 （2007）毛石基础砌筑时应选用下列哪种砂浆？

A 水泥石灰砂浆　　B 石灰砂浆

C 水泥混合砂浆　　D 水泥砂浆

解析： 毛石基础砌筑时应选用水泥砂浆，既结实又防潮。

答案： D

26-1-19 （2006）基础砌体基底标高不同时，应从低处砌起，并应由高处向低处搭砌；当设计无要求时，搭接长度不应小于(　　)。

A 基础扩大部分的宽度　　B 基础扩大部分的高度

C 低处与高处相邻基础底面的高差　　D 规范规定的最小基础埋深

解析：《砌体施工规范》第3.3.3条第1款规定，砌体的砌筑顺序应符合：基底标高不同时，应从低处砌起，并应由高处向低处搭接；当设计无要求时，搭接长度L不应小于基础底的高差H。

答案： C

26-1-20 （2006）砌体施工进行验收时，对不影响结构安全性的砌体裂缝，正确的处理方法是下述中的哪一项？

A 应由有资质的检测单位检测鉴定，符合要求时予以验收

B 不予验收，待返修或加固满足使用要求后进行二次验收

C 应予以验收，对裂缝可暂不处理

D 应予以验收，但对明显影响使用功能和观感质量的裂缝进行处理

解析：《砌体施工验收规范》第11.0.4条第1款规定：对不影响结构安全性的砌体裂缝，正确的处理方法是应予以验收，但对明显影响使用功能和观感质量的裂缝进行处理。第2款规定：对有可能影响结构安全性的砌体裂缝，应由有资质的检测单位检测鉴定，需返修或加固处理的，待返修或加固满足使用要求后进行二次验收。

答案： D

26-1-21 (2006) 当设计无规定时，挡土墙的泄水孔施工时应均匀设置，并符合下列中哪项规定?

A 根据现场实际情况合理设置泄水孔

B 在水平和高度方向上每间隔 2000mm 左右设置一个泄水孔

C 在水平和高度方向上每间隔 1500mm 左右设置一个泄水孔

D 在每米高度上间隔 2000mm 左右设置一个泄水孔

解析：依据《砌体施工验收规范》第 7.1.10 条，挡土墙的泄水孔当设计无具体规定时，施工应符合下列规定：泄水孔应均匀设置，在每米高度上间隔 2m 左右设置一个泄水孔。

答案：D

26-1-22 (2005) 有冻胀环境和条件的地区，地面以下或防潮层以下的砌体，不应采用的材料为(　　)。

A 标准砖　　B 多孔砖

C 石材　　D 实心混凝土砌块

解析：《砌体施工验收规范》第 5.1.4 条规定：有冻胀环境和条件的地区，地面以下或防潮层以下的砌体，不应采用多孔砖，以免影响结构的耐久性。

答案：B

26-1-23 (2005) 混凝土小型空心砌块砌体水平灰缝的砂浆饱满度，按净面积计算应不得低于（　）。

A 75%　　B 80%　　C 85%　　D 90%

解析：《砌体施工验收规范》第 6.2.2 条规定：混凝土小型空心砌块砌体水平灰缝的砂浆饱满度，按净面积计算应不得低于 90%。

答案：D

26-1-24 (2005) 砖砌体的灰缝应厚薄均匀，其水平灰缝厚度宜控制在 10mm±2mm 之间，检查时，应用尺量多少皮砖砌体高度折算?

A 8　　B 10　　C 12　　D 16

解析：《砌体施工验收规范》第 5.3.2 条规定：水平灰缝厚薄用尺量 10 皮砖砌体高度折算。

答案：B

26-1-25 (2005) 在砌筑中因某种原因造成内外墙体不能同步砌筑时应留设斜槎。当建筑物层高 3m 时，其砌体斜槎的水平投影长度不应小于(　　)。

A 1.0m　　B 1.5m　　C 2.0m　　D 3.0m

解析：《砌体施工验收规范》第 5.2.3 条规定：在抗震设防烈度为 8 度及 8 度以上地区，对不能同时砌筑而又必须留置的临时间断处应砌成斜槎，普通砖砌体斜槎水平投影长度不应小于高度的 2/3；且斜槎高度不得超过一步脚手架高度。本题层高 3m，需搭设两步脚手架（脚手架每步高度一般不超过 1.5m)，即留槎高度不得超过 1.5m，其 2/3 为 1m。

答案：A

26-1-26 (2005) 同一验收批砂浆试块抗压强度最小一组平均值，必须大于或等于设计

强度等级所对应的立方体抗压强度的几倍？

A 0.75　　B 0.70　　C 0.65　　D 0.85

解析：《砌体施工验收规范》第 4.0.12 条第 2 款规定：同一验收批砂浆试块抗压强度平均值，必须大于或等于设计等级值的 1.1 倍；其中最小一组平均值，应大于或等于设计强度等级值的 85%。

答案：D

26-1-27 （2005）240 厚承重墙体最上一皮砖的砌筑，应采用的砌筑方法为（　　）。

A 整砖顺砌　　B 整砖丁砌

C 一顺一丁　　D 三顺一丁

解析：为了均匀传载和稳定，《砌体施工验收规范》第 5.1.8 条规定，240mm 承重墙的每层墙的最上一皮砖，砌体的阶台水平面上及挑出层的外皮砖，应整砖丁砌。

答案：B

26-1-28 （2004）砖砌体砌筑方法，下列哪条是不正确的？

A 砖砌体采用上下错缝，内外搭接

B 370mm×370mm 砖柱采用包心砌法

C 当气温超过 30℃时，采用铺浆法砌筑时的铺浆长度不得超过 500mm

D 砖砌平拱过梁的灰缝砌成楔形缝

解析：《砌体施工验收规范》第 5.3.1 条规定：砖砌体组砌方法应正确，内外搭砌，上下错缝。清水墙、窗间墙无通缝。砖柱不得采用包心砌法。

答案：B

26-1-29 （2004）砖砌体砌筑时，下列哪条不符合规范要求？

A 砖提前 1～2d，浇水湿润

B 常温时，多孔砖可用于防潮层以下的砌体

C 多孔砖的孔洞垂直于受压面砌筑

D 竖向灰缝无透明缝、瞎缝和假缝

解析：防潮层以下的砌体长期处于潮湿环境中，对多孔砖砌体的耐久性有不利影响，故《砌体施工验收规范》第 5.1.4 条规定，有冻胀环境和条件的地区，地面以下或防潮层以下的砌体，不应采用多孔砖。可见多孔砖的使用，取决于砌体所处的环境，而与"砌筑时"的温度无关。故选 B。

答案：B

26-1-30 （2004）采用普通混凝土小型空心砌块砌筑墙体时，下列哪条是不正确的？

A 产品龄期不小于 28d

B 小砌块底面朝上反砌于墙上

C 用于地面或防潮层以下的砌体，采用强度等级不小于 C20 的混凝土灌实砌块的孔洞

D 小砌块表面有浮水时可以采用

解析：《砌体施工验收规范》第 6.1.7 条规定：对轻骨料混凝土小砌块，应提前浇水湿润；雨天及小砌块表面有浮水时，不得施工。

答案：D

26-1-31　(2004) 砖砌体水平灰缝的砂浆饱满度，下列哪条是正确的?

A　不得小于65%　　B　不得小于70%

C　不得小于80%　　D　不得小于100%

解析：《砌体施工验收规范》第5.2.2条规定，砌体灰缝的砂浆应密实饱满，砖墙水平灰缝的砂浆饱满度不得小于80%。

答案：C

26-1-32　(2004) 配制强度等级小于M5的水泥石灰砌筑砂浆，其使用的材料以下哪条不符合规范规定?

A　砂的含泥量小于10%　　B　没有使用脱水硬化的石灰膏

C　直接使用了消石灰粉　　D　水泥经复验强度、安定性符合要求

解析：《砌体施工验收规范》第4.0.3条第2款规定：建筑生石灰、建筑生石灰粉应熟化为石灰膏，其熟化时间分别不得少于7d和2d；建筑生石灰粉、消石灰粉不得替代石灰膏配置水泥石灰砂浆。

答案：C

26-1-33　(2003) 下列砖砌体的尺寸允许偏差，哪条是不符合规范规定的?(有改动)

A　混水墙表面平整度8mm　　B　门窗洞口(后塞口) 高、宽±10mm

C　外墙上下窗口偏移35mm　　D　清水墙游丁走缝20mm

解析：《砌体施工验收规范》第5.3.3条表5.3.3规定了砖砌体尺寸、位置的允许偏差及检验，见题26-1-33解表。

砖砌体尺寸、位置的允许偏差及检验　　题26-1-33解表

<table>
<tr><th>项次</th><th colspan="3">项　目</th><th>允许偏差(mm)</th><th>检验方法</th><th>抽检数量</th></tr>
<tr><td>1</td><td colspan="3">轴线位移</td><td>10</td><td>用经纬仪和尺或用其他测量仪器检查</td><td>承重墙、柱全数检查</td></tr>
<tr><td>2</td><td colspan="3">基础、墙、柱顶面标高</td><td>±15</td><td>用水准仪和尺检查</td><td>不应小于5处</td></tr>
<tr><td rowspan="3">3</td><td rowspan="3">墙面垂直度</td><td colspan="2">每层</td><td>5</td><td>用2m托线板检查</td><td>不应小于5处</td></tr>
<tr><td rowspan="2">全高</td><td>≤10m</td><td>10</td><td rowspan="2">用经纬仪、吊线和尺或其他测量仪器检查</td><td rowspan="2">外墙全部阳角</td></tr>
<tr><td>>10m</td><td>20</td></tr>
<tr><td rowspan="2">4</td><td rowspan="2">表面平整度</td><td colspan="2">清水墙、柱</td><td>5</td><td rowspan="2">用2m靠尺和楔形塞尺检查</td><td rowspan="2">不应小于5处</td></tr>
<tr><td colspan="2">混水墙、柱</td><td>8</td></tr>
<tr><td rowspan="2">5</td><td rowspan="2">水平灰缝平直度</td><td colspan="2">清水墙</td><td>7</td><td rowspan="2">拉5m线和尺检查</td><td rowspan="2">不应小于5处</td></tr>
<tr><td colspan="2">混水墙</td><td>10</td></tr>
<tr><td>6</td><td colspan="3">门窗洞口高、宽(后塞口)</td><td>±10</td><td>用尺检查</td><td>不应小于5处</td></tr>
<tr><td>7</td><td colspan="3">外墙上下窗口偏移</td><td>20</td><td>以底层窗口为准，用经纬仪或吊线检查</td><td>不应小于5处</td></tr>
<tr><td>8</td><td colspan="3">清水墙游丁走缝</td><td>20</td><td>以每层第一皮砖为准，用吊线和尺检查</td><td>不应小于5处</td></tr>
</table>

由表可见，外墙上下窗口偏移应为 20mm，故答案选 C。

答案： C

26-1-34 （2003）下列砖砌体的垂直度偏差，哪个是不符合规范规定的？

A 每层 5mm　　B 全高≤10m 10mm

C 全高>10m 20mm　　D 全高>20m 30mm

解析：《砌体施工验收规范》第 5.3.3 条规定见题 26-1-33 解表。可见，砌体结构全高超过 10m 者，允许墙面垂直度偏差均为 20mm，D 选项不符合规范规定。实际上，高度超过 20m 的砌体结构很少。

答案： D

26-1-35 （2003）承重墙施工用的小砌块，下列哪条是符合规范规定的？

A 产品龄期大于 28 天　　B 表面有少许污物而未清除

C 表面有少许浮水　　D 断裂的砌块

解析：《砌体施工验收规范》第 6.1.3、6.1.4、6.1.7、6.1.8 条规定：施工采用的小砌块的产品龄期不应小于 28d；砌筑时，应清除表面污物，剔除外观质量不合格的小砌块；砌筑普通混凝土小型空心砌块不需浇水湿润，如遇天气干燥炎热，宜在砌筑前喷水湿润；对轻骨料混凝土小砌块，应提前浇水湿润；雨天及小砌块表面有浮水时，不得施工；承重墙体使用的小砌块应完整、无破损、无裂缝。

答案： A

26-1-36 （2003）砖砌体中的构造柱，在与墙体连接处应砌成马牙槎，每一马牙槎沿高度方向的尺寸下列哪个是正确的？

A 300mm　　B 500mm　　C 600mm　　D 1000mm

解析：《砌体施工验收规范》第 8.2.3 条构造柱与墙体连接规定，墙体与构造柱连接处应砌成马牙槎，马牙槎凹凸尺寸不宜小于 60mm，高度不应超过 300mm，马牙槎应先退后进，对称砌筑；并应沿墙高每 500mm 设置 2ϕ6 水平拉接钢筋，伸入墙内不宜小于 600mm。需注意，这些要求用于各种砌体，不仅限于砖砌体。

答案： A

26-1-37 （2003）在砌筑填充墙砌体中，下列哪条是不符合规范规定的？（有改动）

A 高度小于 3m 的墙体垂直度偏差是 10mm

B 门窗洞口（后塞口）高、宽的允许偏差是±10mm

C 空心砖或砌块的水平灰缝饱满度不小于 80%

D 填充墙砌至梁板底时留有一定空隙，待 14d 后将其补砌挤紧

解析： 由《砌体施工验收规范》第 9.3.1 条规定的填充墙砌体尺寸、位置的允许偏差及检验方法（见题 26-1-37 解表 1 第 3 行）可见，高度小于 3m 的墙体垂直度偏差应是 5mm，故答案选 A。门窗洞口（后塞口）高、宽的允许偏差是±10mm。另第 9.3.2 条规定了砂浆饱满度要求（见题 26-1-37 解表 2），空心砖的水平灰缝、砌块的水平及垂直灰缝的饱满度均不小于 80%。第 9.1.9 条规定，填充墙砌体砌筑，应待承重主体结构检验批验收合格后进行。

填充墙与承重主体结构间的空（缝）隙部位施工，应在填充墙砌筑 14d 后进行，以减少结构收缩对砌体的不利影响。

填充墙砌体尺寸、位置的允许偏差及检验方法　　题 26-1-37 解表 1

序号	项目		允许偏差/mm	检验方法
1	轴线位移		10	用尺检查
2	垂直度（每层）	≤3m	5	用 2m 托线板或吊线、尺检查
		>3m	10	
3	表面平整度		8	用 2m 靠尺和楔形尺检查
4	门窗洞口高、宽（后塞口）		±10	用尺检查
5	外墙上、下窗口偏移		20	用经纬仪或吊线检查

填充墙砌体的砂浆饱满度及检验方法　　题 26-1-37 解表 2

砌体分类	灰缝	饱满度及要求	检验方法
空心砖砌体	水平	≥80%	采用百格网检查块体底面或侧面砂浆的黏结痕迹面积
	垂直	填满砂浆，不得有透明缝、瞎缝、假缝	
蒸压加气混凝土砌块、轻骨料混凝土小型空心砌块砌体	水平	≥80%	
	垂直	≥80%	

答案： A

26-1-38　(2003) 砌筑毛石挡土墙时，下列哪条是不符合规范规定的？

A　每砌 3～4 皮为一分层高度，每个分层应找平一次

B　外露面的灰缝厚度不大于 70mm

C　两个分层高度间的分层处相互错缝不小于 80mm

D　均匀设置泄水口

解析：《砌体施工验收规范》第 7.1.7 条规定，砌筑毛石挡土墙应按每 3～4 皮为一个分层高度，每个分层高度应将顶层石块砌平；两个分层高度间分层处的错缝不得小于 80mm。第 7.1.9 条规定，毛石砌体外露面的灰缝厚度不宜大于 40mm（选项 B“不大于 70mm”不符合规范）；毛料石和粗料石的灰缝厚度不宜大于 20mm；细料石的灰缝厚度不宜大于 5mm。第 7.1.10 条规定，当设计对挡土墙的泄水孔无规定时，则施工应将泄水孔应均匀设置，在每米高度上间隔 2m 设一个，且在泄水孔与土体间铺设长宽各为 300mm、厚 200mm 的卵石或碎石作疏水层。

答案： B

26-1-39　关于砖墙施工工艺顺序，下列所述哪一项正确？

A　放线→抄平→立皮数杆→砌砖→清理

B　抄平→放线→立皮数杆→砌砖→清理

C　抄平→放线→摆砖样→立皮数杆→砌砖→清理

D　抄平→放线→立皮数杆→摆砖样→砌砖→清理

解析：按照砖墙的施工工艺过程，应首先抄平、放线，然后摆砖样（即按选定的组砌方式用砖试摆第一皮砖，以使砖墙搭接错缝合理、减少砍砖、灰缝均匀），然后在各转角部位立皮数杆（用于控制竖向位置、尺寸），再砌砖墙（包括砌大角、挂线、砌墙面），最后清理和勾缝。

答案：C

26-1-40　关于皮数杆的作用，下列中哪条是正确的？

A　保证砌体在施工中的稳定性　　B　控制砌体的竖向尺寸

C　保证墙面平整　　D　检查游丁走缝

解析：皮数杆设在各转角处，杆上标清楚每一皮砖、砂浆层的位置，厚度，并标出门口、窗口、过梁、圈梁等的高度位置。砌筑过程中主要起控制砌体竖向位置、尺寸的作用。

答案：B

26-1-41　按规范规定，首层室内地面以下或防潮层以下的混凝土小型空心砌块，应用混凝土填实，其强度最低不能小于(　　)。

A　C15　　B　C20　　C　C30　　D　C25

解析：《砌体施工验收规范》第 6.1.6 条规定：底层室内地面以下或防潮层以下的砌体，应采用强度等级不低于 C20（或 Cb20）的混凝土灌实小砌块的孔洞。

答案：B

26-1-42　石墙砌筑中，墙外露面灰缝厚度不得大于(　　)mm。

A　20　　B　40　　C　60　　D　80

解析：《砌体施工验收规范》第 7.1.9 条规定，毛石砌体外露面的灰缝厚度不宜大于 40mm；毛料石和粗料石的灰缝厚度不宜大于 20mm；细料石的灰缝厚度不宜大于 5mm。以外露面灰缝厚度作为控制要求的只有毛石砌体，故选 B。

答案：B

26-1-43　砌砖通常采用“三一砌筑法”，其具体指的是(　　)。

A　一皮砖、一层灰、一勾缝　　B　一挂线、一皮砖、一勾缝

C　一块砖、一铲灰、一挤揉　　D　一块砖、一铲灰、一刮缝

解析：“三一砌筑法”是一种砌砖操作工艺。即工人一手操铲、一手拿砖。砌筑时，在墙面铺上一铲灰，随即推砖就位以挤满立缝、摊平砂浆，并通过来回搓揉，使砂浆压实、饱满并与砖牢固粘结。简称为一块砖、一铲灰、一挤揉。该法较“铺浆法”砌筑速度慢，但砂浆饱满度高。

答案：C

26-1-44　在砌砖工程使用的材料中，下列叙述中哪条不正确？

A　使用砖的品种、强度等级、外观符合设计要求，并有出厂合格证

B　石灰膏熟化时间已经超过了 15d

C　水泥的品种与强度等级符合砌筑砂浆试配单的要求

D　强度等级不小于 M5 的水泥混合砂浆，含泥量不应超过 8%

解析：《砌体施工规范》第 4.3.3 条规定：水泥砂浆和强度等级不小于 M5 的水泥混合砂浆，砂中含泥量不应超过 5%；强度等级小于 M5 的水泥混合砂浆，砂中含泥量不应超过 10%。

答案：D

26-1-45　清水墙面表面平整度偏差的允许值是(　　)mm。

A　5　　B　8　　C　10　　D　12

解析：《砌体施工验收规范》第 5.3.3 条表 5.3.3（题 26-1-33 解表）规定：清水墙面表面平整度偏差的允许值是 5mm。

答案：A

26-1-46　在抗震烈度 6 度、7 度设防地区，砖砌体留直槎时，必须设置拉结筋。下列设置中哪条是不正确的?

A　拉结筋的直径不小于 6mm

B　每 120mm 墙厚设置一根拉结筋

C　应沿墙高不超过 500mm 设置一道拉结筋

D　拉结筋每边长不小于 500mm，末端有 90°弯钩

解析：《砌体施工验收规范》第 5.2.4 条规定：非抗震设防及抗震设防烈度 6 度、7 度地区的临时间断处，当不能留斜槎时，除转角处外，可留直槎，但直槎必须做成凸直槎，且应加设拉结筋。拉结筋每 120mm 墙厚设置一根 ϕ6 拉结筋（120 墙厚设 2 根），间距沿墙高不应超过 500mm；每边埋入墙内均不少于 500mm，对抗震设防烈度 6 度、7 度地区，不应小于 1000mm。拉结筋末端应有 90°弯钩。该题为 6 度、7 度设防地区，故 D 选项“拉结筋每边长不小于 500mm”不满足规范要求。

答案：D

26-1-47　砌砖工程采用铺浆法砌筑时，铺浆长度不得超过(　　)mm，施工期间气温超过 30℃时，铺浆长度不得超过(　　)mm。

A　700，500　　B　750，500　　C　500，300　　D　600，400

解析：《砌体施工验收规范》第 5.1.7 条规定：砌砖工程采用铺浆法砌筑时，铺浆长度不得超过 750mm，施工期间气温超过 30℃时，铺浆长度不得超过 500mm。

答案：B

26-1-48　砖砌平拱过梁，拱脚应深入墙内不小于(　　)mm，拱底应有(　　)的起拱。

A　10，0.5%　　B　15，0.8%　　C　20，1%　　D　25，2%

解析：《砌体施工验收规范》第 5.1.9 条规定：弧拱式或平拱式过梁的灰缝应砌成楔形缝，拱底灰缝宽度不宜小于 5mm，拱顶不大于 15mm。砖砌平拱式过梁拱脚下面应伸入墙内不小于 20mm，拱底应有 1%起拱。

答案：C

26-1-49　砖砌体施工中，在砌体门窗洞口两侧(　　)mm 和转角处(　　)mm 范围内，不得设置脚手眼。

A　100，300　　B　150，350　　C　200，400　　D　200，450

解析：《砌体施工验收规范》第 3.0.9 条规定，不得在下列墙体或部位设置脚手眼：

（1）120mm 厚墙、清水墙、料石墙、独立柱和附墙柱。

（2）过梁上与过梁成 60°的三角形范围及过梁净跨度 1/2 的高度范围内。

（3）宽度小于 1m 的窗间墙。

（4）门窗洞口两侧石砌体 300mm，其他砌体 200mm 范围内；转角处石砌体 600mm，其他砌体 450mm 范围内。

（5）梁或梁垫下及其左右 500mm 范围内。

（6）设计不允许设置脚手眼的部位。

（7）轻质墙体。

（8）夹芯复合墙外叶墙。

本题所考内容属第（4）条，D 选项正确。

答案： D

26-1-50　在混凝土及钢筋混凝土芯柱的施工过程中，应遵守的规定，下述哪一条是错的？

A　芯柱混凝土应在砌完一个楼层高度后连续浇灌

B　芯柱混凝土与圈梁应分别浇灌

C　芯柱钢筋应与基础或基础梁的预埋钢筋连接

D　楼板在芯柱部位应留缺口，保证芯柱贯通

解析：《砌体施工验收规范》第 6.1.15 条规定：浇筑芯柱混凝土时，砌筑砂浆强度应大于 1MPa；每次连续浇筑的高度宜为半个楼层，且不大于 1.8m。故选项 A 做法是错的。

答案： A

（二）混凝土结构工程

26-2-1　（2010）预应力的预留孔道灌浆用水泥应采用（　　）。

A　普通硅酸盐水泥　　B　矿渣硅酸盐水泥

C　火山灰质硅酸盐水泥　　D　复合水泥

解析：《混凝土施工规范》第 6.5.4 及条文说明，孔道灌浆一般采用素水泥浆。由于普通硅酸盐水泥浆的泌水率较小，故应采用普通硅酸盐水泥配制水泥浆。

答案： A

26-2-2　（2010）混凝土中原材料每盘称量允许偏差±3%的材料是（　　）。

A　水泥　　B　掺合料　　C　粗细骨料　　D　水与外加剂

解析：《混凝土施工规范》第 7.4.2 条表 7.4.2 规定：原材料每盘称量的允许偏差，水泥、掺合料为±1%，水、外加剂为±1%，只有粗细骨料为±3%。

答案： C

26-2-3　（2010）一跨度为 6m 的现浇钢筋混凝土梁，当设计无要求时，施工模板起拱

高度宜为跨度的(　　)。

A　1/1000～2/1000　　　　B　2/1000～4/1000

C　1/1000～3/1000　　　　D　1/1000～4/1000

解析：《混凝土施工规范》第4.4.6条及条文说明规定：对跨度不小于4m的现浇钢筋混凝土梁、板，其模板不包括设计起拱值的起拱高度宜为跨度的1/1000～3/1000。以抵消施工中，模板及其支架在钢筋及新浇混凝土等荷载作用下产生压缩变形而造成的梁、板挠度。

答案：C

26-2-4　(2010) 关于模板分项工程的叙述，错误的是(　　)。

A　侧模板拆除时的混凝土强度应能保证其表面及棱角不受损伤

B　钢模板应将模板浇水湿润

C　后张法预应力混凝土结构件的侧模宜在预应力张拉前拆除

D　拆除悬臂2m的雨篷底模时，应保证其混凝土强度达到100%

解析：据《混凝土施工规范》第4.5.3条、4.5.2及4.5.6条可知，A、C、D项正确。据8.3.1条规定：混凝土浇筑前，表面干燥的地基、垫层、模板上应洒水湿润；现场环境温度高于35℃时，宜对金属模板洒水降温；洒水后不得留有积水。所以，对钢模板仅在高温时洒水降温，不需浇水湿润。

答案：B

26-2-5　(2010) 混凝土结构工程施工中，当设计对直接承受动力荷载作用的结构构件无具体要求时，其纵向受力钢筋的接头不宜采用(　　)。

A　绑扎接头　　　　B　焊接接头

C　冷挤压套筒接头　　　　D　锥螺纹套筒接头

解析：《混凝土施工验收规范》第5.4.6—2条规定：直接承受动力荷载的结构构件中，纵向受力钢筋不宜采用焊接接头。

答案：B

26-2-6　(2010) 下列关于预应力施工的表述中，正确的是(　　)。

A　锚具使用前，预应力筋均应做静载锚固性能试验

B　预应力筋可采用砂轮锯断、切割机切断或电弧切割

C　当设计无具体要求时，预应力筋张拉时的混凝土强度不应低于设计的混凝土立方体抗压强度标准值为90%

D　预应力筋张拉完后应尽早进行孔道灌浆，以防止预应力筋腐蚀

解析：依据《混凝土施工验收规范》第6.2.3条关于预应力筋用锚具、夹具和连接器进场检验的规定，当“锚具、夹具和连接器用量不足检验批规定数量的50%，且供货方提供有效的检验报告时，可不做静载锚固性能检验”。故A选项表述不正确。《混凝土施工规范》第6.5.2条规定，“后张法预应力筋锚固后的外露多余长度，宜采用机械方法切割，也可采用氧—乙炔焰切割”。故B选项表述不正确。《混凝土施工验收规范》第6.4.1条规定：预应力筋张拉或放张前，应对构件混凝土强度进行检验；同条件养护的混凝土立方体试件抗压强度应符合设计要求；当设计无具体要求时，不低于设计强度等级值

的75%、不低于锚具对混凝土的最低强度要求、采用消除应力钢丝或钢绞线的先张法构件还不得低于30MPa。故C选项表述不正确。依据《混凝土施工规范》第6.5.1条及6.5.1条文说明规定：混凝土结构工程施工中，预应力筋张拉后应尽早进行孔道灌浆，孔道内水泥浆应饱满、密实，以防止预应力筋在高应力状态下腐蚀。D表述正确。

答案： D

26-2-7　(2009) 混凝土工程施工中，侧模拆除时混凝土强度应能保证(　　)。

A　混凝土试块强度代表值达到抗压强度标准值

B　混凝土结构不出现侧向弯曲变形

C　混凝土结构表面及棱角不受损坏

D　混凝土结构不出现裂缝

解析：《混凝土施工规范》第4.5.3条规定：当混凝土强度能保证其表面及棱角不受损伤时，方可拆除侧模。

答案： C

26-2-8　(2009) 对有抗震要求的结构，箍筋弯钩的弯折角度应为(　　)。

A　30°　　B　60°　　C　90°　　D　135°

解析：《混凝土施工验收规范》第5.3.3条第1款规定，箍筋弯钩的弯折角度：对一般结构不应小于90°，弯折后的直线段长度不少于$5d$；对有抗震等级要求的结构不应小于135°，弯折后的直线段长度不少于$10d$。其目的是将箍筋端头牢固地锚固在核心区内，以防地震时开口失效。

答案： D

26-2-9　(2009) 预应力混凝土结构后张法施工时，孔道灌浆用水泥应采用(　　)。

A　普通硅酸盐水泥　　B　矿渣硅酸盐水泥

C　火山灰质硅酸盐水泥　　D　粉煤灰硅酸盐水泥

解析：《混凝土施工规范》第6.5.4条规定，预应力混凝土孔道灌浆，配制水泥浆的水泥，宜采用普通硅酸盐水泥或硅酸盐水泥。其原因是该两种水泥配制的水泥浆泌水率较小，是很好的灌浆材料。

答案： A

26-2-10　(2009) 钢筋混凝土结构严格控制含氯化物外加剂的使用，是为了防止(　　)。

A　降低混凝土的强度　　B　增大混凝土的收缩变形

C　降低混凝土结构的刚度　　D　引起结构中的钢筋锈蚀

解析：《混凝土施工验收规范》条文说明第7.3.3条规定：在混凝土中，水泥、骨料、外加剂和拌合用水等都可能含有氯离子，可能引起混凝土结构中钢筋的锈蚀，应严格控制其氯离子含量。因此，不仅要严格控制含氯化物外加剂的使用，还要控制骨料中的氯化物含量、严禁使用未经处理的海水，以防止钢筋锈蚀并胀裂混凝土而影响结构寿命。

答案： D

26-2-11　(2009) 混凝土浇筑留置后浇带主要是为了避免(　　)。

A 混凝土凝固时化学收缩引发的裂缝

B 混凝土结构温度收缩引发的裂缝

C 混凝土结构施工时留置施工缝

D 混凝土膨胀

解析：《混凝土施工验收规范》条文说明第 7.4.2 条规定：混凝土浇带对控制混凝土的温度、收缩裂缝有较大作用；后浇带位置应按设计要求留置，后浇带混凝土浇筑时间、处理方法应事先在施工方案中确定。可见，B 选项正确。实际工程中，除了这种温度后浇带外，还有沉降后浇带。

答案：B

26-2-12 （2009）对混凝土现浇结构进行拆模尺寸偏差检查时，必须全数检查的项目是（　　）。

A 电梯井　　B 独立基础

C 大空间结构　　D 梁柱

解析：《混凝土施工验收规范》第 8.3.2 条规定：现浇结构位置和尺寸偏差检查时，检查数量，对独立基础、梁、柱、墙、板、大空间结构均抽查 10%且不少于 3 件（间）；对电梯井应全数检查。

答案：A

26-2-13 （2008）某跨度为 6.0m 的现浇钢筋混凝土梁，对模板的起拱，当设计无具体要求时，模板起拱高度为 6mm。则该起拱值（　　）。

A 一定是木模板要求的起拱值　　B 包括了设计起拱值和施工起拱值

C 仅为设计起拱值　　D 仅为施工起拱值

解析：《混凝土施工验收规范》条文说明第 4.2.7 条规定：对于跨度较大的现浇钢筋混凝土梁、板模板，由于其施工阶段自重作用，竖向支撑出现变形和下沉，如果不起拱可能造成跨间明显变形，严重时可能影响装饰和美观，故模板安装时适度起拱有利于保证构件的形状和尺寸。通常当跨度达到 4m 或以上时宜起拱，起拱高度宜为梁、板跨度的 1‰～3‰，对刚度较大的钢模板钢管支架等可采用较小值（注：一般取 1‰～2‰），对刚度较小的木模板木支架可采用较大值（注：一般取 2‰～3‰，如题中某跨度为 6m 的梁，跨中应起拱 12～18mm）。需注意，该起拱值未包括设计要求的起拱，而“仅为施工起拱值”。

答案：D

26-2-14 （2008）检查固定在模板上的预埋件和预留孔洞的位置及尺寸，用下列哪种方法？

A 用钢尺　　B 利用水准仪　　C 拉线　　D 用塞尺

解析：《混凝土施工验收规范》第 4.2.9 条规定：固定在模板上的预埋件和预留孔洞的位置及尺寸的检验方法是尺量（即用钢尺）检查。

答案：A

26-2-15 （2008）关于钢筋混凝土梁的箍筋末端弯钩的加工要求，下列说法正确的是（　　）。

A 对一般结构箍筋弯后平直部分长度不宜小于 $8d$

B　对结构有抗震要求的箍筋弯折后平直部分长度不应小于 $10d$

C　对一般结构箍筋弯钩的弯折角度不宜大于 90°

D　对结构有抗震要求的箍筋的弯折角度不应小于 90°

解析：见题 26-2-8。

答案：B

26-2-16　(2008) 预应力结构隐蔽工程验收内容不包括(　　)。

A　预应力筋的品种、规格、数量和位置

B　预应力筋锚具和连接器的品种、规格、数量和位置

C　预留孔道的形状、规格、数量和位置

D　张拉设备的型号、规格、数量

解析：《混凝土施工验收规范》第 6.1.3 条规定：在浇筑混凝土之前，预应力结构隐蔽工程验收内容包括：预应力筋的品种、规格、数量和位置；预应力筋锚具和连接器的品种、规格、数量和位置等；成孔管道的规格、数量、位置、形状、连接以及排气孔、灌浆兼泌水孔。并不包括张拉设备的型号、规格和数量，因其不会被隐蔽。

答案：D

26-2-17　(2008) 关于混凝土分项工程，下列正确的表述是(　　)。

A　粗骨料最大粒径为 40mm，混凝土试块尺寸为 150mm 立方体时，其强度的尺寸换算系数为 1.0

B　粗骨料最大粒径不得超过构件截面最小尺寸的 1/3，且不得超过钢筋最小间距的 3/4

C　用于检查结构构件混凝土强度的试件，应在其拌制地点随机抽取

D　混凝土的浇筑时间不应超过其初凝时间

解析：《混凝土施工验收规范》第 7.1.2 条规定，混凝土试件尺寸 150mm×150mm×150mm 为标准尺寸试件，强度的尺寸换算系数为 1.00。第 7.2.3 条规定，粗骨料的最大粒径不应超过构件截面最小尺寸的 1/4，且不应超过钢筋最小净距的 3/4。第 7.4.1 条规定，用于检查混凝土强度的试件应在浇筑地点随机抽取。《混凝土施工规范》第 8.3.4 条规定，混凝土运输、输送入模及其间歇（即上一层浇完）总的时间最多也不得超过 4h。故仅 A 选项表述正确。

答案：A

26-2-18　(2007) 混凝土结构工程施工中，固定在模板上的预埋件和预留孔洞的尺寸允许偏差必须为(　　)。

A　正偏差与零偏差　　　　B　零偏差与负偏差

C　负偏差　　　　　　　　D　正负偏差

解析：《混凝土施工验收规范》第 4.2.9 条规定：固定在模板上的预埋件和预留孔洞不得遗漏，且应安装牢固；预埋件和预留孔洞的位置应满足设计和施工方案的要求；当设计无具体要求时，其位置偏差应符合表 4.2.9（见题 26-2-18解表）的规定。由表可见，允许偏差均为正偏差与零偏差。

混凝土结构预埋件、预留孔洞允许偏差　　题 26-2-18 解表

项　目		允许偏差（mm）
预埋板中心线位置		3
预埋管、预留孔中心线位置		3
插筋	中心线位置	0
	外露长度	+10，0
预埋螺栓	中心线位置	2
	外露长度	+10，0
预留洞	中心线位置	10
	尺寸	+10，0

答案：A

26-2-19　(2007) 混凝土结构工程施工中，受动力荷载作用的结构构件，当设计无具体要求时，其纵向受力钢筋的接头不宜采用(　　)。

A　绑扎接头　　B　焊接接头

C　冷挤压套筒接头　　D　螺纹套筒接头

解析：《混凝土施工验收规范》第 5.4.6 条第 2 款规定，混凝土结构工程施工中，直接承受动力荷载的结构构件，不宜采用焊接接头。当采用机械连接时，同一区段内接头面积百分率不应超过 50%。

答案：B

26-2-20　(2007) 采用应力控制方法张拉预应力筋时，应校核预应力筋的(　　)。

A　最大张拉应力值　　B　实际建立的预应力值

C　最大伸长值　　D　实际伸长值

解析：依据《混凝土施工验收规范》条文说明第 6.4.4 条：实际张拉时通常采用张拉力控制方法，但为了确保张拉质量，还应对实际伸长值进行校核。

答案：D

26-2-21　(2007) 在已浇筑的混凝土上进行后续工序混凝土工程施工时，要求已浇筑的混凝土强度应达到(　　)。

A　0.6N/mm^2　　B　1.0N/mm^2

C　1.2N/mm^2　　D　2.0N/mm^2

解析：《混凝土施工规范》第 8.5.8 条规定：混凝土强度达到 1.2MPa（即 1.2N/mm^2）前，不得在其上踩踏、堆放材料、安装模板及支架。

答案：C

26-2-22　(2006) 某现浇混凝土施工段，在已批准该施工段的施工方案中，混凝土运输时间为 2h，连续浇筑时间为 24h，浇筑面间歇时间为 3h，混凝土初凝时间为 6h，终凝时间为 8h。则混凝土运输、浇筑及间歇的全部时间不应超过(　　)。

A　6h　　B　8h　　C　9h　　D　24h

解析：《混凝土施工规范》第 8.3.3 条规定：上层混凝土应在下层混凝土初凝之前浇筑完毕。故混凝土的运输、浇筑、浇筑面间歇的全部时间不能超过混凝土的初凝时间，即 6h。

答案：A

26-2-23 (2006) 对梁板类简支受弯的钢筋混凝土预制构件，进场时的结构性能检验不包括(　　)。(全改题)

A 承载力　　B 挠度　　C 裂缝宽度　　D 抗裂度

解析：《混凝土施工验收规范》第9.2.2条规定：梁板类简支受弯的钢筋混凝土预制构件，进场时应进行承载力、挠度和裂缝宽度检验。即不需要进行抗裂检验，而对不允许出现裂缝的预应力混凝土构件才需要抗裂检验和承载力、挠度检验。

答案：D

26-2-24 (2006) 混凝土结构预埋螺栓检验时，顶标高允许偏差只允许有正偏差+20mm，不允许有负偏差，沿纵、横两个方向量测的中心位置最大允许偏差为(　　)。(有改动)

A 2mm　　B 3mm　　C 5mm　　D 10mm

解析：依据《混凝土施工验收规范》第8.3.3条的表8.3.3(见题26-2-24解表)，由表倒数第4行可知，预埋螺栓沿纵、横两个方向量测的中心线位置最大允许偏差为5mm。

现浇设备基础位置和尺寸允许偏差及检验方法　题26-2-24解表

项目		允许偏差(mm)	检验方法
坐标位置		20	经纬仪及尺量
不同平面标高		0，−20	水准仪或拉线、尺量
平面外形尺寸		±20	尺量
凸台上平面外形尺寸		0，−20	尺量
凹槽尺寸		+20，0	尺量
平面水平度	每米	5	水平尺、塞尺量测
	全长	10	水准仪或拉线、尺量
垂直度	每米	5	经纬仪或吊线、尺量
	全高	10	经纬仪或吊线、尺量
预埋地脚螺栓	中心位置	2	尺量
	顶标高	+20，0	水准仪或拉线、尺量
	中心距	±2	尺量
	垂直度	5	吊线、尺量
预埋地脚螺栓孔	中心线位置	10	尺量
	截面尺寸	+20，0	尺量
	深度	+20，0	尺量
	垂直度	h/100且≤10	吊线、尺量
预埋活动地脚螺栓锚板	中心线位置	5	尺量
	标高	+20，0	水准仪或拉线、尺量
	带槽锚板平整度	5	直尺、塞尺量测
	带螺纹孔锚板平整度	2	直尺、塞尺量测

注：1　检查坐标、中心线位置时，应沿纵、横两个方向测量，并取其中偏差的较大值。

2　h为预埋地脚螺栓孔孔深，单位为mm。

答案：C

26-2-25 (2006) 混凝土现场拌制时，各组分材料计量采用(　　)。

A　均按体积

B　均按重量

C　水泥、水按重量，其余按体积

D　砂、石按体积，其余按重量

解析：混凝土配合比规定为各种材料的重量比。

答案：B

26-2-26 (2006) 检验批合格质量中，对一般项目的质量验收当采用计数检验时，除有专门规定外，一般项目在不得有严重缺陷的前提下，其合格点率最低应达到(　　)。

A　70%及以上　　　　B　75%及以上

C　80%及以上　　　　D　85%及以上

解析：《混凝土施工验收规范》第 3.0.4 条第 2 款规定：检验批质量验收中，主控项目的质量经抽样检验均应合格。一般项目的质量经抽样检验应合格；对一般项目当采用计数抽样检验时，除有专门规定外，其合格点率应达到 80%及以上，且不得有严重缺陷。

答案：C

26-2-27 (2005) 当设计无规定时，跨度为 8m 的钢筋混凝土梁，其底模跨中起拱高度为(　　)。

A　8～16mm　　　　B　8～24mm

C　8～32mm　　　　D　16～32mm

解析：依据《混凝土施工验收规范》第 4.2.7 条及条文说明第 4.2.7 条，对于跨度达到 4m 或以上的现浇钢筋混凝土梁、板模板，施工起拱高度宜为梁、板跨度的 1‰～3‰。故对跨度为 8m 的钢筋混凝土梁，其底模跨中起拱高度应为 8～24mm。如设计有规定，则应在其规定值之外再起拱该值。

答案：B

26-2-28 (2005) 在梁、柱类构件的纵向受力钢筋搭接长度范围内，受拉区的箍筋间距不应大于搭接钢筋较小直径的多少倍且不应大于 100mm?

A　2　　　　B　3　　　　C　4　　　　D　5

解析：《混凝土施工验收规范》第 5.4.8 条第 2 款规定：在梁、柱类构件的纵向受力钢筋搭接长度范围内，受拉区段的箍筋间距不应大于搭接钢筋较小直径的 5 倍且不应大于 100mm

答案：D

26-2-29 (2005) 混凝土表面缺少水泥砂浆而形成石子外露，这种外观质量缺陷称为(　　)。

A　疏松　　　　B　蜂窝　　　　C　外形缺陷　　　　D　外表缺陷

解析：据《混凝土施工验收规范》第 8.1.1 条表 8.1.1（见题 26-2-29 解表），自表第 3 行可知，混凝土表面缺少水泥砂浆而形成石子外露，这种外观质量缺陷称为蜂窝。

现浇结构外观质量缺陷　　　　题 26-2-29 解表

名称	现象	严重缺陷	一般缺陷
露筋	构件内钢筋未被混凝土包裹而外露	纵向受力钢筋有露筋	其他钢筋有少量露筋
蜂窝	混凝土表面缺少水泥砂浆而形成石子外露	构件主要受力部位有蜂窝	其他部位有少量蜂窝
孔洞	混凝土中孔穴深度和长度均超过保护层厚度	构件主要受力部位有孔洞	其他部位有少量孔洞
夹渣	混凝土中夹有杂物且深度超过保护层厚度	构件主要受力部位有夹渣	其他部位有少量夹渣
疏松	混凝土中局部不密实	构件主要受力部位有疏松	其他部位有少量疏松
裂缝	缝隙从混凝土表面延伸至混凝土内部	构件主要受力部位有影响结构性能或使用功能的裂缝	其他部位有少量不影响结构性能或使用功能的裂缝
连接部位缺陷	构件连接处混凝土有缺陷及连接钢筋、连接件松动	连接部位有影响结构传力性能的缺陷	连接部位有基本不影响结构传力性能的缺陷
外形缺陷	缺棱掉角、棱角不直、翘曲不平、飞边凸肋等	清水混凝土构件有影响使用功能或装饰效果的外形缺陷	其他混凝土构件有不影响使用功能的外形缺陷
外表缺陷	构件表面麻面、掉皮、起砂、沾污等	具有重要装饰效果的清水混凝土构件有外表缺陷	其他混凝土构件有不影响使用功能的外表缺陷

答案：B

26-2-30　(2005) 预应力钢丝镦头的强度不得低于钢丝强度标准值的(　　)。

A　95%　　B　97%　　C　98%　　D　99%

解析：《混凝土施工验收规范》第6.3.5条第3款规定：预应力钢丝镦头的强度不得低于钢丝强度标准值的98%。

答案：C

26-2-31　(2005) 对涉及混凝土结构安全的重要部位应进行结构现场检验。结构现场检验应在下列哪方面见证下进行?

A　结构工程师（设计单位）　　B　项目工程师（施工单位）

C　监理工程师　　D　质量监督站相关人员

解析：《混凝土施工验收规范》第10.1.1条规定：对涉及混凝土结构安全的有代表性的部位应进行结构实体检验。结构实体检验包括混凝土强度、钢筋保护层厚度、结构位置与尺寸偏差等。结构实体检验应由监理工程师组织施工单位实施，并见证实施过程。

答案：C

26-2-32　(2005) 预制构件起吊不采用吊架时，绳索与构件水平面的夹角不应小于多少度?（有改动）

A 40°　　　　B 45°　　　　C 50°　　　　D 60°

解析：《混凝土施工规范》第 9.1.3 条规定，预制构件吊运时，起吊时绳索与构件水平面的夹角不宜小于 60°，不应小于 45°。

答案： B

26-2-33 **(2004) 现浇混凝土结构模板安装的允许偏差，下列哪条不符合规范规定？(有改动)**

A 柱、墙、梁截面内部尺寸允许偏差±5

B 相邻模板表面高差 4mm

C 表面平整度 5mm

D 轴线位置 5mm

解析：《混凝土施工验收规范》第 4.2.9 条表 4.2.9（见题 26-2-33 解表）规定：相邻模板表面高差为 2mm。

现浇结构模板允许偏差和检查方法　　　　**题 26-2-33 解表**

项　　目		允许偏差（mm）	检查方法
轴线位置		5	尺量
底模上表面标高		±5	水准仪或拉线、尺量
模板内部尺寸	基础	±10	尺量
	柱、墙、梁	±5	尺量
	楼梯相邻踏步高差	5	尺量
柱、墙垂直度	层高≤6m	8	经纬仪或吊线、尺量
	层高>6m	10	经纬仪或吊线、尺量
相邻模板表面高差		2	尺量
表面平整度		5	2m 靠尺和塞尺量测

答案： B

26-2-34 **(2004) 现浇混凝土结构的构件，其轴线位置的允许偏差，以下哪条不正确？(有改动)**

A 整体基础 15mm　　　　B 独立基础 15mm

C 柱 8mm　　　　D 梁 8mm

解析：《混凝土施工验收规范》第 8.3.2 条规定，现浇结构的位置和尺寸偏差及检验方法应符合表 8.3.2（题 26-2-34 解表）的规定。由表中第 3 行可知，现浇独立基础的轴线位置允许偏差应为 10mm。故 B 选项表述不正确。

现浇结构位置和尺寸允许偏差及检验方法　　　　**题 26-2-34 解表**

项　　目		允许偏差（mm）	检验方法
轴线位置	整体基础	15	经纬仪及尺量
	独立基础	10	经纬仪及尺量
	柱、墙、梁	8	尺量

续表

项目			允许偏差（mm）	检验方法
垂直度	柱、墙层高	≤6m	10	经纬仪或吊线、尺量
		>6m	12	经纬仪或吊线、尺量
	全高（H）≤300m		H/30000+20	经纬仪、尺量
	全高（H）>300m		H/10000 且≤80	经纬仪、尺量
标高	层高		±10	水准仪或拉线、尺量
	全高		±30	水准仪或拉线、尺量
截面尺寸	基础		+15，−10	尺量
	柱、梁、板、墙		+10，−5	尺量
	楼梯相邻踏步高差		6	尺量
电梯井洞	中心位置		10	尺量
	长、宽尺寸		+25，0	尺量
表面平整度			8	2m 靠尺和塞尺量测
预埋件中心位置	预埋板		10	尺量
	预埋螺栓		5	尺量
	预埋管		5	尺量
	其他		10	尺量
预留洞、孔中心线位置			15	尺量

注：1　检查柱轴线、中心线位置时，沿纵、横两个方向测量，并取其中偏差的较大值。

2　H 为全高，单位为 mm。

答案： B

26-2-35　(2004) 混凝土拌合时，下列每盘原材料称量的允许偏差，哪条不正确？（有改动）

A　水泥±2%　　　　B　掺合料±4%

C　粗细骨料±3%　　　　D　水、外加剂±1%

解析： 依据《混凝土施工规范》第 7.4.2 条及表 7.4.2，混凝土搅拌时应对原材料用量准确计量，每盘计量允许偏差为：水泥及矿物掺和料，±2%；粗细骨料，±3%；水及外加剂，±1%。可见，B 选项“掺合料±4%”不符合要求。

答案： B

26-2-36　(2004) 不允许出现裂缝的预应力混凝土构件进行结构性能检验时，其中哪个内容无须进行检验？

A　承载力　　　　B　挠度

C　抗裂检验　　　　D　裂缝宽度检验

解析：《混凝土施工验收规范》第 9.2.2 条规定：梁板类简支受弯的钢筋混凝土预制构件或允许出现裂缝的预应力混凝土构件，进场时应进行承载力、挠度和裂缝宽度检验。对不允许出现裂缝的预应力混凝土构件应进行承载力、挠度和抗裂检验。

答案： D

26-2-37 **（2003，2006）当混凝土强度已达到设计强度的75%时，下列哪种混凝土构件是不允许拆除底模的？**

A 跨度≤8m 的梁　　B 跨度≤8m 的拱

C 跨度≤8m 的壳　　D 跨度≥2m 的悬臂构件

解析：《混凝土施工规范》第 4.5.2 条规定，底模及支架应在混凝土强度达到设计要求后再拆除；当设计无具体要求时，同条件养护的混凝土立方体试件抗压强度应符合表 4.5.2（见题 26-2-37 解表）的规定。由表末行可见，悬臂构件无论跨度大小，均须待混凝土强度达到 100%以后方可拆除底模板。

底模拆除时的混凝土强度要求　　**题 26-2-37 解表**

构件类型	构件跨度（m）	达到设计混凝土强度等级值的百分率（%）
板	≤2	≥50
	>2，≤8	≥75
	>8	≥100
梁、拱、壳	≤8	≥75
	>8	≥100
悬臂结构		≥100

答案： D

26-2-38 **（2003）预制混凝土梁构件模板的安装允许偏差，下列哪条是不符合规范规定的？（有改动）**

A 长度±4　　B 宽度与高度+2、−5

C 纵向弯曲 $L/1000$ 且≤15　　D 起拱±6

解析： 据《混凝土施工验收规范》第 4.2.11 条表 4.2.11 预制构件模板安装的允许偏差及检验方法（见题 26-2-38 解表）可知，起拱应为±3mm。

预制构件模板安装的允许偏差及检验方法　　**题 26-2-38 解表**

项　目		允许偏差（mm）	检查方法
长度	板、梁	±4	尺量两侧边，取其中较大值
	薄腹梁、桁架	±8	
	柱	0，−10	
	墙板	0，−5	
宽度	板、墙板	0，−5	尺量两端及中部，取其中较大值
	梁、薄腹梁、桁架	+2，−5	
高（厚）度	板	+2，−3	钢尺量两端及中部，取其中较大值
	墙板	0，−5	
	梁、薄腹梁、桁架、柱	+2，−5	
侧向弯曲	梁、板、柱	$L/1000$ 且≤15	拉线、尺量最大弯曲处
	墙板、薄腹梁、桁架	$L/1500$ 且≤15	

续表

项目		允许偏差（mm）	检查方法
板的表面平整度		3	2m 靠尺和塞尺量测
相邻两模板表面高低差		1	尺量
对角线差	板	7	尺量两对角线
	墙板	5	
翘曲	板、墙板	$L/1500$	水平尺在两端量测
设计起拱	薄腹梁、桁架、梁	±3	拉线、尺量跨中

注：L 为构件长度（mm）。

答案：D

26-2-39 (2003) 预制混凝土板构件模板安装的允许偏差及检验方法，下列哪条是不符合规范规定的？(有改动)

A 长度+4mm，－4mm，尺量两侧边，取其中较大值

B 宽度+5mm，－5mm，尺量两端及中部，取其中较大值

C 厚度+2mm，－3mm，尺量两端及中部，取其中较大值

D 表面平整度 3mm，用 2m 靠尺和塞尺量测

解析：据《混凝土施工验收规范》第 4.2.11 条预制板构件模板安装的允许偏差及检验方法规定（见题 26-2-38 解表第 6 行）可知，板模板宽度允许偏差应为 0，－5mm，B 选项不符合规范规定。其中，预制板不准许出现正偏差，主要是避免安装困难和安装后板缝宽度不小于 20mm 的规定。

答案：B

26-2-40 (2003) 下列混凝土构件的轴线位置允许偏差，哪个是不符合规范规定的？

A 独立基础 20mm　　B 柱 8mm

C 剪力墙 5mm　　D 梁 8mm

解析：《混凝土施工验收规范》第 8.3.2 条规定，现浇结构的位置和尺寸偏差及检验方法应符合表 8.3.2（见题 26-2-34 解表）的规定。由表可见，独立基础的轴线位置允许偏差为 10mm，柱、墙、梁的轴线位置允许偏差均为 8mm。故 A 选项不符合规范规定。

答案：A

26-2-41 (2003) 在浇筑混凝土前对钢筋隐蔽工程的验收，下列哪条内容是无须验收的？

A 钢筋的品种、规格、数量、位置　　B 钢筋的接头方式、接头位置和数量

C 预埋件的规格、数量、位置　　D 钢筋表面的浮锈情况

解析：《混凝土施工验收规范》第 5.1.1 条规定，浇筑混凝土之前，应进行钢筋隐蔽工程验收，主要内容包括：

(1) 纵向受力钢筋的牌号、规格、数量、位置；

(2) 钢筋的连接方式、接头位置、接头数量、接头面积百分率、搭接长度、锚固方式及锚固长度；

(3) 箍筋、横向钢筋的牌号、规格、数量、间距、位置，箍筋弯钩的弯折角

度及平直段长度；

(4) 预埋件的规格、数量和位置。

可见，D选项“钢筋表面的浮锈情况”不在验收之列。实际上，规范（第5.2.4条）仅要求“钢筋表面不得有颗粒状或片状老锈”。

答案：D

26-2-42 **(2003) 同一生产厂家、同一强度等级、同一品种、同一批号且连续进场的袋装水泥，每批抽样检验不少于一次，多少吨为一批？**

A 100t　B 150t　C 200t　D 300t

解析：《混凝土施工验收规范》第7.2.1条规定，水泥进场时，应对其品种、代号、强度等级、包装或散装仓号、出厂日期等进行检查，并应对水泥的强度、安定性和凝结时间进行检验。检验方法：检查质量证明文件和抽样复验报告。检查数量：按同一生产厂家、同一品种、同一代号、同一强度等级、同一批号且连续进场的水泥，袋装不超过200t为一批，散装不超过500t为一批，每批抽样数量不应少于一次。题中所问为袋装水泥，应不超过200t为一批。

答案：C

26-2-43 **跨度为6m的现浇钢筋混凝土梁，当混凝土强度达到设计强度标准值的(　　)时，底模板方可拆除。**

A 50%　B 60%　C 75%　D 100%

解析：《混凝土施工规范》第4.5.2条规定，底模及支架应在混凝土强度达到设计要求后再拆除；当设计无具体要求时，同条件养护的混凝土立方体试件抗压强度应符合表4.5.2（见题26-2-37解表）的规定。由表第5行可见，该梁跨度小于8m，待混凝土强度达到75%后可拆除底模板。

答案：C

26-2-44 **钢筋绑扎接头的位置应相互错开，从任一绑扎接头中心至搭接长度的1.3倍区段范围内，有绑扎接头的受力钢筋截面面积占受力钢筋总截面面积的百分率，对梁、板类构件不宜大于(　　)。**

A 25%　B 30%　C 40%　D 50%

解析：《混凝土施工规范》第5.4.5条规定，各受力钢筋之间绑扎接头位置应相互错开，从任一绑扎接头中心至搭接长度1.3倍的区段范围内，有绑扎接头的受力钢筋截面面积占受力钢筋总截面面积百分率：对梁类、板类及墙类构件不宜大于25%；对基础筏板、柱类构件不宜大于50%。

答案：A

26-2-45 **根据钢筋电弧焊接头方式不同可分为下述哪几种焊接方法？**

A 搭接焊、帮条焊、坡口焊

B 电渣压力焊、埋弧压力焊

C 对焊、点焊、电弧焊

D 电渣压力焊、埋弧压力焊、气压焊

解析：钢筋焊接方法包括：对焊、点焊、电弧焊、电渣压力焊、埋弧压力焊和气压焊六种，其中电弧焊接根据接头方式不同又可分为搭接焊、帮条焊和坡口焊。即选项A的三种接头方式均属于电弧焊。

答案： A

26-2-46 在进行钢筋混凝土实心板的施工过程中，对混凝土骨料最大粒径的要求，下列何者是正确的？

A 骨料的最大粒径不超过板厚的1/4，且不得超过60mm

B 骨料的最大粒径不超过板厚的2/4，且不得超过60mm

C 骨料的最大粒径不超过板厚的1/3，且不得超过40mm

D 骨料的最大粒径不超过板厚的2/3，且不得超过60mm

解析：《混凝土施工规范》第7.2.3条规定：粗骨料的最大粒径不应超过构件截面最小尺寸的1/4，且不应超过钢筋最小净距的3/4；对实心混凝土板，粗骨料的最大粒径不宜超过板厚的1/3，且不应超过40mm。

答案： C

26-2-47 水泥出厂日期超过三个月时，该水泥应如何处理？

A 不能使用　　B 仍可正常使用

C 降低强度等级使用　　D 经试验鉴定后，按试验结果使用

解析：《混凝土施工规范》第7.6.4条规定：当使用中水泥质量受不利环境影响或水泥出厂超过三个月（快硬硅酸盐水泥超过一个月）时，应进行复验，并按复验结果使用。

答案： D

26-2-48 混凝土立方体抗压强度标准值为 $f_{cu,k}$，施工单位的混凝土强度标准差为 σ，则低于C60混凝土的施工配制强度为(　　)。

A $0.95f_{cu,k}$　　B $f_{cu,k}$

C $1.15f_{cu,k}$　　D $f_{cu,k}+1.645\sigma$

解析：《混凝土施工规范》第7.3.2条第1款规定：当混凝土设计强度等级低于C60时，混凝土的施工配制强度可按下式确定：

$$f_{cu,o}=f_{cu,k}+1.645\sigma$$

式中 $f_{cu,o}$——混凝土的配制强度（MPa）；

$f_{cu,k}$——混凝土立方体抗压强度标准值（MPa）；

σ——混凝土强度标准差（MPa）。

答案： D

26-2-49 下列混凝土中哪种不宜采用自落式混凝土搅拌机搅拌？

A 塑性混凝土　　B 粗骨料混凝土

C 重骨料混凝土　　D 干硬性混凝土

解析： 混凝土搅拌机按搅拌机理不同可分自落式和强制式两类。自落式搅拌机属于交流掺合机理，适于搅拌流动性好的塑性混凝土和骨料较粗、重的混凝土；强制式搅拌机属于剪切掺合机理，适于搅拌干硬性混凝土、轻骨料混凝土、高性能混凝土等各种混凝土。

答案：D

26-2-50　混凝土浇筑时，施工缝应留设在结构受(　　)最小处。

A　拉力　　B　压力　　C　剪力　　D　挤压力

解析： 施工缝是混凝土结构的薄弱环节，由于先后浇筑混凝土的粗骨料不能相互嵌固，使施工缝部位的抗剪强度大大降低。因此，《混凝土施工规范》第8.6.1条规定：施工缝的留设位置应在混凝土浇筑前确定，并宜留设在结构受剪力较小且便于施工的部位。

答案： C

26-2-51　混凝土浇筑中如已留设施工缝，已浇混凝土强度不低于(　　)MPa时，方可浇筑后期混凝土。

A　1　　B　1.2　　C　1.5　　D　2

解析：《混凝土施工规范》第8.3.10条第3款规定，在施工缝处浇筑混凝土时，已浇筑混凝土的抗压强度不应小于1.2MPa。1.2MPa是混凝土不致遭受破坏的最低强度，多处都有此要求。

答案： B

26-2-52　当钢筋混凝土柱截面较小，配筋又很密集时，宜采用哪种振捣器？

A　插入式振捣器　　B　表面振捣器

C　附着式振捣器　　D　振动台

解析： 当柱截面小，配筋又很密集时，采用插入式振捣器较困难；表面振捣器一般用于面积较大的构件；振动台是预制件厂生产中小型构件的专用振捣设备；只有附着式振捣器较为合适。它不必伸入柱模板内去振捣，而是将振捣器固定在柱模板外壁上，通过它的振动，带动模板一起振动，使模板内混凝土通过振动而达到密实程度。但模板应有足够的强度和整体性，一般宜用于预制构件生产。

答案： C

26-2-53　检查混凝土设计强度等级的试块如何养护？

A　20±2℃、95%相对湿度下养护28d

B　15±2℃、80%相对湿度下养护28d

C　25±3℃、90%相对湿度下养护28d

D　25±3℃、90%相对湿度下养护7d

解析： 为了评定结构构件的混凝土强度能否达到设计等级要求，应对试件进行标准养护，即在温度为20±2℃，相对湿度不低于95%的标准条件下，养护28d。

答案： A

26-2-54　为检查结构构件混凝土质量所留的试块，每拌制100盘且不超过(　　)m^3的同配合比的混凝土，其取样不得少于一次。

A　50　　B　80　　C　100　　D　150

解析：《混凝土施工验收规范》第7.4.1条规定：用于检查结构构件混凝土强度的试件，应在混凝土浇筑地点随机取样；对同一配合比的混凝土，按每拌制100盘、每100m^3、每个工作班、每个楼层，取样均不得少于一次。

答案：C

26-2-55　混凝土试块试压后，某组三个试件的强度分别为26.5MPa、30.5MPa、35.2MPa，该组试件的混凝土强度代表值为(　　)MPa。

A　30.73　　B　26.5　　C　30.5　　D　35.2

解析：混凝土试块试压时，一组三个试件的强度取平均值为该组试件的混凝土强度代表值，当三个试件强度中的最大值或最小值之一与中间值之差超过中间值的15%时，取中间值。此题最大值与中间值之差为4.7MPa，已超过了中间值30.5MPa的15%，即4.6MPa，故该组试件的强度代表值应取中间值，即C选项"30.5"MPa。

答案：C

26-2-56　混凝土施工中，当室外日平均气温连续五天稳定低于(　　)时，则认为冬期施工开始了。

A　−5℃　　B　−4℃　　C　0℃　　D　5℃

解析：根据《混凝土施工规范》第10.1.1条规定：根据当地多年气象资料统计，当室外日平均气温连续5日稳定低于5℃时，应采取冬期施工措施。

答案：D

26-2-57　普通硅酸盐水泥拌制的混凝土，在冬季采用蓄热法、暖棚法、加热法施工时，其受冻临界强度为设计强度的(　　)。

A　20%　　B　25%　　C　30%　　D　40%

解析：《混凝土施工规范》第10.2.12条规定，冬期浇筑的混凝土，当采用蓄热法、暖棚法、加热法施工时，在受冻前，混凝土的抗压强度不得低于下列规定：硅酸盐水泥或普通硅酸盐水泥拌制的混凝土为设计混凝土强度等级值的30%；矿渣硅酸盐水泥拌制的混凝土为设计混凝土强度等级值的40%。

答案：C

26-2-58　后张法施工时，浇筑构件混凝土的同时先预留孔道，待构件混凝土的强度达到设计强度等级的(　　)后方可张拉钢筋。

A　50%　　B　60%　　C　75%　　D　80%

解析：《混凝土施工验收规范》第6.4.1条规定：预应力筋张拉或放松时，同条件下养护的混凝土立方体试件的抗压强度，当设计无具体要求时，不应低于设计强度标准值的75%。

答案：C

26-2-59　先张法施工中，待混凝土强度达到设计强度的(　　)时，方可放松预应力筋。

A　60%　　B　75%　　C　80%　　D　90%

解析：同上题提示。

答案：B

26-2-60　先张法预应力混凝土施工中，下列哪条规定是正确的？

A　混凝土强度不得低于C15　　B　混凝土必须一次浇灌完成

C　混凝土强度达到50%方可放张　　D　不可成组张拉

解析：先张法预应力混凝土施工中，对混凝土强度要求不低于C30，混凝土强度达到75%方可放张，预应力钢筋可成组张拉。混凝土必须一次浇灌完成。

答案：B

26-2-61　30m跨的预应力混凝土屋架，采用后张法施工，预应力筋为钢绞线束，锚具应选用(　　)。

A　夹片式锚具　B　锥形锚具　C　镦头锚具　D　螺母锚具

解析：锥形锚具、镦头锚具适应于钢丝束的锚固，螺母锚具适应于单根螺纹钢筋的锚固，夹片式锚具适应于钢绞线的锚固。夹片式锚具又分为单孔夹片式和多孔夹片式，严格说，钢绞线束宜采用多孔夹片式锚具。

答案：A

26-2-62　柱模板中的柱箍主要起(　　)的作用。

A　防止混凝土漏浆　B　抵抗混凝土侧压力

C　增加稳定性　D　连接模板

解析：柱模板中的柱箍主要起抵抗混凝土产生的侧压力作用，防止模板因刚度不够而鼓肚。

答案：B

26-2-63　焊接钢筋网片应采用(　　)焊接方法。

A　闪光对焊　B　点焊　C　电弧焊　D　电渣压力焊

解析：通常焊接钢筋网片，多采用点焊焊接方法。

答案：B

26-2-64　(2003) 对跨度10m以内的预制混凝土梁构件，下列哪条是不符合允许偏差规定的?

A　长度±5mm　B　宽度与高度+5mm

C　侧向弯曲　$L/1000$、≤15mm　D　表面平整度10mm

解析：据《混凝土施工验收规范》第9.2.7条关于预制构件尺寸允许偏差及检验方法的规定（见题26-2-64解表）可知，表面平整度应为5mm。

预制构件尺寸允许偏差及检验方法（部分摘录）　　题26-2-64解表

项目			允许偏差（mm）	检查方法
长度	楼板、梁、柱、桁架	<12m	±5	尺量
		≥12m且<18m	±10	
		≥18m	±20	
	墙板		±4	
宽度、高（厚）度	楼板、梁、柱、桁架		±5	尺量一端及中部，取其中偏差绝对值较大处
	墙板		±4	
表面平整度	楼板、梁、柱、墙板内表面		5	2m靠尺和塞尺量测
	墙板外表面		3	
侧向弯曲	楼板、梁、柱		$L/750$且≤15	拉线、直尺量测最大侧向弯曲处
	墙板、桁架		$L/1000$且≤15	

答案：D

（三）防 水 工 程

26-3-1 （2010）当屋面坡度大于多少时，卷材防水层应采取固定措施？

A 10%　　B 15%　　C 20%　　D 25%

解析：《屋面验收规范》第 6.2.1 条规定：屋面坡度大于 25%时，屋面上采用卷材作为防水层应采取满粘和钉压的固定措施。

答案： D

26-3-2 （2009）屋面涂膜防水层的最小厚度不应小于设计厚度的（　）。（有改动）

A 95%　　B 90%　　C 85%　　D 80%

解析： 涂膜防水层使用年限长短的决定因素，除防水涂料技术性能外，就是涂膜厚度（包括胎体增强材料厚度）。《屋面验收规范》第 6.3.7 条规定：屋面涂膜防水层的平均厚度应符合设计要求，且最小厚度不得小于设计厚度的 80%。检验方法是针测法或取样量测。

答案： D

26-3-3 （2009）受侵蚀性介质或受振动作用的地下建筑防水工程应选择（　）。

A 卷材防水层　　B 防水混凝土

C 水泥砂浆防水层　　D 金属板防水层

解析：《地下防水验收规范》第 4.3.1 条规定：卷材防水层适用于受侵蚀性介质作用或受振动作用的地下工程；卷材防水层应铺设在主体结构的迎水面。

答案： A

26-3-4 （2009）地下工程的防水等级分为（　）。

A 1 级　　B 2 级　　C 3 级　　D 4 级

解析：《地下防水验收规范》第 3.0.1 条表 3.0.1 规定地下防水等级及其标准、《地下工程防水技术规范》GB 50108—2008 表 3.2.2 规定了不同等级的适用范围，主要内容见题 26-3-4 解表。由表可知，地下工程的防水等级分为4 级。

地下工程防水等级标准及适用范围（主要部分）　　题 26-3-4 解表

防水等级	防水标准	适用范围
一级	不允许渗水，结构表面无湿渍	人员长期停留的场所；极重要的战备工程、地铁车站等
二级	不允许漏水，结构表面可有少量湿渍； 工业与民用建筑：总湿渍面积不大于总防水面积的 1‰，任意 100m^2 防水面积上的湿渍不超过 2 处，单个湿渍面积不大于 0.1m^2； 其他地下工程：湿渍总面积不大于总防水面积的 2‰，任意 100m^2 防水面积上的湿渍不超过 3 处，单个湿渍面积不大于 0.2m^2	人员经常活动的场所；重要的战备工程等

续表

防水等级	防水标准	适用范围
三级	有少量漏水点，不得有线流和漏泥砂； 任意 $100m^2$ 防水面积上的漏水或湿渍点数不超过 7 处，单个漏水点的最大漏水量不大于 2.5L/d，单个湿渍的面积不大于 $0.3m^2$	人员临时活动的场所；一般战备工程
四级	有漏水点，不得有线流和漏泥砂； 整个工程平均漏水量不大于 2L/（m^2·d），任意 $100m^2$ 防水面积上的平均漏水量不大于 4L/（m^2·d）	对渗漏水无严格要求的工程

答案：D

26-3-5　（2009）保证地下防水工程施工质量的重要条件是施工时（　　）。（有改动）

A　环境温度不低于 5℃　　B　地下水位控制在基底以下 0.5m

C　施工现场风力不得超过四级　　D　防水卷材应采用热熔法

解析：施工环境是保证防水工程施工质量的重要条件。依据《地下防水验收规范》第 3.0.10 条规定：地下防水工程施工期间，必须保持地下水位稳定在工程底部最低高程 500mm 以下；不得在雨天、雪天和五级风及其以上时施工。施工环境温度、粘贴方法取决于防水材料和施工方法。故 B 选项符合题意。

答案：B

26-3-6　（2008）卷材防水层需要采取固定措施的最小屋面坡度是（　　）。

A　20%　　B　25%　　C　30%　　D　35%

解析：《屋面验收规范》条文说明第 6.2.1 条规定：卷材屋面坡度超过 25% 时，常发生下滑现象，故应采取防止卷材下滑措施。防止卷材下滑的措施除采取卷材满粘外，还有钉压固定等方法，固定点应封闭严密。

答案：B

26-3-7　（2007）屋面工程中，下述板状材料保温层施工做法哪项是错误的？

A　基层平整

B　保温层应紧靠在需保温的基层表面上

C　板状材料粘贴牢固

D　板状材料分层铺设时，上下层接缝应对齐

解析：《屋面验收规范》第 5.1.2 条规定：铺设保温层的基层应平整、干燥和干净。第 5.2.1 条规定：板状保温材料应紧靠在基层表面上，应铺平垫稳；分层铺设的板块上下层接缝应相互错开。第 5.2.2 条规定，板状材料保温层采用粘贴法施工时，应贴严、粘牢。

答案：D

26-3-8　（2007）地下防水工程施工中，后浇带的防水施工应在其两侧混凝土龄期达到下列何值后进行？

A　7d　　B　14d

C 28d　　　　D 由设计要求决定

解析：《地下防水验收规范》第5.3.6条规定：后浇带混凝土的浇筑时间应符合设计要求。条文说明第5.3.6条规定：后浇带应在两侧混凝土收缩变形基本稳定后施工，龄期应由设计计算确定，如无设计指定时，不得少于42d，对高层建筑的后浇带还应满足相关规定。

答案：D

26-3-9 **(2005) 下列哪项必须在高于−5℃气温条件下进行防水层的施工？**

A 高聚物改性沥青防水卷材　　B 合成高分子防水卷材

C 溶剂型有机防水涂料　　D 无机防水涂料

解析：依据《地下防水验收规范》第3.0.11条的表3.0.11（见题26-3-9解表），溶剂型有机防水涂料施工环境气温条件为−5～35℃。

防水材料施工环境气温条件　　**题26-3-9解表**

防水材料	施工环境气温条件
高聚物改性沥青防水卷材	冷粘法、自粘法不低于5℃，热熔法不低于−10℃
合成高分子防水卷材	冷粘法、自粘法不低于5℃，焊接法不低于−10℃
有机防水涂料	溶剂型−5～35℃，反应型、水乳型5～35℃
无机防水涂料	5～35℃
防水混凝土、防水砂浆	5～35℃
膨润土防水材料	不低于−20℃

答案：C

26-3-10 **(2005) 防水混凝土试配时，其抗渗水压值应比设计值高(　　)。**

A 0.10MPa　　B 0.15MPa　　C 0.20MPa　　D 0.25MPa

解析：《地下防水验收规范》第4.1.7条第1款规定：防水混凝土试配要求的抗渗水压值应比设计值提高0.2MPa。

答案：C

26-3-11 **(2005) 地下连续墙属于地下防水工程中的哪类工程？**

A 地下建筑防水工程　　B 特殊施工法防水工程

C 排水工程　　D 注浆工程

解析：《地下防水验收规范》第3.0.12条规定：地下防水工程是一个子分部工程。其分项工程划分见表3.0.12（见题26-3-11解表）规定。由表第4行可见，地下连续墙属于地下防水工程中的特殊施工法结构防水工程，故选B。

地下防水工程的分项工程　　**题26-3-11解表**

子分部工程		分项工程
地下防水工程	主体结构防水	防水混凝土、水泥砂浆防水层、卷材防水层、涂料防水层、塑料防水板防水层、金属板防水层、膨润土防水材料防水层
	细部构造防水	施工缝、变形缝、后浇带、穿墙管、埋设件、预留通道接头、桩头、孔口、坑、池
	特殊施工法结构防水	锚喷支护、地下连续墙、盾构隧道、沉井、逆筑结构
	排水	渗排水，盲沟排水、隧道排水、坑道排水、塑料排水板排水
	注浆	预注浆、后注浆、结构裂缝注浆

答案：B

26-3-12　(2005) 涂料防水层的平均厚度应符合设计要求，最小厚度不应小于设计厚度的(　　)倍。

A　0.80　　B　0.90　　C　0.85　　D　0.95

解析：《地下防水验收规范》第4.4.8条规定：涂料防水层的平均厚度应符合设计要求，最小厚度不得小于设计厚度的90%。由于地下防水层要承受地下水长期连续的、具有较大压力的渗透作用，且不便于检查和维修，因此，地下防水较屋面防水（80%）要求更严。

答案：B

26-3-13　(2005) 当在任意 $100m^2$ 防水面积湿渍不超过2处，单个湿渍面积不大于 $0.1m^2$，且湿渍总面积不大于总防水面积的1/1000的情况下，房屋建筑地下工程的防水等级为(　　)。

A　1级　　B　2级　　C　3级　　D　4级

解析：见题26-3-4解表第3行：当湿渍总面积不大于总防水面积的1/1000，任意 $100m^2$ 防水面积湿渍不超过2处，单个湿渍面积不大于 $0.1m^2$ 的情况下，地下工程防水等级为2级。

答案：B

26-3-14　(2005) 地下防水混凝土结构厚度不应小于(　　)。

A　200mm　　B　250mm　　C　300mm　　D　350mm

解析：《地下防水验收规范》第4.1.19条规定：地下防水混凝土结构厚度不应小于250mm。

答案：B

26-3-15　(2004) 防水屋面的细石混凝土保护层的强度，不应低于(　　)。

A　C15　　B　C20　　C　C25　　D　C30

解析：《屋面验收规范》第4.5.7条规定，防水屋面块体材料、水泥砂浆或细石混凝土保护层的强度等级，应符合设计要求。其条文说明规定水泥砂浆不应低于M15，细石混凝土不应低于C20。

答案：B

26-3-16　(2004) 屋面工程采用砂浆找平层的分格缝，其纵横缝的最大间距不大于(　　)。

A　4m　　B　5m　　C　6m　　D　8m

解析：《屋面验收规范》第4.2.3规定，屋面工程找平层宜采用水泥砂浆或细石混凝土；施工时，抹平在初凝前完成，压光在终凝前完成。第4.2.4条规定：找平层分格缝纵横缝的间距不宜大于6m，分格缝的宽度宜为5～20mm。

答案：C

26-3-17　(2004) 屋面工程高聚物改性沥青防水卷材采用搭接法时，其长边搭接宽度应为(　　)。

A　50mm　　B　60mm　　C　80mm　　D　100mm

解析：《屋面验收规范》第6.2.3条表6.2.3（见题26-3-17解表）规定，屋面工程高聚物改性沥青防水卷材采用胶粘剂搭接时，其长边搭接宽度应为100mm。

卷材搭接宽度（mm）　　题 26-3-17 解表

卷材类别		搭接宽度
合成高分子防水卷材	胶粘剂	80
	胶粘带	50
	单缝焊	60，有效焊接宽度不小于25
	双缝焊	80，有效焊接宽度10×2+空腔宽
高聚物改性沥青防水卷材	胶粘剂	100
	自粘	80

答案：D

26-3-18　(2004) 防水混凝土的水灰比不大于(　　)。

A　0.40　　B　0.50　　C　0.60　　D　0.65

解析：《地下防水验收规范》第4.1.7条第3款规定：防水混凝土的水胶比不得大于0.5。(注：此新规范将水灰比改称水胶比)

答案：B

26-3-19　(2004) 地下防水工程，不应选择下列哪种材料？

A　高聚物改性沥青防水卷材　　B　合成高分子防水卷材

C　沥青防水卷材　　D　反应型涂料

解析：《地下防水验收规范》第4.3.2条规定：地下防水工程，卷材防水层应采用高聚物改性沥青类防水卷材和合成高分子类防水卷材。第4.4.2条规定：有机防水涂料应采用反应型、水乳型、聚合物水泥等涂料。

答案：C

26-3-20　(2004) 大型公共建筑、医院、学校，屋面防水等级为哪一级？

A　Ⅰ　　B　Ⅱ　　C　Ⅲ　　D　Ⅳ

解析：《屋面工程技术规范》GB 50345—2012 第3.0.5条表3.0.5（见题26-3-20解表）规定：

大型公共建筑、医院、学校等属于重要建筑，屋面防水等级为Ⅰ级。

屋面防水等级和设防要求　　题 26-3-20 解表

防水等级	建筑类别	设防要求
Ⅰ级	重要建筑和高层建筑	两道防水设防
Ⅱ级	一般建筑	一道防水设防

答案：A

26-3-21　(2003) 地下防水混凝土当不掺活性掺合料时，水泥强度等级不应低于32.5级，其用量不得小于下列哪一数值？(有改动)

A　260kg/m³　　B　280kg/m³　　C　300kg/m³　　D　320kg/m³

解析：《地下防水验收规范》第4.1.7条规定，防水混凝土的胶凝材料总量不宜小于 320kg/m³，其中水泥用量不宜小于 260kg/m³；水胶比不得大于 0.5。

答案：A

26-3-22 （2003，2005）防水混凝土试配时，其抗渗水压值应比设计值高多少？

A 0.10MPa　　B 0.15MPa　　C 0.20MPa　　D 0.25MPa

解析：《地下防水验收规范》第 4.1.7 条规定，防水混凝土的配合比应经试验确定，试配要求的抗渗水压值应比设计值提高 0.2MPa，以保证防水混凝土在工程验收时满足抗渗要求的保证率。

答案：C

26-3-23 （2003）厚度小于 3mm 的高聚物改性沥青防水卷材，严禁采用下列哪种方法施工？

A 冷粘法　　D 热熔法　　C 满粘法　　D 条粘法

解析：《屋面验收规范》第 6.2.6 条第 5 款规定，厚度小于 3mm 的高聚物改性沥青防水卷材严禁采用热熔法施工。否则，易因沥青厚度小而烧坏胎体，使卷材降低乃至失去拉伸性能而影响防水层的质量。

答案：B

26-3-24 （2003，2006）屋面工程采用水泥砂浆找平层所设分格缝，其纵横缝的最大间距不大于下列哪一数值？

A 4m　　B 5m　　C 6m　　D 8m

解析：《屋面验收规范》第 4.2.3 规定，找平层宜采用水泥砂浆或细石混凝土；找平层的抹平工序应在初凝前完成，压光工序应在终凝前完成，终凝后应进行养护。第 4.2.4 条规定，找平层分格缝纵横间距不宜大于 6m，分格缝的宽度宜为 5～20mm。设置分格缝的目的是避免其变形开裂而拉裂防水层。

答案：C

26-3-25 防水混凝土配合比中，水泥用量不得小于(　　)kg/m³。

A 200　　B 300　　C 350　　D 260

解析：《地下防水验收规范》第 4.1.7 条第 2 款规定：防水混凝土配合比中，混凝土胶凝材料总量不宜小于 320kg/m³，其中水泥用量不宜小于 260kg/m³。

答案：D

26-3-26 防水混凝土不适用于环境温度高于(　　)的情况。

A 50℃　　B 80℃　　C 70℃　　D 90℃

解析：《地下防水验收规范》第 4.1.1 条规定：防水混凝土不适用于环境温度高于 80℃的地下工程。

答案：B

26-3-27 防水混凝土最好一次浇筑不留施工缝，如必须留，下面哪个部位是允许的？

A 底板与侧壁交接处

B 剪力和弯矩最大处

C 距底板上表面不小于 300mm 的墙身上

D 距墙体孔洞边缘 250mm 的墙身处

解析：《地下防水验收规范》第 4.1.16 条规定：防水混凝土结构的施工缝、

变形缝、后浇带、穿墙管、埋设件等设置和构造必须符合设计要求。条文说明第 4.1.16 条说明：墙体最低水平施工缝应高出底板表面不小于 300mm，距墙孔洞边缘 300mm，并避免设在墙体承受剪力最大部位。选项 A“底板与侧壁交接处”剪力最大，不宜留在该处；仅有 C 选项满足规范要求。

答案： C

26-3-28　重要的建筑和高层建筑，屋面防水等级为(　　)级。

A Ⅰ　　B Ⅱ　　C Ⅲ　　D Ⅳ

解析： 见题 26-3-20 解表。重要的建筑和高层建筑，屋面防水等级为Ⅰ级。

答案： A

26-3-29　如选用合成高分子防水卷材，采用胶粘剂粘结法粘结屋面防水层时其最小搭接宽度为(　　)mm。

A 50　　B 80

C 100　　D 短边 100，长边 70

解析： 见题 26-3-17 解表卷材搭接宽度：合成高分子防水卷材，采用胶粘剂粘结法粘结时的最小搭接宽度为 80mm。

答案： B

26-3-30　屋面保温层施工所用保温材料的性能必须符合设计要求的是？

A 导热系数、密度、强度、燃烧性能

B 导热系数、密度、强度、耐腐蚀性能

C 导热系数、密度、强度、抗老化性能

D 导热系数、密度、强度、防潮性能

解析：《屋面验收规范》第 5.1.7 条规定：保温材料的导热系数、表观密度或干密度、抗压强度或压缩强度、燃烧性能必须符合设计要求。

答案： A

（四）建筑装饰装修工程

26-4-1　(2010) 下列哪项是正确的墙面抹灰施工程序？

A 浇水湿润基层、墙面分层抹灰、做灰饼和设标筋、墙面检查与清理

B 浇水湿润基层、做灰饼和设标筋、墙面分层抹灰、清理

C 浇水湿润基层、做灰饼和设标筋、设阳角护角、墙面分层抹灰、清理

D 浇水湿润基层、做灰饼和设标筋、墙面分层抹灰、设阳角护角、清理

解析： 正确的墙面抹灰施工程序应该是：浇水湿润基层、做灰饼和设标筋、设阳角护角、墙面分层抹灰、清理。

答案： C

26-4-2　(2010) 抹灰用石灰膏的熟化期最少不应少于(　　)。

A 8d　　B 12d　　C 15d　　D 20d

解析： 2001 版《装修验收规范》第 4.1.8 条规定：抹灰用石灰膏的熟化期最少不应小于 15d。

答案：C

26-4-3 (2010) 水泥砂浆抹灰层的养护应处于(　　)。

A 湿润条件　　B 干燥条件

C 一定温度条件　　D 施工现场自然条件

解析： 因为水泥是水硬性材料。为保证强度和防止开裂，湿润条件最重要。

答案： A

26-4-4 (2010) 关于一般抹灰工程，正确的是(　　)。

A 当抹灰总厚度大于或等于 25mm 时，应采取加强措施

B 不同材料基层交接处抹灰时可采用加强网，加强网与各基层的搭接宽度不应小于 100mm

C 抹灰层应无脱层与空鼓现象，但允许有少量裂缝

D 用直角检测尺检查抹灰墙面的垂直度

解析：《装修验收标准》第 4.2.3 条规定：当抹灰总厚度大于或等于 35mm 时，应采取加强措施。不同材料基层交接处抹灰，应采取防开裂的加强措施，当采用加强网时，加强网与各基层的搭接宽度不应小于 100mm。第 4.2.4 条规定抹灰层应无脱层和空鼓、面层应无爆灰和裂缝。规范表 4.2.10 规定：用 2m 垂直检测尺检查立面的垂直度。

答案： B

26-4-5 (2010) 铝合金门窗和塑料门窗的推拉门窗扇开关力不应大于(　　)。

A 250N　　B 200N　　C 150N　　D 100N

解析： 2001 版《装修验收规范》第 5.3.7 条和第 5.4.10 条第 2 款规定：铝合金和塑料推拉门窗扇开关力不应大于 100N。故选 D。但需注意，现行 2018 版《装修验收标准》第 6.3.7 条规定，金属推拉门窗扇开关力不应大于 50N；第 6.4.10 条规定，塑料推拉门窗扇的开关力不应大于 100N。

答案： D

26-4-6 (2010) 明龙骨吊顶工程的饰面材料与龙骨的搭接宽度应大于龙骨受力面宽度的(　　)。

A 2/3　　B 1/2　　C 1/3　　D 1/4

解析：《装修验收标准》第 7.3.3 条规定，板块面层吊顶的面板安装应稳固严密，面板与龙骨的搭接宽度应大于龙骨受力面宽度的 2/3。

答案： A

26-4-7 (2010) 为保证石材幕墙的安全，必须采取双控措施：其一是金属框架杆件和金属挂件的壁厚应经过设计计算确定，其二是控制石材的(　　)。

A 抗折强度最小值　　B 弯曲强度最小值

C 厚度最大值　　D 吸水率最小值

解析： 2001 版《装修验收规范》第 9.4.2 条规定：石材幕墙所用的主要材料如石材的弯曲（抗弯）强度不应小于 8.0MPa；吸水率应小于 0.8%。对石材的抗折强度和厚度没有要求。故选 B。需注意：2018 版《装修验收标准》对幕墙工程仅列出了对幕墙工程的一般规定及各种幕墙的主控项目和一般项目，

指出幕墙工程的验收内容、检验方法及数量按各幕墙技术标准规定。虽无对石材强度、吸水率的具体限制，但要求对石材的抗弯强度、抗冻性、室内石材的放射性进行复验。

答案： B

26-4-8 **(2010) 下列属于石材幕墙质量验收主控项目的是(　　)。**

A 幕墙的垂直度　　B 幕墙表面的平整度

C 板材上沿的水平度　　D 幕墙的渗漏

解析： 2001 版《装修验收规范》第 9.4.13 条主控项目规定：石材幕墙应无渗漏。故选 D。而在现行 2018 版《装修验收标准》第 11.4.1 条石材幕墙主控项目第 11 款改为："有防水要求的石材幕墙防水效果"。

答案： D

26-4-9 **(2010) 关于涂饰工程，正确的是(　　)。**

A 水性涂料涂饰工程施工的环境温度应在 0～35℃之间

B 涂饰工程应在涂层完毕后及时进行质量验收

C 厨房、卫生间墙面必须使用耐水腻子

D 涂刷乳液型涂料时，基层含水率应大于 12%

解析：《装修验收标准》第 12.1.5 条第 5 款规定：厨房、卫生间墙面必须使用耐水腻子。故 C 表述正确。第 12.1.6 条规定：水性涂料涂饰工程施工的环境温度应为 5～35℃。第 12.1.8 条规定：涂饰工程应在涂层养护期满后进行质量验收。又第 12.1.5 条第 3 款规定：抹灰基层在用乳液型腻子找平或直接涂刷乳液型涂料时，含水率不得大于 10%；木材基层的含水率不得大于 12%。

答案： C

26-4-10 **(2010) 饰面板安装工程中，后置埋件必须满足设计要求的(　　)。**

A 现场抗扭强度　　B 现场抗剪强度

C 现场拉拔强度　　D 现场抗弯强度

解析：《装修验收标准》第 9.2.3 及第 9.3.3 条规定：饰面石板及陶瓷板安装工程的预埋件（或后置埋件）、连接件的数量、规格、位置、连接方法和防腐处理必须符合设计要求。后置埋件的现场拉拔力（原称拉拔强度）必须符合设计要求。饰面板安装必须牢固。

答案： C

26-4-11 **(2010) 隐框及半隐框幕墙的结构粘结材料必须采用(　　)。**

A 中性硅酮结构密封胶　　B 硅酮耐候密封胶

C 弹性硅酮结构密封胶　　D 低发泡结构密封胶

解析： 2001 版《装修验收规范》第 9.1.8 条规定：隐框、半隐框幕墙所采用的结构粘结材料必须是中性硅酮结构密封胶，其性能必须符合《建筑用硅酮结构密封胶》GB 16776 的规定；硅酮结构密封胶必须在有效期内使用。

答案： A

26-4-12 **(2010) 下列哪项不属于幕墙工程的隐蔽工程？**

A 幕墙的防雷装置　　　　　　　　B 硅酮结构胶的相容性试验
C 幕墙的预埋件（或后置埋件）　　D 幕墙的防火构造

解析： 2001版《装修验收规范》第9.1.4条规定：预埋件（或后置埋件）、幕墙防雷装置和幕墙防火构造均为幕墙工程的隐蔽工程。故选B。需注意，现行2018版《装修验收标准》第11.1.4条隐蔽工程验收项目中，将原幕墙防雷装置改为了"幕墙防雷连接节点"；"预埋件"项增加了"锚栓及连接件"，"防火构造"改成了"防火、防烟节点"。

答案： B

26-4-13　(2010) 人造木板用于吊顶工程时必须复验的项目是(　　)。

A 甲醛含量　　B 燃烧时限　　C 防腐性能　　D 强度指标

解析：《装修验收标准》第7.1.3条规定：吊顶工程应对人造木板的甲醛释放量（原称甲醛含量）进行复验。

答案： A

26-4-14　(2009) 建筑装饰装修工程涉及主体和承重结构改动或增加荷载时，必须由哪一单位核查有关原始资料，并对现有建筑结构的安全性进行核查和确认？

A 原建设单位　　　　　　B 原监理单位
C 原结构设计单位　　　　D 原施工单位

解析： 2001版《装修验收规范》第3.1.5条规定：建筑装饰装修工程涉及主体和承重结构改动或增加荷载时，必须由原结构设计单位或具备相应资质的设计单位核查有关原始资料，对既有建筑结构的安全性进行核验、确认。故选C。需注意的是，现行2018版《装修验收标准》第3.1.4条修订为：当"既有建筑装饰装修工程设计涉及主体和承重结构变动时，必须在施工前委托原结构设计单位或具有相应资质条件的设计单位提出设计方案，或由检测鉴定单位对建筑结构的安全性进行鉴定"。即原设计单位"提出设计方案"，而不是"核验、确认"。

答案： C

26-4-15　(2009) 室内外建筑装饰装修工程施工时的环境温度最低不应低于(　　)。

A 10℃　　B 5℃　　C 0℃　　D －5℃

（注：此题2007年考过）

解析： 2001版《装修验收规范》第3.3.12条规定：室内外建筑装饰装修工程施工的环境条件应满足施工工艺的要求。施工环境温度不应低于5℃，当必须在低于5℃的气温下施工时，应采取保证工程质量的有效措施。故选B。需注意，2018版《装修验收标准》中，无明确的施工环境温度规定，而是规定："应满足施工工艺的要求"（第3.3.13条）。

答案： B

26-4-16　(2009) 抹灰层有防潮要求时应采用(　　)。

A 石灰砂浆　　B 混合砂浆　　C 水泥砂浆　　D 防水砂浆

解析：《装修验收标准》第4.1.9条规定：当要求抹灰层具有防水、防潮功能时，应采用防水砂浆。

答案： D

26-4-17　(2009) 塑料窗应进行复验的性能指标是(　　)。

A　甲醇含量、抗风压、空气渗漏性

B　甲醛含量、抗风压、雨水渗漏性

C　甲苯含量、空气渗透性、雨水渗漏性

D　抗风压、空气渗透性、雨水渗漏性

解析：《装修验收标准》第6.1.3条第2款规定了建筑外窗性能指标应进行复验的是：抗风压性能、气密性（空气渗透性能）、水密性（雨水渗漏性能）。

答案： D

26-4-18　(2009) 饰面板（砖）工程应对下列材料性能指标进行复验的是(　　)。

A　粘贴用水泥的抗拉强度　　B　人造大理石的抗折强度

C　外墙陶瓷面砖的吸水率　　D　外墙花岗石的放射性

解析：《装修验收标准》第9.1.3条规定，饰面板、饰面砖工程应对其材料性能指标进行复验的是：室内用花岗石和瓷质石砖的放射性；水泥基粉结料的粉结强度；外墙陶瓷板及陶瓷面砖的吸水率；严寒和寒冷地区外墙陶瓷板、陶瓷面砖的抗冻性。

答案： C

26-4-19　(2009) 幕墙工程中，幕墙构架立柱的连接金属角码与其他连接件应采用螺栓连接，并应采取(　　)。

A　防锈措施　　B　防腐措施

C　防火措施　　D　防松动措施

解析：《装修验收标准》第11.1.7条规定：幕墙工程中，幕墙构架立柱的连接金属角码与其他连接件采用螺栓连接时，应有防松动措施。

答案： D

26-4-20　(2009) 玻璃幕墙使用的安全玻璃应是(　　)。

A　平板玻璃　　B　镀膜玻璃

C　半钢化玻璃　　D　钢化玻璃

（注：此题2007年、2008年均考过）

解析： 依据2001版《装修验收规范》条文说明第9.2.4条，玻璃幕墙使用的安全玻璃是指夹层玻璃和钢化玻璃。故选D。需注意，2018版《装修验收标准》未纳入这一幕墙工程的具体内容。

答案： D

26-4-21　(2009) 在混凝土或抹灰基层涂刷溶剂型涂料时，基层含水率最大不得大于(　　)。

A　5%　　B　8%　　C　10%　　D　12%

解析：《装修验收标准》第12.1.5条第3款规定，在混凝土或抹灰基层在用溶剂型腻子找平或直接涂刷溶剂型涂料时，含水率不得大于8%；刮乳液型腻子或直接涂刷乳液型涂料时，不得大于10%。木材基层含水率不得大于12%。

答案：B

26-4-22 (2008) 下列哪项不是抹灰工程验收时应检查的文件和记录？

A 抹灰工程的施工图、设计说明及设计文件

B 材料的产品合格证书、性能检测报告和复验报告

C 施工组织设计

D 隐蔽工程验收记录

解析：《装修验收标准》第4.1.2条规定，抹灰工程验收时应检查下列文件和记录：抹灰工程的施工图、设计说明及其他设计文件；材料的产品合格证书、性能检测报告、进场验收记录和复验报告；隐蔽工程验收记录；施工记录。施工组织设计不包括在内。

答案：C

26-4-23 (2008) 抹灰层由底层、中层、面层组成，中层的作用是( )。

A 粘结　　B 找平　　C 装饰　　D 粘结和找平

解析：抹灰层一般由底层、中层和面层组成，底层的作用是使抹灰层与基层牢固粘结和初步找平；中层主要起找平作用；面层起装饰作用。

答案：B

26-4-24 (2008) 水泥砂浆抹灰层应处于下列哪种条件下养护？

A 湿润条件　　B 自然干燥条件

C 一定温度条件　　D 任意的自然条件

解析：《装修验收标准》第4.1.10条规定：水泥砂浆抹灰层应在湿润条件下养护。

答案：A

26-4-25 (2008) 关于装饰抹灰工程，下列哪项表述正确？(有改动)

A 当抹灰总厚度大于或等于25mm时，应采取加强措施

B 砂浆的拉伸粘结强度复验应合格

C 抹灰层应无脱层与空鼓现象，但允许面层有个别微裂缝

D 装饰抹灰墙面垂直度的检验方法为用直角检测尺检查

解析：《装修验收标准》第4.2.3条要求，当抹灰总厚度大于或等于35mm时，应采取加强措施（A错）。第4.1.3条规定，抹灰工程应对砂浆的拉伸强度及聚合物砂浆的保水率进行复验（B正确）。第4.2.4条规定面层应无爆灰或裂缝（C错）。第4.2.10条表规定，立面垂直度用2m垂直检测尺检查（D错）。故仅有B选项表述正确。

答案：B

26-4-26 (2008) 抹灰工程中抹灰用的石灰膏熟化期不应少于( )。

A 3d　　B 5d　　C 10d　　D 15d

解析：2001版《装修验收规范》第4.1.8条规定：抹灰用的石灰膏的熟化期不应少于15d（D正确）。罩面用的磨细生石灰粉的熟化期不应少于3d。该时间均长于砌筑砂浆中对灰膏的要求（7d，2d），以保证装饰效果。需注意，2018版《装修验收标准》未对石灰膏的热化期作出规定。

答案：D

26-4-27　(2008) 关于门窗工程的施工要求，以下哪项不正确？

A　金属及塑料门窗安装应采用预留洞口的方法施工

B　门窗玻璃不应直接接触型材

C　在砌体上安装应用射钉固定

D　磨砂玻璃的磨砂面应朝向室内

解析：《装修验收标准》第6.1.11条规定：建筑外门窗的安装必须牢固。在砌体上安装门窗严禁用射钉固定（选C）。从第6.1.8条和第6.6.7条可知A、B项所述正确。D选项按2001版第5.6.9条规定，所述正确，但2018版未做明确规定。

答案：C

26-4-28　(2008) 石材幕墙工程中所用石材的吸水率应小于(　　)。

A　0.5%　　B　0.6%　　C　0.8%　　D　0.9%

解析：2001版《装修验收规范》第9.4.2条规定：石材幕墙工程中所用石材品种、规格、性能和等级，应符合设计要求及国家现行产品标准和工程技术规范的规定。石材的弯曲强度不应小于8.0MPa；吸水率应小于0.8%。

答案：C

26-4-29　(2008) 饰面板安装工程中，后置埋件现场检测必须符合设计要求的指标是(　　)。

A　屈曲强度　　B　抗剪强度

C　抗拉强度　　D　拉拔强度

解析：《装修验收标准》第9.2.3条规定，后置埋件的现场拉拔力（原称拉拔强度）应符合设计要求。

答案：D

26-4-30　(2008) 关于壁纸、墙布，下列哪项性能等级必须符合设计要求及国家现行标准的有关规定？

A　燃烧性　　B　防水性　　C　防霉性　　D　抗拉性

解析：《装修验收标准》第13.2.1条规定：壁纸、墙布的种类、规格、图案、颜色和燃烧性能等级必须符合设计要求及国家现行标准的有关规定。

答案：A

26-4-31　(2008) 玻璃幕墙的垂直度检验方法是(　　)。

A　用水平仪检查　　B　用2m靠尺检查

C　用经纬仪检查　　D　用钢直尺检查

解析：2001版《装修验收规范》第9.2.23、第9.2.24条规定，明框及隐框、半隐框玻璃幕墙的垂直度均用经纬仪检查，且偏差要求相同。实际上，金属幕墙、石材幕墙的垂直度检验方法及偏差要求均与玻璃幕墙相同。见题26-4-31解表。

隐框、半隐框玻璃幕墙安装的允许偏差和检验方法　　题 26-4-31 解表

项次	项　目		允许偏差(mm)	检 验 方 法
1	幕墙垂直度	幕墙高度≤30m	10	用经纬仪检查
		30m<幕墙高度≤60m	15	
		60m<幕墙高度≤90m	20	
		幕墙高度>90m	25	
2	幕墙水平度	层高≤3m	3	用水平仪检查
		层高>3m	5	
3	幕墙表面平整度		2	用 2m 靠尺和塞尺检查
4	板材立面垂直度		2	用垂直检测尺检查
5	板材上沿水平度		2	用 1m 水平尺和钢直尺检查
6	相邻板材板角错位		1	用钢直尺检查
7	阳角方正		2	用直角检测尺检查
8	接缝直线度		3	拉 5m 线，不足 5m 拉通线，用钢直尺检查
9	接缝高低差		1	用钢直尺和塞尺检查
10	接缝宽度		1	用钢直尺检查

答案：C

26-4-32　(2007) 建筑装饰装修工程设计中，下述哪项要求不是必须满足的?

A　城市规划　　　　B　城市交通

C　环保　　　　　　D　消防

解析：《装修验收标准》第 3.1.2 条规定：建筑装饰装修设计应符合城市规划、消防、环保、节能减排等有关规定。可见，B 选项要求不是必须满足的。

答案：B

26-4-33　(2007) 保证抹灰工程质量的关键是(　　)。

A　基层应作处理　　　　B　抹灰后砂浆中的水分不应过快散失

C　各层之间粘结牢固　　D　面层无爆灰和裂纹

解析：《装修验收标准》第 4.3.4 条规定：抹灰层与基层之间及各抹灰层之间应粘结牢固抹灰层应无脱层和空鼓，面层应无爆灰和裂缝。2001 版《装修验收规范》说明第 4.2.5 条指出：抹灰工程的质量关键是粘结牢固，无开裂、空鼓与脱落。故选 C。

答案：C

26-4-34　(2007) 门窗工程中，安装门窗前应对门窗洞口检查的项目是(　　)。

A　位置　　B　尺寸　　C　数量　　D　类型

解析：《装修验收标准》第 6.1.7 条规定：门窗安装前，应对门窗洞口尺寸及相邻洞口的位置偏差进行检验。

答案：B

26-4-35　(2007) 在砌体上安装门窗时，不得采用的固定方法是(　　)。

A 预埋件　　B 锚固件　　C 防腐木砖　　D 射钉

解析：《装修验收标准》第 6.1.11 条规定：在砌体上安装门窗严禁采用射钉固定。

答案：D

26-4-36 **(2007) 吊顶工程中的预埋件、钢制吊杆应进行下述哪项处理？**

A 防水　　B 防火

C 防锈　　D 防晃动和变形

解析：《装修验收标准》第 7.1.9 条规定：吊顶工程中的埋件、钢筋吊杆和型钢吊杆应进行防腐处理。

答案：C

26-4-37 **(2007) 饰面板（砖）工程中，必须对以下哪种室内用的天然石材放射性指标进行复验？**

A 大理石　　B 花岗石　　C 石灰石　　D 青石板

解析：《装修验收标准》第 9.1.3 条第 1 款规定，饰面板工程中，必须对室内用花岗石的放射性指标进行复验。需注意，砌筑墙体的石材、室内用的花岗石均要进行放射性指标进行检验，而室外饰面用的花岗石则不需要。

答案：B

26-4-38 **(2007) 饰面板（砖）工程应进行验收的隐蔽工程项目不包括(　　)。**

A 防水层　　B 结构基层　　C 预埋件　　D 连接节点

解析：《装修验收标准》第 9.1.4 条规定：饰面板（砖）工程应进行验收的隐蔽工程项目包括：预埋件，龙骨安装，连接节点，防水、保温、防火节点及外墙金属板防雷连接节点。即：隐检项目不包括结构基层。

答案：B

26-4-39 **(2007) 石材幕墙工程中应对材料及其性能复验的内容不包括(　　)。**

A 石材的弯曲强度　　B 寒冷地区石材的耐冻融性

C 结构胶的邵氏硬度　　D 结构胶的粘结强度

解析：2001 版《装修验收规范》第 9.1.3 条第 2、3 款规定：石材幕墙工程中应对材料及其性能复验，内容包括：石材的弯曲强度、寒冷地区石材的耐冻融性、结构胶的粘结强度。C 项中结构胶的邵氏硬度是玻璃幕墙所需复验的性能指标，而石材幕墙用结构胶需复验的性能是粘结强度。需注意，2018 版《装修验收标准》将各种幕墙的复验内容合在了一起，且“弯曲强度”改为“抗弯强度”，“粘结强度”改成了“拉伸粘结强度”。

答案：C

26-4-40 **(2007) 抹灰总厚度达到下列何值时，需采取加强措施？**

A 45mm　　B 35mm　　C 25mm　　D 15mm

解析：《装修验收标准》第 4.2.3 条规定：当抹灰总厚度大于或等于 35mm 时，应采取加强措施。

答案：B

26-4-41 **(2007) 因资源和环境因素，装饰抹灰工程应尽量减少使用(　　)。**

A 水刷石　　B 斩假石　　C 干粘石　　D 假面砖

解析：依据 2001 版《装修验收规范》条文说明第 4.3.1 条，水刷石浪费水资源，并对环境有污染。应尽量减少使用。

答案：A

26-4-42　(2007) 明龙骨吊顶工程的饰面材料与龙骨的搭接宽度应大于龙骨受力面宽度的(　　)。

A 2/3　　B 1/2　　C 1/3　　D 1/4

解析：《装修验收标准》第 7.3.3 条规定，板块面层吊顶（原称明龙骨吊顶）工程的面板与龙骨的搭接宽度应大于龙骨受力面宽度的 2/3。

答案：A

26-4-43　(2007) 裱糊工程施工时，基层含水率过大将导致壁纸(　　)。

A 表面变色　　B 接缝开裂　　C 表面发花　　D 表面起鼓

解析：依据 2001 版《装修验收规范》条文说明第 11.1.5 条第 3 款，基层含水率过大时，水蒸气会导致壁纸表面起鼓。

答案：D

26-4-44　(2007) 计算机房对建筑装饰装修基本的特殊要求是(　　)。

A 屏蔽、绝缘　　B 防辐射、屏蔽

C 光学、绝缘　　D 声学、屏蔽

解析：计算机房对建筑装饰装修基本的特殊要求是屏蔽、绝缘。

答案：A

26-4-45　(2006) 裱糊工程中裱糊后的壁纸出现起鼓或脱落，下述哪项原因分析是不正确的?

A 基层未刷防潮层

B 旧墙面疏松的旧装修层未清除

C 基层含水率过大

D 腻子与基层粘结不牢固或出现粉化、起皮

解析：依据 2001 版《装修验收规范》第 11.1.5 条的条文说明，旧墙面疏松的装修层如不清除，将会导致裱糊后的壁纸起鼓脱落；基层含水率过大时，水蒸气会导致壁纸表面起鼓；腻子与基层粘结不牢固，或出现粉化、起皮和裂缝，均会导致壁纸接缝处开裂，甚至脱落。可见，规范认为 B、C、D 三选项均可导致壁纸出现起鼓或脱落。规范对基层并无刷防潮层的要求，实际上，对一般的工程而言，"基层刷防潮层"没有必要，也难以实施。故选 A。

答案：A

26-4-46　(2006) 门窗工程中一般窗每个检验批的检查数量应至少抽查 5%，并不得少于 3 樘，不足 3 樘时应全数检查。高层建筑外窗，每个检验批的检查数量，和一般窗相比应增加几倍?

A 3/5 倍　　B 1 倍　　C 2 倍　　D 3 倍

解析：《装修验收标准》第 6.1.6 条规定：高层建筑的外窗，每个检验批应至

少抽查10%，并不得少于6樘，不足6樘时应全数检查。即增加了一倍。

答案： B

26-4-47 **（2006）吊顶工程中下述哪项安装做法是不正确的？**

A 小型灯具可固定在饰面材料上

B 重型灯具可固定在龙骨上

C 风口箅子可固定在饰面材料上

D 烟感器、喷淋头可固定在饰面材料上

解析：《装修验收标准》第7.1.12条规定：重型设备和有振动荷载的设备（注：如重型灯具、电扇）严禁安装在吊顶工程的龙骨上。从第7.2.7条"面板上的灯具、烟感器、喷淋头、风口箅子和检修口等设备设施的位置应合理、美观，与面板的交接应吻合、严密"可知，吊顶饰面板上可固定小型灯具、风口箅子、烟感器和喷淋头。

答案： B

26-4-48 **（2006）水泥砂浆抹灰施工中，下述哪项做法是不准确的？**

A 抹灰应分层进行，不得一遍成活

B 不同材料基体交接处表面的抹灰，应采取加强措施

C 当抹灰总厚度大于或等于25mm时，应采取加强措施

D 应对水泥的凝结时间和安定性进行现场抽样复验并合格

解析：《装修验收标准》第4.2.3条规定：当抹灰总厚度大于或等于35mm时，应采取加强措施。

答案： C

26-4-49 **（2006）塑料门窗工程中，门窗框与墙体间缝隙应采用什么材料填嵌？**

A 水泥砂浆　　　　B 水泥白灰砂浆

C 闭孔弹性材料　　D 油麻丝

解析： 2001版《装修验收规范》第5.4.7条规定：塑料门窗工程中，门窗框与墙体间缝隙应采用闭孔弹性材料填嵌饱满，表面应采用密封胶密封。故选C。需注意，2018版《装修验收标准》已将"闭孔弹性材料"明确为"聚氨酯发泡胶"。

答案： C

26-4-50 **（2006）一般抹灰工程中出现的质量缺陷，不属于主控项目的是（　　）。**

A 脱层　　　　B 空鼓

C 面层裂缝　　D 滴水槽宽度和深度

解析：《装修验收标准》第4.2.4条规定，题中所列一般抹灰工程中出现的质量缺陷，属于主控项目的是：脱层、空鼓、面层裂缝。由一般项目的第4.2.9条"滴水槽的宽度和深度均应满足设计要求，且均不应小于10mm"可见，选项D属于一般项目。

答案： D

26-4-51 **（2006）外墙窗玻璃安装，中空玻璃的单面镀膜玻璃应怎样安装？**

A 应在最内层，镀膜层应朝向室外　　B 应在最内层，镀膜层应朝向室内

C　应在最外层，镀膜层应朝向室外　D　应在最外层，镀膜层应朝向室内

解析：2001版《装修验收规范》第5.6.9条规定：外墙窗玻璃安装，中空玻璃的单面镀膜玻璃应安装在最外层，镀膜层应朝向室内。故选D。在2018版《装修验收标准》中，并无如此明确的要求，仅规定"涂抹的朝向应符合设计要求"（第6.6.1条）。

答案：D

26-4-52　**(2005) 规范规定抹灰工程应对水泥的安定性进行复验外，还应对其进行哪项复验?**

A　强度　B　质量　C　化学成分　D　凝结时间

解析：2001版《装修验收规范》第4.1.3条规定：抹灰工程应对水泥的凝结时间和安定性进行复验。故选D。需注意，2018版《装修验收标准》复验内容改为砂浆的拉伸粘结强度、聚合物砂浆的保水率两项。

答案：D

26-4-53　**(2005) 不属于装饰抹灰的是下列哪项?**

A　假面砖　B　面砖　C　干粘石　D　斩假石

解析：《装修验收标准》第4.1.1条规定：装饰抹灰包括水刷石、斩假石、干粘石和假面砖等装饰抹灰。而面砖属于饰面砖工程。

答案：B

26-4-54　**(2005) 验收门窗工程时，不作为必须检查文件或记录的是下列哪项?**

A　材料的产品合格证书　B　材料性能检测报告

C　门窗进场验收记录　D　门窗的报价表

解析：《装修验收标准》第6.1.2条的第2款规定：验收门窗工程时，应检查材料的产品合格证书、材料性能检测报告、门窗进场验收记录。门窗的报价表不在其列。

答案：D

26-4-55　**(2005) 推拉自动门的最大开门感应时间应为(　　)。**

A　0.3s　B　0.4s　C　0.5s　D　0.6s

解析：《装修验收标准》第6.5.8条的表6.5.8第1项规定：推拉自动门的最大开门感应时间限值为不大于0.5s。

答案：C

26-4-56　**(2005) 采用湿作业法施工的饰面板工程，石材背面应进行哪种处理?**

A　防水　B　防碱　C　防酸　D　防裂

解析：《装修验收标准》第9.2.7条规定：采用湿作业法施工的饰面板安装工程，石板应进行防碱封闭处理。

答案：B

26-4-57　**(2005) 对于隐框、半隐框幕墙所采用的结构粘结材料，下列何种说法不正确?**

A　必须是中性硅酮结构密封胶

B　必须在有效期内使用

C　结构密封胶的嵌缝宽度不得少于6.0mm

D　结构密封胶的施工温度应在15～30℃

解析：2001版《装修验收规范》第9.1.10条规定：结构密封胶的嵌缝宽度不得少于7.0mm。从第9.1.8条和第9.1.11条可知A、B、D条正确。

答案：C

26-4-58　(2005) 下列哪项属于石材幕墙的主控项目?

A　石材幕墙应无渗漏　　　　B　石材幕墙表面应平整

C　石材幕墙上的滴水线应顺直　　　　D　结构密封胶缝深浅一致

解析：依据2001版《装修验收规范》第9.4.13条，石材幕墙应无渗漏属于石材幕墙的主控项目。B、C、D项均为一般项目。需注意，在2018版《装修验收标准》的石材幕墙主控项目中，将“石材幕墙应无渗漏”改为“有防水要求的石材幕墙防水效果”。

答案：A

26-4-59　(2005) 在木材基层上涂刷涂料时，木材基层含水率的最大值为(　　)。

A　8%　　B　10%　　C　12%　　D　14%

解析：《装修验收标准》第12.1.5条第3款规定：在木材基层上涂刷涂料时，木材基层含水率不得大于12%。

答案：C

26-4-60　(2005) 木门窗的下列哪部分木材不允许有死节缺陷存在?

A　门窗扇的立梃　　　　B　门心板

C　门窗框　　　　D　门窗压条

解析：门窗压条细，有死节缺陷易断裂。

答案：D

26-4-61　(2005) 下列哪项不属于门窗工程安全和功能的检测项目?

A　平面变形性能　　　　B　抗风压性能

C　空气渗透性能　　　　D　雨水渗透性能

解析：依据《装修验收标准》第6.1.3条第2款，抗风压性能、气密性能(即空气渗透性能)和水密性能(即雨水渗透性能)属于门窗工程安全和功能的检测项目。

答案：A

26-4-62　(2005) 清水砌体勾缝属于下列哪项子分部工程?

A　涂刷工程　　B　抹灰工程　　C　细部工程　　D　裱糊工程

解析：据《装修验收标准》第4.1.1条可知：抹灰工程包括一般抹灰、保温层薄抹灰、装饰抹灰和清水砌体勾缝等分项工程，即清水砌体勾缝属于抹灰子分部工程。

答案：B

26-4-63　(2005) 金属幕墙表面平整度的检查，通常使用的工具为(　　)。

A　钢直尺　　　　B　1m水平尺

C　垂直检测尺　　　　D　2m靠尺和塞尺

解析：依据2001版《装修验收规范》第9.3.18条表9.3.18中第3款，金属幕墙表面平整度的检查，允许偏差2mm，通常使用的工具为2m靠尺和塞尺。注意：各种工程的表面平整度检查，通常均使用2m靠尺和塞尺。

答案：D

26-4-64　(2005) 在新建筑物的混凝土或抹灰基层墙面上的裱糊工程，刮腻子前应涂刷(　　)。

A　抗碱性封闭底漆　　B　界面剂

C　建筑胶水　　D　浅色涂料

解析：《装修验收标准》第13.1.4条第1款规定：裱糊前，新建筑物的混凝土或抹灰基层墙面在刮腻子前应涂刷抗碱性封闭底漆。注意：涂饰工程与此相同。

答案：A

26-4-65　(2005) 铝合金门窗中推拉门窗的最大开关力应为(　　)。(有改动)

A　30N　　B　50N　　C　100N　　D　150N

解析：依据《装修验收标准》第6.3.6条，金属门窗推拉门窗扇开关力不应大于50N，用测力计检查。

答案：B

26-4-66　(2004) 有关建筑装饰装修工程施工前的样板问题，下列哪项是正确的？

A　主要材料有生产厂推荐的样板

B　主要部位有施工单位推出的样板

C　应先有主要材料样板方可施工

D　有主要材料的样板或做样板间（件），并经有关各方确认

解析：依据《装修验收标准》第3.3.8条，建筑装饰装修工程施工前应有主要材料的样板或做样板间（件），并应经有关各方确认。

答案：D

26-4-67　(2004) 抹灰前的基层处理，下列哪条是正确的？(有改动)

A　抹灰前基层表面的尘土、污垢、油渍等应清除干净，并应洒水润湿或界面处理

B　抹灰前基层表面应刷一层水泥砂浆

C　抹灰前基层表面应刷一层水泥素浆

D　抹灰前基层表面应刷一层普通硅酸盐水泥素浆

解析：依据《装修验收标准》第4.2.2条，抹灰前基层表面的尘土、污垢、油渍等应清除干净，并应洒水润湿或进行界面处理。

答案：A

26-4-68　(2004) 普通卫生间的无下框门扇与地面间留缝限值，下列哪项符合规范规定？(有改动)

A　3～5mm　　B　4～7mm　　C　4～8mm　　D　10～20mm

解析：依据《装修验收标准》第6.2.12条表6.2.12（见题26-4-68解表）中第10项，普通卫生间的无下框门扇与地面间留缝限值为4～8mm。

平开木门窗安装的留缝限值、允许偏差和检验方法　　　题 26-4-68 解表

项次	项目		留缝限值（mm）	允许偏差（mm）	检验方法
1	门窗框的正、侧面垂直度		—	1	用1m垂直检测尺检查
2	框与扇、扇与扇接缝高低差		—	1	用塞尺检查
3	门窗扇对口缝		1～4	—	用塞尺检查
4	工业厂房、围墙双扇大门对口缝		2～7	—	
5	门窗扇与上框间留缝		1～3	—	
6	门窗扇与侧框间留缝		1～3	—	
7	窗扇与下框间留缝		1～3	—	
8	门扇与下框间留缝		3～5	—	
9	双层门窗内外框间距		—	4	用钢直尺检查
10	无下框时门扇与地面间留缝	室外门	4～7	—	用钢直尺或塞尺检查
		室内门	4～8	—	
		卫生间门	4～8	—	
		厂房及围墙大门	10～20	—	
11	框与扇搭接宽度	门	—	2	用钢直尺检查
		窗	—	1	

答案：C

26-4-69　(2004) 关于玻璃安装，下列哪条是不正确的?

A　门窗玻璃不应直接接触型材

B　单面镀膜玻璃的镀膜层应朝向室外

C　磨砂玻璃的磨砂面应朝向室内

D　中空玻璃的单面镀膜玻璃应在最外层

解析：依据2001版《装修验收规范》第5.6.9条，门窗玻璃不应直接接触型材，单面镀膜玻璃的镀膜层及磨砂玻璃的磨砂面应朝向室内；中空玻璃的单面镀膜玻璃应在最外层，镀膜层应朝向室内。

答案：B

26-4-70　(2004) 下列哪个施工程序是正确的?

A　吊顶工程的面板安装完毕前，应完成吊顶内管道和设备的调试及验收

B　吊顶工程在安装面板前，应完成吊顶内管道和设备的调试及验收

C　吊顶工程在安装面板过程中，应同时进行吊顶内管道和设备的调试及验收

D　吊顶工程完工验收前，应完成吊顶内管道和设备的调试及验收

解析：依据《装修验收标准》第7.1.10条，安装面板前应完成吊顶内管道和设备的调试及验收。其目的是避免渗漏、维修等造成面板污损、破坏。

答案：B

26-4-71　(2004) 吊顶工程中，当吊杆长度大于下列哪个数值时，应设置反支撑?

A　0.5m　　　B　1.0m　　　C　1.5m　　　D　2.0m

解析：依据《装修验收标准》第7.1.11条，吊顶工程中，当吊杆长度大于

1.5m时，应设置反支撑。其目的是保证吊顶平整、稳定，特别是吊杆细、刚度差时更应注意。

答案：C

26-4-72 (2004) 室内使用花岗石饰面板，指出下列哪项是必须进行复验的？

A 放射性　B 抗压强度　C 抗冻性　D 抗折强度

解析：《装修验收标准》第9.1.3条第1款规定：对室内使用花岗石板的放射性，必须进行复验。

答案：A

26-4-73 (2004) 幕墙工程应对所用石材的性能指标进行复验，下列性能中哪项是规范未要求的？（有改动）

A 石材的抗压强度　B 石材的抗弯强度

C 寒冷地区室外用石材的抗冻性　D 室内用花岗石的放射性

解析：依据《装修验收标准》第11.1.3条第2款，幕墙工程应对下列材料及其性能指标进行复验：石材的抗弯强度；严寒、寒冷地区石材的抗冻性；室内用花岗石的放射性。

答案：A

26-4-74 (2004) 幕墙工程中，立柱和横梁等主要受力构件，其截面受力部分的壁厚应经计算确定，并且钢型材壁厚不应小于下列哪个数值？

A 2.5mm　B 3mm　C 3.5mm　D 4mm

解析：2001版《装修验收规范》第9.1.9条规定：幕墙工程中，立柱和横梁等主要受力构件，其截面受力部分的壁厚应经计算确定，且铝合金型材壁厚不应小于3.0mm，钢型材壁厚不应小于3.5mm。

答案：C

26-4-75 (2004) 玻璃幕墙用钢化玻璃表面不得有损伤，多少厚度以下的的钢化玻璃应进行引爆处理？

A 4mm　B 5mm　C 6mm　D 8mm

解析：2001版《装修验收规范》第9.2.4条第5款规定：玻璃幕墙用钢化玻璃表面不得有损伤；8mm厚度以下的的钢化玻璃应进行引爆处理。

答案：D

26-4-76 (2004) 旧墙工程裱糊前，首先要清除疏松的旧装修层，同时还应采取下列哪项措施？（有改动）

A 涂刷界面处理剂　B 涂刷抗碱封闭底漆

C 涂刷封闭底胶　D 涂刷耐酸封闭底漆

解析：《装修验收标准》第13.1.4条第2款规定：粉化的旧墙面应先除去粉化层，并在刮涂腻子前涂刷一层界面处理剂。

答案：A

26-4-77 (2003) 建筑装饰装修工程所使用的材料、有关防火、防腐和防虫的问题，下列哪个说法是正确的？

A 按设计要求进行防火、防腐、防虫处理

B　按监理的要求进行防火、防腐、防虫处理

C　按业主的要求进行防火、防腐、防虫处理

D　按施工单位的经验进行防火、防腐、防虫处理

解析：《装修验收标准》第3.2.8规定：建筑装饰装修工程所使用的材料应按设计要求进行防火、防腐和防虫处理。

答案：A

26-4-78　**（2003）建筑装饰装修工程现场配制的砂浆、胶粘剂等应符合下列哪一条？**

A　按施工单位的经验进行配制　　B　按设计要求或产品说明书配制

C　按业主的要求配制　　D　按监理的要求配制

解析：2001版《装修验收规范》第3.2.10条规定：现场配制的材料如砂浆、胶粘剂等，应按设计要求或产品说明书配制。

答案：B

26-4-79　**（2003）对建筑装饰装修工程施工单位的基本要求，下列哪条处理是符合规范规定的？**

A　具备丰富的施工经验

B　具备设计的能力

C　具备相应的施工资质并应建立质量管理体系

D　能领会设计意图，体现出设计的效果

解析：2001版《装修验收规范》第3.3.1条规定：承担建筑装饰装修工程施工的单位应具备相应的资质，并应建立质量管理体系。需注意，2018版《装修验收标准》对设计单位、施工单位的资质及质量管理体系的要求均不再列入标准中。

答案：C

26-4-80　**（2003）建筑装饰装修材料有关见证检验的要求，下列哪条是正确的？**

A　业主要求的项目

B　监理要求的项目

C　设计要求的项目

D　当国家规定或合同约定的，或对材料的质量发生争议时

解析：《装修验收标准》第3.2.6条规定：当国家规定或合同约定应对材料进行见证检测时，或对材料的质量发生争议时，应进行见证检验。

答案：D

26-4-81　**（2003）一般抹灰中的高级抹灰表面平整度的允许偏差，下列哪个是符合规范规定的？**

A　1mm　　B　2mm　　C　3mm　　D　4mm

解析：《装修验收标准》第4.2.10条规定：一般抹灰工程质量的允许偏差和检验方法应符合表4.2.10（题26-4-81解表）的规定。由表可知，高级抹灰的允许偏差均为3mm，普通抹灰则均为4mm。

一般抹灰的允许偏差和检验方法　　题 26-4-81 解表

项次	项　目	允许偏差（mm）		检 验 方 法
		普通抹灰	高级抹灰	
1	立面垂直度	4	3	用 2m 垂直检测尺检查
2	表面平整度	4	3	用 2m 靠尺和塞尺检查
3	阴阳角方正	4	3	用 200mm 直角检测尺检查
4	分格条（缝）直线度	4	3	拉 5m 线，不足 5m 拉通线，用钢直尺检查
5	墙裙、勒脚上口直线度	4	3	拉 5m 线，不足 5m 拉通线，用钢直尺检查

答案： C

26-4-82 **（2003）斩假石表面平整度的允许偏差值，下列哪个是符合规范规定的？**

A　2mm　　B　3mm　　C　4mm　　D　5mm

解析：《装修验收标准》第 4.4.8 条规定：装饰抹灰工程质量的允许偏差和检验方法应符合表 4.4.8（见题 26-4-82 解表）的规定。由表可知为 3mm。

装饰抹灰的允许偏差和检验方法　　题 26-4-82 解表

项次	项　目	允许偏差（mm）				检 验 方 法
		水刷石	斩假石	干粘石	假面砖	
1	立面垂直度	5	4	5	5	用 2m 垂直检测尺检查
2	表面平整度	3	3	5	4	用 2m 靠尺和塞尺检查
3	阳角方正	3	3	4	4	用 200mm 直角检测尺检查
4	分格条（缝）直线度	3	3	3	3	拉 5m 线，不足 5m 拉通线，用钢直尺检查
5	墙裙、勒脚上口直线度	3	3	—	—	拉 5m 线，不足 5m 拉通线，用钢直尺检查

答案： B

26-4-83 **（2003，2005）采用湿作业法施工的石材饰面板工程，下列哪种做法是正确的？**

A　石材应进行防碱背涂处理　　B　石材应进行防酸背涂处理

C　石材背面不应有严重污染　　D　石材背面应浇水湿润

解析：采用湿作业法安装天然石材时，由于背后所灌的水泥砂浆在水化时析出大量的氢氧化钙，一定时间后会泛到石材表面，产生不规则的花斑，俗称泛碱现象，严重影响建筑石材饰面的装饰效果。因此，《装修验收标准》第 9.2.7 条规定，采用湿作业法施工的石板工程，石板应进行防碱封闭处理。注意：新版标准的“防碱封闭”处理较原规范“防碱背涂”处理增加了对侧棱的处理。

答案： A

26-4-84 **（2003）推拉自动门安装的质量要求，下列哪条是不正确的？**

A　门框固定扇内侧对角线长度差允许偏差 6mm

B　开门响应时间小于 0.5s

C　堵门保护延时为16～20s

D　门扇全开启后保持时间为13～17s

解析：《装修验收标准》表6.5.10（见题26-4-84解表1）规定了自动门安装的允许偏差和检验方法。表6.5.8（见题26-4-84解表2）规定了推拉自动门的感应时间限值和检验方法。可见，选项A不符合规范，该偏差远远超过了解表1第5项的2mm最大限值，门口不方，将严重影响开关和密闭性能。

自动门安装的允许偏差和检验方法　　题26-4-84解表1

项次	项　　目	允许偏差（mm）				检验方法
		推拉自动门	平开自动门	折叠自动门	旋转自动门	
1	上框、平梁水平度	1	1	1	—	用1m水平尺和塞尺检查
2	上框、平梁直线度	2	2	2	—	用钢直尺和塞尺检查
3	立框垂直度	1	1	1	1	用1m垂直检测尺检查
4	导轨和平梁平行度	2	—	2	2	用钢直尺检查
5	门框固定扇内侧对角线尺寸	2	2	2	2	用钢卷尺检查
6	活动扇与框、横梁、固定扇间隙差	1	1	1	1	用钢直尺检查
7	板材对接缝平整度	0.3	0.3	0.3	0.3	用2m靠尺和塞尺检查

推拉自动门的感应时间限值和检验方法　　题26-4-84解表2

项次	项　　目	感应时间限值（s）	检验方法
1	开门响应时间	≤0.5	用秒表检查
2	堵门保护延时	16～20	用秒表检查
3	门扇全开启后保持时间	13～17	用秒表检查

答案：A

26-4-85　（2003）单块玻璃的面积大于下列哪一数值时，就应使用安全玻璃？

A　1.0m^2　　B　1.5m^2　　C　2.0m^2　　D　2.5m^2

解析：2001版《装修验收规范》第5.6.2条规定：玻璃的品种、规格、尺寸、色彩、图案和涂膜朝向应符合设计要求，单块玻璃大于1.5m^2时应使用安全玻璃。需注意，2018版《装修验收标准》不再规定何时使用安全玻璃。

答案：B

26-4-86　（2003）无下框外门扇与地面间留缝限值中下列哪个是符合规范规定的？（有改动）

A　3～4mm　　B　4～7mm　　C　7～8mm　　D　9～10mm

解析：《装修验收标准》第6.2.12条：平开木门窗安装的留缝限值、允许偏差和检验方法应符合题26-4-68解表的规定。由表第10项可知，无下框外门扇与地面间留缝限值为4～7mm。

答案：B

26-4-87 （2003，2004）关于玻璃安装下列哪种说法是不正确的？

A 门窗玻璃不应直接接触型材

B 单面镀膜玻璃的镀膜层应朝向室内

C 磨砂玻璃的磨砂面应朝向室外

D 中空玻璃的单面镀膜玻璃应在最外层

解析：2001版《装修验收规范》第5.6.9条规定：门窗玻璃不应直接接触型材。单面镀膜玻璃的镀膜层及磨砂玻璃的磨砂面应朝向室内。中空玻璃的单面镀膜玻璃应在最外层，镀膜层应朝向室内。

答案：C

26-4-88 （2003，2004，2006）建筑幕墙工程中立柱和横梁等主要受力构件，其铝合金型材和钢型材截面受力部分的最小壁厚分别不应小于（　　）。

A 2.0mm，3.5mm　　B 3.0mm，3.5mm

C 3.0mm，5.0mm　　D 3.5mm，5.0mm

解析：2001版《装修验收规范》第9.1.9条规定：立柱和横梁等主要受力构件，其截面受力部分的壁厚应经计算确定，且铝合金型材壁厚不应小于3.0mm，钢型材壁厚不应小于3.5mm。

答案：B

（五）地 面 工 程

26-5-1 （2010）地面基层土应均匀密实，压实系数应符合设计要求，设计无要求时，最小不应小于（　　）。

A 0.80　　B 0.85　　C 0.90　　D 0.95

解析：《地面验收规范》第4.2.7条规定：基土应均匀密实，压实系数应符合设计要求，设计无要求时，不应小于0.9。

答案：C

26-5-2 （2010）当水泥混凝土垫层铺设在基土上，且气温长期处于0℃以下时，应设置（　　）。

A 伸缩缝　　B 沉降缝　　C 施工缝　　D 膨胀带

解析：《地面验收规范》第4.8.1条规定：水泥混凝土垫层应铺设在基土上。当气温长期处于0℃以下，设计无要求时，垫层应设置伸缩缝，伸缩缝的位置、嵌缝做法等应与面层伸缩缝相一致。

答案：A

26-5-3 （2010）铺设整体地面面层时，其水泥类基层的抗压强度最低不得小于（　　）。

A 1.0MPa　　B 1.2MPa　　C 1.5MPa　　D 1.8MPa

解析：《地面验收规范》第5.1.2条规定：铺设整体地面面层时，水泥类基层的抗压强度不得小于1.2MPa。

答案：B

26-5-4 （2010）关于活动地板的构造做法，错误的是（　　）。

A　活动地板所有的支座柱和横梁应构成框架一体，并与基层连接牢固

B　活动地板块应平整、坚实，面层承载力不得小于规定数值

C　当活动地板不符合模数时，在现场根据实际尺寸切割板块后即可镶补安装

D　在预留洞口处，活动地板块四周侧边应用耐磨硬质板材封闭或用镀锌钢板包裹，胶条封边应符合耐磨要求

解析：《地面验收规范》第6.7.7条规定：当活动地板不符合模数时，不足部分可在现场根据实际尺寸将板块切割后镶补，并应配装相应的可调支撑和横梁，切割边不经处理不得镶补安装，并不得有局部膨胀变形情况。

答案：C

26-5-5 （2010）地面工程中，水泥混凝土整体面层错误的做法是（　　）。

A　强度等级不应小于C20　　B　铺设时不得留施工缝

C　养护时间不少于3d　　D　抹平应在水泥初凝前完成

解析：《地面验收规范》第5.1.4条规定：水泥混凝土整体面层施工后，养护时间不应少于7d。

答案：C

26-5-6 （2009）地面工程中，三合土垫层的拌合材料除石灰、砂外还有（　　）。

A　碎砖　　B　碎石　　C　黏土　　D　碎混凝土块

解析：《地面施工验收规范》第4.6.1条规定：地面工程中，三合土垫层的拌合材料除石灰、砂外还有碎砖。

答案：A

26-5-7 （2009）地面垫层最小厚度不应小于60mm的是（　　）。

A　砂石垫层　　B　碎石垫层

C　炉渣垫层　　D　水泥混凝土垫层

解析：《地面施工验收规范》第4.8.2条规定：水泥混凝土垫层厚度不应小于60mm。4.4.1条、4.5.1条分别规定了砂石、碎石垫层不小于100mm；4.7.1条规定炉渣垫层不小于80mm。

答案：D

26-5-8 （2009）水磨石地面面层的厚度在正常情况下宜为（　　）。

A　2～5mm　　B　5～12mm

C　12～18mm　　D　18～25mm

解析：《地面施工验收规范》第5.4.1条规定：水磨石地面面层厚度除有特殊要求外，宜为12～18mm。

答案：C

26-5-9 （2009）不导电的料石面层的石料应采用（　　）。

A　花岗岩　　B　石灰岩　　C　辉绿岩　　D　大理石

解析：《地面施工验收规范》第6.5.3条规定：不导电的料石面层的石料应采用辉绿岩加工制成。

答案：C

26-5-10 (2009) 磨光花岗石板材不得用于室外地面的主要原因是( )。

A 易遭受机械作用破坏　　B 易滑伤人

C 易受大气作用风化　　D 易造成放射性超标

解析：依据《地面施工验收规范》条文说明第6.3.1条，磨光花岗石板材不得用于室外地面的主要原因是易滑伤人。

答案：B

26-5-11 (2008) 建筑地面基层土应均匀密实，压实系数应符合设计要求，设计无要求时，不应小于( )。

A 0.6　　B 0.7　　C 0.8　　D 0.9

解析：《地面施工验收规范》第4.2.7条规定：建筑地面基层土应均匀密实，压实系数应符合设计要求，设计无要求时，不应小于0.9。

答案：D

26-5-12 (2008) 建筑地面施工中，当水泥混凝土垫层长期处于0℃气温以下时，应设置( )。

A 伸缩缝　　B 沉降缝　　C 施工缝　　D 分格缝

解析：《地面施工验收规范》第4.8.1条规定：建筑地面施工中，当水泥混凝土垫层长期处于0℃气温以下时，垫层应设置伸缩缝；缝的位置、嵌缝做法等应与面层伸缩缝相一致。

答案：A

26-5-13 (2008) 关于地面工程施工中活动地板的表述，下列哪项不正确？

A 活动地板所有的支架柱和横梁应构成框架一体，并与基层连接牢固

B 活动地板块应平整、坚实

C 当活动地板不符合模数时，可在现场根据实际尺寸将板块切割后镶补，切割边必须经过处理

D 活动地板在门口或预留洞口处，其四周侧边应用同色木质板材封闭

解析：《地面施工验收规范》第6.7.8条规定：活动地板在门口处或预留洞口处，应符合设置构造要求，四周侧边应用耐磨硬质板材封闭或用镀锌钢板包裹，胶条封边应符合耐磨要求。

答案：D

26-5-14 (2007) 地面工程中，关于水泥混凝土整体面层，下述做法哪项不正确？

A 强度等级不应小于C20　　B 铺设时不得留施工缝

C 养护时间不少于7d　　D 抹平应在水泥终凝前完成

解析：《地面施工验收规范》第5.1.6条规定，水泥混凝土整体面层施工中，抹平应在水泥初凝前完成，压光则应在水泥终凝前完成。另第5.1.4条、第5.2.2条和第5.2.5条有A、B、C项要求。

答案：D

26-5-15 (2007) 地面工程施工时，基土填土时哪一种土不属于严禁采用的土？

A 耕植土　　B 含5%有机质的土

C 冻土　　D 膨胀土

解析：《地面施工验收规范》第 4.2.5 条规定：基土不应用淤泥、腐殖土、冻土、耕植土、膨胀土和建筑杂土作为填土。《建筑地基基础工程施工规范》GB 51004—2015 第 8.5.2 条规定，基坑回填不得采用有机质含量大于 5%的土料。《土方与爆破工程施工及验收规范》GB 50201—2012 第 4.5.3-3 条规定，草皮土和有机质含量大于 8%的土不应用于有压实要求的回填区域。可见，含 5%有机质的土可以使用。

答案：B

26-5-16 **（2007）地面工程施工中，铺设整体面层时，水泥类基层的抗压强度不得小于（　　）。**

A　0.6MPa　　B　1.0MPa　　C　1.2MPa　　D　2.4MPa

解析：《地面施工验收规范》第 5.1.2 条规定：地面工程施工中，铺设整体面层时，水泥类基层的抗压强度不得小于 1.2MPa。

答案：C

26-5-17 **（2007）地面工程施工时，铺设板块面层的结合层应采用（　　）。**

A　水泥砂浆　　B　水泥混合砂浆

C　石灰砂浆　　D　水泥石灰砂浆

解析：《地面施工验收规范》第 6.1.3 条规定：地面工程施工时，铺设板块面层的结合层和板块间填缝应采用水泥砂浆（砂浆中的水泥应采用硅酸盐水泥、普通硅酸盐水泥或矿渣硅酸盐水泥）。

答案：A

26-5-18 **（2007）地面工程施工时，水泥混凝土垫层铺设在基土上，当气温长期处在哪种温度以下时应设置伸缩缝？**

A　0℃　　B　5℃　　C　10℃　　D　20℃

解析：《地面施工验收规范》第 4.8.1 条规定：地面工程施工时，水泥混凝土垫层铺设在基土上，当气温长期处在 0℃以下，设计无要求时，垫层应设置伸缩缝。

答案：A

26-5-19 **（2006）建筑地面工程的分项工程施工质量检验时，认定为合格的质量标准的叙述，下列哪项是错误的？**

A　主控项目 80%以上的检查点（处）符合规定的质量标准

B　一般项目 80%以上的检查点（处）符合规定的质量要求

C　其他检查点（处）不得有明显影响使用的质量缺陷

D　其他检查点（处）的质量缺陷不得大于允许偏差值的 50%

解析：《地面施工验收规范》第 3.0.22 条规定：建筑地面工程的分项工程施工质量检验的主控项目，应达到本规范规定的质量标准，认定为合格；一般项目 80%以上的检查点（处）符合本规范规定的质量要求，其他检查点（处）不得有明显影响使用处，且最大偏差值不超过允许偏差值的 50%为合格。主控项目应 100%符合规定的质量标准。

答案：A

26-5-20 **(2006) 建筑地面工程中水泥混凝土垫层，当设计无要求，气温长期处于以下何项时，垫层应设置伸缩缝？**

A ≤－5℃　B ≤0℃　C ≤4℃　D ≤5℃

解析：《地面施工验收规范》第4.8.1条规定：地面工程施工时，水泥混凝土垫层铺设在基土上，当气温长期处在0℃以下，设计无要求时，垫层应设置伸缩缝。

答案：B

26-5-21 **(2006) 建筑地面工程中的不发火（防爆的）面层，在原材料选用和配制时，下列哪项不正确？**

A 采用碎石的不发火性必须合格

B 砂的粒径宜为0.15～5mm

C 面层分格的嵌条应采用不发生火花的材料配制

D 配制时应抽查

解析：《地面施工验收规范》第5.7.4条规定：不发火（防爆的）面层中碎石的不发火性必须合格；砂的粒径应为0.15～5mm。面层分格的嵌条应采用不发生火花的材料配制。配制时应随时检查，不得混入金属或其他易发生火花的杂质。故D不符合规范要求。

答案：D

26-5-22 **(2005) 水泥混凝土整体面层施工后，养护时间最少为(　　)。**

A 3d　B 7d　C 10d　D 14d

解析：《地面施工验收规范》第5.1.4条规定：水泥混凝土整体面层施工后，养护时间不应少于7d，抗压强度应达到5MPa后，方准上人行走。

答案：B

26-5-23 **(2005) 关于水泥混凝土面层铺设，下列正确的说法是(　　)。**

A 不得留施工缝

B 在适当的位置留施工缝

C 可以铺设在混合砂浆垫层之上

D 水泥混凝土面层兼垫层时，其强度等级不应小于C20

解析：《地面施工验收规范》第5.2.2条规定：水泥混凝土面层铺设不得留施工缝。

答案：A

26-5-24 **(2005) 彩色水磨石地坪中颜料的适宜掺入量占水泥的重量百分比为(　　)。**

A 1%～3%　B 2%～4%

C 3%～6%　D 4%～8%

解析：《地面施工验收规范》第5.4.2条规定：彩色水磨石地坪中颜料的适宜掺入量占水泥的重量百分比为3%～6%或由试验确定。

答案：C

26-5-25 **(2005) 板块类踢脚线施工时不得采用混合砂浆打底，是为了防止板块类踢脚出现下述哪种现象？**

A 泛碱　　B 空鼓　　C 翘曲　　D 脱落

解析：依据《地面施工验收规范》条文说明第6.1.7条，板块类踢脚线施工时不得采用混合砂浆打底，是为了防止板块类踢脚线的空鼓。

答案：B

26-5-26　(2005) 建筑地面工程施工中，塑料板面采用焊接接缝时，其焊缝的抗拉强度不得小于塑料板强度的百分比为(　　)。

A 75%　　B 80%　　C 85%　　D 90%

解析：《地面施工验收规范》第6.6.12条规定：建筑地面工程施工中，塑料板面采用焊接接缝时，其焊缝的抗拉强度不得小于塑料板强度的75%。

答案：A

26-5-27　(2005) 实木地板面层铺设时，与墙之间应留多大的空隙？

A 3～10mm　　B 5～10mm　　C 6～10mm　　D 8～12mm

解析：《地面施工验收规范》第7.2.5条规定：实木地板面层铺设时，与墙之间应留8～12mm的空隙。

答案：D

26-5-28　(2004) 水磨石地面面层的施工，下列哪条不正确？

A 水磨石面层厚度除有特殊要求外，不宜小于25mm

B 白色或浅色水磨石面层应用白水泥

C 水磨石面层的水泥与石粒体积配合比为1∶1.5～1∶2.5

D 普通水磨石面层磨光遍数不少于3遍

解析：依据《地面施工验收规范》第5.4.2条、5.4.5条和5.4.9条有B、C、D项要求。第5.4.1条规定：水磨石面层厚度除有特殊要求外，宜为12～18mm。

答案：A

26-5-29　(2004) 硬木实木地板面层的表面平整度，下列哪项符合规范要求？

A 2.0mm（用2m靠尺和楔形塞尺检查）

B 3.0mm（用2m靠尺和楔形塞尺检查）

C 4.0mm（用5m通线和钢尺检查）

D 5.0mm（用5m通线和钢尺检查）

解析：依据《地面施工验收规范》第7.1.8条表7.1.8第2项，硬木实木地板面层的表面平整度为2.0mm，并用2m靠尺和楔形塞尺检查。

答案：A

26-5-30　(2004) 下列块材面层地面的表面平整度哪项不正确？

A 水泥花砖3.0mm　　B 水磨石板块3.0mm

C 大理石（或花岗石）2.0mm　　D 缸砖4.0mm

解析：依据《地面施工验收规范》第6.1.8条表6.1.8（见题26-5-30解表）第1项，A、B、D项正确，大理石（或花岗石）面层地面的表面平整度允许偏差值为1.0mm。

板、块面层的允许偏差和检验方法　　　题 26-5-30 解表

项次	项目	允许偏差（mm）											检验方法
		陶瓷锦砖、高级水磨石板、陶瓷地砖面层	缸砖面层	水泥花砖面层	水磨石板块面层	大理石、花岗石、人造石、金属板面层	塑料板面层	水泥混凝土板块面层	碎拼大理石、碎拼花岗石面层	活动地板面层	条石面层	块石面层	
1	表面平整度	2	4	3	3	1	2	4	3	2	10	10	用 2m 靠尺和楔形塞尺检查
2	缝格平直	3	3	3	3	2	3	3	—	2.5	8	8	拉 5m 线和用钢尺检查
3	接缝高低差	0.5	1.5	0.5	1	0.5	0.5	1.5	—	0.4	2	—	用钢尺和楔形塞尺检查
4	踢脚线上口平直	3	4	—	4	1	2	4	1	—	—	—	拉 5m 线和用钢尺检查
5	板块间隙宽度	2	2	2	2	1	—	6	—	0.3	5	—	用钢尺检查

答案： C

26-5-31　(2004) 大理石（或花岗石）地面面层的接缝高低差，下列哪项是正确的？

A　0.5mm　　B　0.8mm　　C　1.0mm　　D　1.2mm

解析： 依据《地面施工验收规范》第 6.1.8 条表 6.1.8（见题 26-5-30 解表）第 3 项，大理石（或花岗石）地面面层的接缝高低差为 0.5mm。

答案： A

26-5-32　(2004) 水泥混凝土楼梯踏步的施工质量，下列哪条不符合规定？

A　踏步的齿角整齐

B　相邻踏步高度差不大于 20mm

C　每步踏步两端宽度差不大于 10mm

D　旋转楼梯每步踏步的两端宽度差不大于 5mm

解析：《地面施工验收规范》第 5.2.10 条规定：楼梯踏步的高度、宽度应符合设计要求；楼层梯段相邻踏步高度差不应大于 10mm，每踏步两端宽度差不应大于 10mm；旋转楼梯梯段的每踏步两端宽度允许偏差不应大于 5mm；踏面面层应做防滑处理，齿角应整齐。

答案： B

26-5-33　(2003) 有防水要求的建筑地面（含厕浴间），下列哪条是错误的？

A　设置了防水隔离层

B 采用了现浇混凝土楼板

C 楼板四周（除门洞外）做了不小于60mm高的混凝土翻边

D 楼板混凝土强度等级不小于C20

解析：《地面施工验收规范》第4.10.11条规定：厕浴间和有防水要求的建筑地面必须设置防水隔离层；楼层结构必须采用现浇混凝土或整块预制混凝土板，混凝土强度等级不应小于C20；房间的楼板四周除门洞外应做混凝土翻边，高度不应小于200mm，宽同墙厚，混凝土强度等级不应小于C20；施工时结构层标高和预留孔洞位置应准确，严禁乱凿洞。可见，C选项楼板翻边高度60mm远小于200mm的规定。

答案：C

26-5-34 (2003) 水泥砂浆地面面层的允许偏差检验，下列哪项是不正确的？

A 表面平整度4mm

B 踢脚线上口平直8mm

C 缝格平直3mm

D 上列检验方法分别采用2m靠尺或5m线

解析：《地面施工验收规范》第5.1.7条规定，整体面层的允许偏差和检验方法应符合表5.1.7（见题26-5-34解表）的规定。由表第4列可见，B选项8mm远大于规定的4mm。

整体面层的允许偏差和检验方法 题26-5-34解表

项次	项目	允许偏差（mm）									检验方法
		水泥混凝土面层	水泥砂浆面层	普通水磨石面层	高级水磨石面层	硬化耐磨面层	防油渗混凝土和不发火（防爆）面层	自流平面层	涂料面层	塑胶面层	
1	表面平整度	5	4	3	2	4	5	2	2	2	用2m靠尺和楔形塞尺检查
2	踢脚线上口平直	4	4	3	3	4	4	3	3	3	拉5m线和用钢尺检查
3	缝格顺直	3	3	3	2	3	3	2	2	2	

答案：B

26-5-35 (2003) 铺设中密度（强化）复合地板面层时，下列哪条是不正确的？

A 相邻条板端头应错开不小于300mm距离

B 面层与墙之间应留不小于10mm空隙

C 表面平整度控制在3mm内

D 板缝拼缝平直控制在3mm内

解析：题中所指强化复合地板也称浸渍纸层压木质地板。《地面施工验收规范》第7.4.3条规定，浸渍纸层压木质地板面层铺设时，相邻板材接头位置应错开不小于300mm的距离；与柱、墙之间应留出不小于10mm的空隙。表7.1.8列出了允许偏差和检验方法（见题26-5-35解表）。由表可见，选项C表面平整度控制不符合规范在2mm内的要求。

木、竹面层的允许偏差和检验方法　　　　题26-5-35解表

项次	项　目	允　许　偏　差（mm）				检验方法
		实木地板、实木集成地板、竹地板面层			浸渍纸层压木质地板、实木复合地板、软木类地板面层	
		松木地板	硬木地板、竹地板	拼花地板		
1	板面缝隙宽度	1	0.5	0.2	0.5	用钢尺检查
2	表面平整度	3	2	2	2	用2m靠尺和楔形塞尺检查
3	踢脚线上口平齐	3	3	3	3	拉5m线和用钢尺检查
4	板面拼缝平直	3	3	3	3	
5	相邻板材高差	0.5	0.5	0.5	0.5	用钢尺和楔形塞尺检查
6	踢脚线与面层的接缝	1				楔形塞尺检查

答案：C

26-5-36　（2003）实木地板施工时，下列哪条是不正确的？

A　毛地板铺设时板间缝隙不大于3mm

B　毛地板与墙之间留有8～12mm空隙

C　面层铺设时，面板与墙之间留有8～12mm空隙

D　木踢脚线与面层的接缝允许有3mm偏差值

解析：《地面施工验收规范》第7.2.4规定，当面层下铺设垫层地板时，垫层地板的髓心应向上，板间缝隙不应大于3mm，与柱、墙之间应留8～12mm的空隙，表面应刨平。第7.2.5条规定，实木地板、实木集成地板、竹地板面层铺设时，相邻板材接头位置应错开不小于300mm的距离；与柱、墙之间应留8～12mm的空隙。由题26-5-35解表可见，选项D木踢脚线与面层的接缝允许有3mm不合规范。

答案：D

26-5-37　（2003）大理石（或花岗石）块材面层施工时，下列哪条是不正确的？

A　铺设前应将板材浸湿、晾干

B　控制块材面层的缝格平直，5m线内的偏差不大于2mm

C　板块间隙宽度不大于2mm

D　如发现块材有裂缝、掉角、翘曲要剔除

解析：《地面施工验收规范》第6.3.3条规定，铺设大理石、花岗石面层前，板材应浸湿、晾干；结合层与板材应分段同时铺设。第6.3.2条规定，板材有裂缝、掉角、翘曲和表面有缺陷时应予剔除。第6.1.8条规定，板块面层的允许偏差和检验方法应符合表6.1.8（见题26-5-30解表）的规定。由表可

见，C选项花岗石、大理石缝隙宽度超过了规范规定的1mm。

答案： C

26-5-38 (2003) 大理石（或花岗石）地面楼梯踏步面层的施工，下列哪条是不符合规定的？

A 地面的表面平整度不大于1mm

B 地面接缝高低差不大于1mm

C 楼梯踏步相邻两步高度差不大于10mm

D 楼梯踏步和台阶板块的缝隙宽度应一致

解析： 由题26-5-30解表可知，地面的表面平整度不大于1mm，地面接缝高低差不大于0.5mm。《地面施工验收规范》第6.3.10条规定：楼梯、台阶踏步的宽度、高度应符合设计要求；踏步板块的缝隙宽度应一致，楼层梯段相邻踏步高度差不应大于10mm，每踏步两端宽度差不应大于10mm。可见，选项B不符合规范规定。

答案： B

26-5-39 灰土垫层应采用熟化石灰与黏土的拌合料铺设，其厚度不应小于(　　)mm。

A 60　　B 100　　C 120　　D 150

解析：《地面施工验收规范》第4.3.1条规定：灰土垫层应采用熟化石灰与黏土的拌合料铺设，其厚度不应小于100mm。

答案： B

26-5-40 在地面找平施工中，水泥砂浆体积比和水泥混凝土强度等级应符合设计要求，水泥砂浆体积比不应小于(　　)，水泥混凝土强度等级不应小于(　　)。

A 1∶2，C10　　B 1∶3，C15　　C 1∶3，C10　　D 1∶2.5，C20

解析：《地面施工验收规范》第4.9.7条规定：水泥砂浆体积比和水泥混凝土强度等级应符合设计要求，水泥砂浆体积比不应小于1∶3，水泥混凝土强度等级不应小于C15。

答案： B

26-5-41 水泥混凝土楼梯踏步面层宽度和高度，应符合设计要求，楼梯段相邻踏步高度差不大于(　　)mm，每踏步两端宽度差不应大于(　　)mm。

A 5，5　　B 6，6　　C 8，8　　D 10，10

解析：《地面施工验收规范》第5.2.10条规定，水泥混凝土楼梯、踏步面层宽度和高度，应符合设计要求，楼梯段相邻踏步高度差不大于10mm，每踏步两端宽度差不应大于10mm。

答案： D

26-5-42 建筑地面工程施工时，各层环境温度及所铺设材料的温度应符合规定，下列中何者不符合规范？

A 当采用砂、石材料铺设时，环境温度不应小于0℃

B 采用掺有水泥的拌合料铺设找平层时，环境温度不应小于5℃

C 采用沥青胶结料作为结合层时，环境温度不应小于8℃

D 当采用胶粘剂粘贴时，环境温度不应小于10℃

解析：由《地面施工验收规范》第3.0.11条可知A、B、D项正确。采用沥青胶结材料作为结合层时，环境温度不应小于5℃。所以选项C不符合规范要求。

答案：C

26-5-43　以下几种地面垫层的厚度中，何者不符合规范要求？

A　砂垫层厚度不应小于60mm

B　砂石垫层厚度不应小于100mm

C　碎石垫层厚度不应小于60mm

D　碎砖垫层厚度不应小于100mm

解析：《地面施工验收规范》第4.5.1条规定：碎石垫层厚度不应小于100mm，而不是60mm，所以C不符合规范要求。其他各条均符合规范规定。

答案：C

26-5-44　活动地板面层质量标准中规定，地板块应平整、坚实，其面层承载力不应小于(　　)MPa。

A 2　　B　5.5　　C　7.5　　D　6

解析：《地面施工验收规范》第6.7.3条规定，活动地板面层承载力不应小于7.5MPa。

答案：C

26-5-45　在预制钢筋混凝土板上铺设找平层时，板缝填嵌的施工要求：预制钢筋混凝土板相邻缝底宽不应小于(　　)mm，且填缝采用的细石混凝土，其强度等级不得小于(　　)

A　40，C30　　B　20，C20

C　30，C15　　D　60，C10

解析：依据《地面施工验收规范》第4.9.4条的第1、3款可知，在预制钢筋混凝土板上铺设找平层时，板缝填嵌的施工要求：预制钢筋混凝土板相邻缝底宽不应小于20mm，且填缝采用的细石混凝土，其强度等级不得小于C20。

答案：B

26-5-46　在三合土垫层施工中，要求熟化石灰颗粒粒径不应大于(　　)mm，碎砖颗粒粒径不应大于(　　)mm。

A　3，50　　B　5，60　　C　4，55　　D　6，80

解析：《地面施工验收规范》第4.6.3条规定：熟化石灰颗粒粒径不应大于5mm，碎砖不应采用风化、酥松和有有机杂质的砖料，颗粒粒径不应大于60mm。

答案：B

26-5-47　检查防水隔离层应采用蓄水检验。蓄水深度最浅处不得小于(　　)mm，蓄水时间不得少于24h。

A　10　　B　15　　C　20　　D　25

解析：依据《地面施工验收规范》第3.0.24条第3款，检查防水隔离层应采用蓄水方法；蓄水深度最浅处不得小于10mm，蓄水时间不得少于24h。

答案：A

《建筑施工》相关规范全称、简称对照表

序　号	名　称	编　号	简　称
1	砌体结构工程施工规范	GB 50924—2014	《砌体施工规范》
2	砌体结构工程施工质量验收规范	GB 50203—2011	《砌体施工验收规范》
3	混凝土结构工程施工规范	GB 50666—2011	《混凝土施工规范》
4	混凝土结构工程施工质量验收规范	GB 50204—2015	《混凝土施工验收规范》
5	屋面工程质量验收规范	GB 50207—2012	《屋面验收规范》
6	地下防水工程质量验收规范	GB 50208—2011	《地下防水验收规范》
7	建筑装饰装修工程质量验收标准	GB 50210—2018	《装修验收标准》
8	建筑装饰装修工程质量验收规范	GB 50210—2001	2001 版《装修验收规范》
9	建筑地面工程施工质量验收规范	GB 50209—2010	《地面施工验收规范》

二十七 设计业务管理[1]

(一) 注册建筑师的权利、义务及注册、执业等方面的规定

27-1-1 (2009) 一级注册建筑师考试内容分成九个科目进行考试。科目考试合格有效期为(　　)。

A 五年　　B 八年　　C 十年　　D 长期有效

解析:《建筑师条例细则》第八条规定:一级注册建筑师考试内容包括建筑设计前期工作、场地设计、建筑设计与表达、建筑结构、环境控制、建筑设备、建筑材料与构造、建筑经济、施工与设计业务管理、建筑法规等。上述内容分成若干科目进行考试。科目考试合格有效期为八年。

二级注册建筑师考试内容包括场地设计、建筑设计与表达、建筑结构与设备、建筑法规、建筑经济与施工等。上述内容分成若干科目进行考试。科目考试合格有效期为四年。

答案: B

27-1-2 (2009) 某建筑师在通过一级注册建筑师考试并获得一级执业资格证书后出国留学。四年后他回国想申请注册,请问他需要如何完成注册?

A 直接向全国注册建筑师管理委员会申请注册

B 达到继续教育要求后,向户口所在地的省、自治区、直辖市注册建筑师管理委员会申请注册

C 达到继续教育要求后,向受聘设计单位所在地的省、自治区、直辖市注册建筑师管理委员会申请注册

D 重新参加一级注册建筑师考试通过后申请注册

解析:《建筑师条例细则》第十八条规定:初始注册者可以自执业资格证书签发之日起三年内提出申请;逾期未申请者,须符合继续教育的要求后方可申请初始注册。

初始注册需要提交下列材料:

(一) 初始注册申请表;

(二) 资格证书复印件;

(三) 身份证明复印件;

(四) 聘用单位资质证书副本复印件;

---

[1] 本章及后面几套考试题的解析中有的法律、法规引用次数较多,我们采用了简称,并在本章末列出了这些法律、法规的简称、全称对照表,供查阅。

（五）与聘用单位签订的聘用劳动合同复印件；

（六）相应的业绩证明；

（七）逾期初始注册的，应当提交达到继续教育要求的证明材料。

第三十四条　注册建筑师在每一注册有效期内应当达到全国注册建筑师管理委员会制定的继续教育标准。继续教育作为注册建筑师逾期初始注册、延续注册、重新申请注册的条件之一。

答案：C

27-1-3　(2009) 下列关于注册建筑师不予注册的叙述，(　　)是与规定一致的。

A　因受刑事处罚，自刑罚执行完毕之日起至申请注册之日止不满2年的

B　因在建筑设计中犯有错误受行政处罚，自处罚决定之日起至注册之日不满2年的

C　因在建筑设计相关业务中犯有错误受撤职以上处分，自处分决定之日起至注册之日不满5年的

D　受吊销注册建筑师证书的行政处罚，自处罚决定之日起至申请注册之日止不满2年的

解析：《注册建筑师条例》第十三条规定，有下列情形之一的，不予注册：

（一）不具有完全民事行为能力的；

（二）因受刑事处罚，自刑罚执行完毕之日起至申请注册之日止不满5年的；

（三）因在建筑设计或者相关业务中犯有错误受行政处罚或者撤职以上行政处分，自处罚之日止不满2年的；

（四）受吊销注册建筑师证书的行政处罚，自处罚决定之日起至申请注册之日止不满5年；

（五）有国务院规定不予注册的其他情形的。

答案：B

27-1-4　(2009) 下列关于取得注册建筑师资格证书人员进行执业活动的叙述，(　　)是正确的。

A　可以受聘于建筑工程施工单位从事建筑设计工作

B　可以受聘于建设工程监理单位从事建筑设计工作

C　可以受聘于建设工程施工图审查单位从事建筑设计技术咨询工作

D　可以独立执业从事建筑设计并对本人主持设计的项目进行施工指导和监督工作

解析：《注册建筑师条例》第二十一条规定："注册建筑师执行业务，应当加入建筑设计单位"。

答案：C

27-1-5　(2009) 建设主管部门履行监督检查职责时，有权采取的措施中，下列(　　)是错误的。

A　可以要求被检查的注册建筑师提供资格证书、注册证书、执业印章、设计文件

B 可以进入建筑师受聘单位进行检查，查阅相关资料

C 可以纠正违反有关法律、法规和有关规范、标准的行为

D 可以在检查期间暂时停止注册建筑师正常的执业活动

解析：《建筑师条例细则》第三十七条规定，建设主管部门履行监督检查职责时，有权采取下列措施：

（一）要求被检查的注册建筑师提供资格证书、注册证书、执业印章、设计文件（图纸）；

（二）进入注册建筑师聘用单位进行检查，查阅相关资料；

（三）纠正违反有关法律、法规和本细则及有关规范和标准的行为。

答案：D

27-1-6 （2008）关于注册建筑师的权利与义务，以下（　　）叙述是不准确的。

A 注册建筑师有权以注册建筑师的名义执行注册建筑师业务

B 所有房屋建筑，均应由注册建筑师设计

C 注册建筑师应当保守在执业中知悉的单位和个人的秘密

D 注册建筑师不得准许他人以本人名义执行业务

解析：从《注册建筑师条例》第二十五条及第二十八条（三）、（五）款可知，题中A、C、D项正确，第二十六条又规定：国家规定的一定跨度、跨径和高度以上的房屋建筑，应当由注册建筑师进行设计。

答案：B

27-1-7 （2008）根据《中华人民共和国注册建筑师条例》，注册有效期满需要延续注册的，应当在期满前多少日内办理注册手续？

A 30日　　B 60日　　C 180日　　D 365日

解析：《建筑师条例细则》第十九条规定：注册建筑师每一注册有效期为二年；注册建筑师注册有效期满需继续执业的，应在注册有效期届满三十日前，按照本细则第十五条规定的程序申请延续注册；延续注册有效期为二年。

答案：A

27-1-8 （2008）根据《中华人民共和国注册建筑师条例》，注册建筑师注册的有效期是（　　）。

A 一年　　B 二年　　C 三年　　D 五年

（注：此题2004年考过）

解析：《注册建筑师条例》第十七条规定：注册建筑师注册的有效期为2年；有效期届满需要继续注册的，应当在期满前30日内办理注册手续。

答案：B

27-1-9 （2008）以不正当手段取得注册建筑师考试合格资格的，处以下哪种处罚？

A 停止申请参加考试二年　　B 取消考试合格资格

C 处5万元以下罚款　　D 给予行政处分

解析：《注册建筑师条例》第二十九条规定：以不正当手段取得注册建筑师考试合格资格或者注册建筑师证书的，由全国注册建筑师管理委员会或者省、自治区、直辖市注册建筑师管理委员会取消考试合格资格或者吊销注册建筑

师证书；对负有直接责任的主管人员和其他直接责任人员，依法给予行政处分。

答案：B

27-1-10　(2008) 关于注册建筑师执业，以下(　　)论述是不正确的。

A　注册建筑师一经注册，便可以以个人名义执业

B　一级注册建筑师执业范围不受建筑规模和工程复杂程度的限制，但要符合所加入建筑设计单位资质等级及其业务范围

C　注册建筑师执行业务，由建筑设计单位统一接受委托，并统一收费

D　注册建筑师的执业范围包括建筑物调查及鉴定

解析：《注册建筑师条例》第三十一条规定：注册建筑师违反本条例规定，有下列行为之一的，由县级以上人民政府建设行政主管部门责令停止违法活动，没收违法所得，并可以处以违法所得5倍以下的罚款；情节严重的，可以责令停止执行业务或者由全国注册建筑师管理委员会或者省、自治区、直辖市注册建筑师管理委员会吊销注册建筑师证书。

（一）以个人名义承接注册建筑师业务、收取费用的；

（二）同时受聘于二个以上建筑设计单位执行业务的；

（三）在建筑设计或者相关业务中侵犯他人合法权益的；

（四）准许他人以本人名义执行业务的；

（五）二级注册建筑师以一级注册建筑师的名义执行业务或者超越国家规定的执业范围执行业务的。

答案：A

27-1-11　(2008) 关于二级注册建筑师执业印章的使用效力，以下(　　)解释是不正确的。

A　在国家允许的执业范围内均有效

B　可以在甲级建筑设计单位内使用

C　限注册地的省、自治区、直辖市内使用

D　全国通用

解析：二级注册建筑师的执业印章也可以全国通用。

答案：C

27-1-12　(2007) 准许他人以本人名义执行业务的注册建筑师除受到责令停止违法活动、没收违法所得处罚外，还可处以下列哪项罚款？

A　10万元以下　　B　违法所得5倍以下

C　违法所得2～5倍　　D　5万元

解析：见27-1-10题解析中《注册建筑师条例》第三十一条的规定。

答案：B

27-1-13　(2007) 因建筑设计质量而造成的经济损失应按下列(　　)办法赔偿。

A　仅由签字注册建筑师赔偿

B　由签字注册建筑师赔偿，同时他有权向所在单位追偿

C　仅由建筑设计单位赔偿

D　由建筑设计单位赔偿，同时单位有权向签字注册建筑师追偿

解析：《注册建筑师条例》第二十四条规定：因设计质量造成的经济损失，由建筑设计单位承担赔偿责任；建筑设计单位有权向签字的注册建筑师追偿。

答案：D

27-1-14　(2007) 注册建筑师发生了下列(　　)情形不必由注册管理机构收回注册建筑师证书。

A　完全丧失民事行为能力

B　因在相关业务中犯有错误而受到撤职以上行政处分

C　因工作纠纷受到建设单位举报

D　自行停止注册建筑师业务满 2 年

解析：《注册建筑师条例》第十八条规定，已取得注册建筑师证书的人员，注册后有下列情形之一的，由注册单位撤销注册，收回注册建筑师证书：（一）完全丧失民事行为能力的；（二）受刑事处罚的；（三）因在建筑设计或者相关业务中犯有错误，受到行政处罚或者撤职以上行政处分的；（四）自行停止注册建筑师业务满 2 年的；（五）国家建设行政主管部门发现有关注册建筑师管理委员会违反注册规定，对不合格人员进行注册的。

答案：C

27-1-15　(2006) 以下哪一条不属于注册建筑师的执业范围?

A　建筑设计　　　　B　城市规划设计

C　建筑物调查和鉴定　　　　D　建筑设计技术咨询

解析：《注册建筑师条例》第二十条规定，注册建筑师的执业范围：（一）建筑设计；（二）建筑设计技术咨询；（三）建筑物调查与鉴定；（四）对本人主持设计的项目进行施工指导和监督；（五）国务院建设行政主管部门规定的其他业务。

答案：B

27-1-16　(2006) 注册建筑师以个人名义承接注册建筑师业务、收取费用的可以处以罚款，罚款数额为(　　)。

A　2 万元　　　　B　5 万元

C　违法所得的 2 倍以上　　　　D　违法所得的 5 倍以下

解析：见 27-1-10 题解析中《注册建筑师条例》第三十一条的规定。

答案：D

27-1-17　(2006) 某建筑师于 2000 年参加注册建筑师执业资格考试合格，并于当年取得执业资格考试合格证书，但一直未经注册，也未参加继续教育，(　　)后将不予注册?

A　2002 年　　B　2004 年　　C　2005 年　　D　2010 年

解析：《建筑师条例细则》第十八条规定：初始注册者可以自执业资格证书签发之日起三年内提出申请；逾期未申请者，须符合继续教育的要求后方可申请初始注册。

答案：B

27-1-18 (2005) 注册建筑师发生下列情形时应撤销其注册，其中(　　)是错误的。

A 因在建筑设计中犯有错误，受到撤职行政处分的

B 因在建筑设计中犯有错误，受到行政处罚的

C 受刑事处罚的

D 自行停止注册建筑师业务满一年的

解析： 见27-1-14题解析中《注册建筑师条例》第十八条的规定。

答案： D

27-1-19 (2005)《中华人民共和国注册建筑师条例》对注册建筑师的(　　)方面未作规定?

A 考试　　B 职称　　C 注册　　D 执业

解析：《注册建筑师条例》第三条规定：注册建筑师的考试、注册和执业，适用本条例。

答案： B

27-1-20 (2005) 下列关于注册建筑师执业范围的表述中，(　　)是正确的。

A 受正式委托对建设项目进行施工管理

B 房地产开发

C 建筑物调查

D 地方建设行政主管部门规定的其他业务

解析： 见27-1-15题解析中《注册建筑师条例》第二十条的规定。

答案： C

27-1-21 (2005) 根据《中华人民共和国注册建筑师条例》，(　　)不属于注册建筑师应当履行的义务?

A 保守在执业中知悉的个人秘密　　B 向社会普及建筑文化知识

C 维护社会公共利益　　D 遵守法律

解析：《注册建筑师条例》第二十八条规定，注册建筑师应当履行下列义务：(一) 遵守法律、法规和职业道德，维护社会公共利益；(二) 保证建设设计的质量，并在其负责的设计图纸上签字；(三) 保守在执业中知悉的单位和个人的秘密；(四) 不得同时受聘于两个以上建筑设计单位执行业务；(五) 不得准许他人以本人名义执行业务。

答案： B

27-1-22 (2005) 某建筑设计人员不是注册建筑师却以注册建筑师的名义从事执业活动，有关部门追究了他的法律责任，其中不当的是(　　)。

A 责令停止违法活动　　B 没收违法所得

C 处以罚款　　D 给予行政处分

解析：《注册建筑师条例》第三十条规定：未经注册擅自以注册建筑师名义从事注册建筑师业务的，由县级以上人民政府建设行政主管部门责令停止违法活动，没收违法所得，并可以处以违法所得5倍以下的罚款；造成损失的，应当承担赔偿责任。

答案：D

27-1-23 (2004) 一名一级注册建筑师加入了(　　)单位后，不得执行注册建筑师的业务。

A 国家规定最低资质等级的建筑设计单位

B 省、自治区、直辖市建设行政主管部门颁发资质证书的建筑设计单位

C 景观设计单位

D 股份制建筑设计公司

解析：景观设计公司不需要建筑工程设计资质，所以在景观公司不能执行注册建筑师的业务。

答案：C

27-1-24 (2004) 下列哪一项不包括在注册建筑师的执业范围内？

A 古建筑修复设计

B 对本人主持设计的项目进行施工指导和监督

C 室内外环境设计

D 施工项目经理从业

解析：见27-1-15题解析中《注册建筑师条例》第二十条的规定。

答案：D

27-1-25 (2004) 注册建筑师有下列行为之一且情节严重的，将会被吊销注册建筑师证书，其中(　　)是错误的。

A 以个人名义承接注册建筑师业务的　B 以个人名义收取费用的

C 准许他人以本人名义执行业务的　D 因设计质量造成经济损失的

解析：见27-1-10题解析中《注册建筑师条例》第三十一条的规定。

答案：D

27-1-26 (2004) 依照注册建筑师条例规定，下列何者不是注册建筑师应当履行的义务？

A 保守在执业中知悉的个人秘密

B 不得同时受聘于两个以上建筑设计单位执行业务

C 不得准许他人以本人名义执行业务

D 服从法定代表人或其授权代表的管理

解析：见27-1-21题解析中《注册建筑师条例》第二十八条的规定。

答案：D

(二) 设计文件编制的有关规定

27-2-1 (2009) 当建筑装修确定后，关于通风、空调平面施工图的绘制要求，以下叙述正确的是(　　)。

A 通风、空调平面用双线绘出风管，单线绘出空调冷热水、凝结水等管道

B 通风、空调平面用单线绘出风管，双线绘出空调冷凝水、凝结水等管道

C 通风、空调平面均用双线绘出风管、空调冷凝水、凝结水等管道

D　通风、空调平面均用单线绘出风管、空调冷凝水、凝结水等管道

解析：《设计文件深度规定》第 4.7.5 条 平面图

1　绘出建筑轮廓、主要轴线号、轴线尺寸、室内外地面标高、房间名称。底层平面图上绘出指北针。

2　采暖平面绘出散热器位置，注明片数或长度，采暖干管及立管位置、编号；管道的阀门、放气、泄水、固定支架、伸缩器、入口装置、减压装置、疏水器、管沟及检查人孔位置。注明干管管径及标高。

3　二层以上的多层建筑，其建筑平面相同的，采暖平面二层至顶层可合用一张图纸，散热器数量应分层标注。

4　通风、空调、防排烟风道平面用双线绘出风道，标注风道尺寸（圆形风道注管径、矩形风道注宽×高），标注风道定位尺寸、标高及风口尺寸，各种设备及风口安装的定位尺寸和编号；消声器，调节阀、防火阀等各种部件位置，标注风口设计风量（当区域内各风口设计风量相同时，也可按区域标注设计风量）。

5　当建筑装修未确定时，风管和水管可先出单线走向示意图，注明房间送、回风量或风机盘管数量、规格，建筑装修确定后，应按规定要求绘制平面图。

注意：2017 年关于设计深度有新文件，此题是 2009 年的试题，所以仍按老的文件条文编号解释。

答案：A

27-2-2　**（2009）初步设计阶段，设计单位经济专业应提供（　　）。**

A　经济分析表　　B　投资估算表　　C　工程概算书　　D　工程预算书

解析：《设计文件深度规定》第 3.10.1 条规定：建设项目设计概算是初步设计文件的重要组成部分。

答案：C

27-2-3　**（2009）抗震设防烈度为（　　）及以上地区的建筑，必须进行抗震设计。**

A　5 度　　B　6 度　　C　7 度　　D　8 度

解析：《建筑抗震设计规范》GB 50011—2010 第 1.0.2 条规定：抗震设防烈度为 6 度以上地区的建筑，必须进行抗震设计。

答案：B

27-2-4　**（2008）编制建设工程初步设计文件时，应当满足下列哪些需要？**

Ⅰ.编制工程预算；Ⅱ.编制施工图设计文件；Ⅲ.主要设备材料订货；Ⅳ.非标准设备制作

A　Ⅰ、Ⅱ、Ⅲ、Ⅳ　　B　Ⅰ、Ⅲ、Ⅳ　　C　Ⅱ、Ⅲ、Ⅳ　　D　Ⅰ、Ⅱ、Ⅲ

解析：《设计管理条例》第二十六条规定：编制建设工程勘察文件，应当真实、准确，满足建设工程规划、选址、设计、岩土治理和施工的需要。编制方案设计文件，应当满足编制初步设计文件和控制概算的需要。编制初步设计文件，应当满足编制施工招标文件、主要设备材料订货和编制施工图设计文件的需要。编制施工图设计文件，应当满足设备材料采购、非标准设备制作和施工的需要，并注明建设工程合理使用年限。

答案：C

27-2-5 (2008) 民用建筑和一般工业建筑的初步设计文件包括内容有(　　)。

Ⅰ. 设计说明书；Ⅱ. 设计图纸；Ⅲ. 主要设备及材料表；Ⅳ. 工程预算书

A Ⅰ、Ⅱ　　B Ⅰ、Ⅱ、Ⅲ　　C Ⅱ、Ⅲ、Ⅳ　　D Ⅰ、Ⅱ、Ⅲ、Ⅳ

解析：《设计文件深度规定》第3.1.1条规定：初步设计文件有题中Ⅰ、Ⅱ、Ⅲ项内容及工程概算书，工程预算是施工图阶段才编制的。

答案：B

27-2-6 (2008) 某工程设计施工图即将出图时，国家颁布实施了有关新的设计规范，下列(　　)说法是正确的。

A 取得委托方同意后设计单位按新规范修改设计

B 设计单位按委托合同执行原规范，不必修改设计

C 设计单位按新规范修改设计应视为违约行为

D 设计单位应按新规范修改设计

解析：国家颁布实施了新的设计规范后，设计单位出的施工图均必须执行新规范。

答案：D

27-2-7 (2007) 编制建设工程勘察、设计文件的依据不包括(　　)。

A 项目批准文件

B 城市规划要求

C 工程监理单位要求

D 国家规定的建设工程勘察、设计深度要求

解析：《设计管理条例》第二十五条规定，编制建设工程勘察、设计文件，应当以下列规定为依据：（一）项目批准文件；（二）城市规划；（三）工程建设强制性标准；（四）国家规定的建设工程勘察、设计深度要求。

答案：C

27-2-8 (2007) 以下选项中(　　)不属于施工图设计文件编制深度要求。

A 能据以编制施工图预算

B 能据以安排材料、设备订货和非标准设备制作

C 落实工程项目建设资金

D 能据以进行工程验收

解析：工程项目建设资金的落实早应在施工图完成之前就完成。

答案：C

27-2-9 (2006) 下列对编制初步设计文件的要求，(　　)是错误的。

A 满足编制施工图设计文件的需要　　B 满足控制决算的需要

C 满足编制施工招标文件的需要　　D 满足主要设备材料订货的需要

解析：见27-2-3题解析中《设计管理条例》第二十六条的规定。

答案：B

27-2-10 (2005) 编制初步设计文件应当满足下列需要，其中错误的是(　　)。

A 应当满足编制施工招标文件的需要

B　应当满足主要设备材料订货的需要

C　应当满足编制投资估算的需要

D　应当满足编制施工图设计文件的需要

解析：见27-2-3题解析中《设计管理条例》第二十六条的规定。

答案：C

27-2-11　**经济合同的无效与否是由(　　)确认的。**

A　人民政府　　　　B　公安机关

C　人民检察院　　　D　人民法院或仲裁机构

解析：《民法典》第一百四十七条规定：基于重大误解实施的民事法律行为，行为人有权请求人民法院或仲裁机构予以撤销。

答案：D

(三) 工程建设强制性标准的有关规定

27-3-1　**(2009) 对工程建设设计阶段执行强制性标准的情况实施监督的部门为(　　)。**

A　建设项目规划审查机构　　　B　施工图设计文件审查单位

C　建筑安全监督管理机构　　　D　工程质量监督机构

解析：《房屋建筑和市政基础设施工程施工图设计文件审查管理办法》(建设部2004年第134号令) 第三条规定：施工图审查机构应按照有关法律、法规，对施工图涉及公共利益、公众安全和工程建设强制性标准的内容进行审查。

答案：B

27-3-2　**(2009) 施工单位发现某建设工程的阳台玻璃栏杆不符合强制性标准要求，施工单位该采取以下(　　)措施。**

A　修改设计文件，将玻璃栏杆换成符合强制性标准的金属栏杆

B　报告建设单位，由建设单位要求设计单位进行改正

C　在征得建设单位同意后，将玻璃栏杆换成符合强制性标准的金属栏杆

D　签写技术核定单，并交设计单位签字认可

解析：《设计管理条例》第二十八条规定：施工单位、监理单位发现建设工程勘察、设计文件不符合工程建设强制性标准、合同约定的质量要求的，应当报告建设单位，建设单位有权要求建设工程勘察、设计单位对建设工程勘察、设计文件进行补充、修改。

答案：B

27-3-3　**(2007) 某工程建设中拟采用现行强制性标准未作规定的国际标准，以下(　　)做法是正确的。**

A　建设单位向国务院建设行政主管部门或国务院有关主管部门备案

B　建设单位组织专题论证，报地方建设行政主管部门审定

C　地方建设行政主管部门组织专题论证，报国务院有关主管部门审定

D　地方建设行政主管部门审定，报国务院有关主管部门备案

解析：《强制性标准监督规定》第五条规定：工程建设中采用国际标准或者国外标准，现行强制性标准未作规定的，建设单位应当向国务院建设行政主管部门或者国务院有关行政主管部门备案。

答案：A

27-3-4　(2007) 对工程建设标准强制性条文所直接涉及的范围论述准确全面的是(　　)。

A　工程质量、安全　　B　工程质量、卫生及环境保护

C　工程质量、安全、卫生及环境保护　D　安全、卫生及环境保护

解析：《强制性标准监督规定》第三条规定：强制性标准是指直接涉及工程质量、安全、卫生及环境保护等方面的工程建设标准强制性条文。

答案：C

27-3-5　(2006) 国家工程建设强制性条文应由下列哪种机构确定？

A　国家标准化管理机关

B　国务院有关法制主管部门

C　国务院建设行政主管部门会同国务院其他有关行政主管部门确定

D　国务院建设行政主管部门会同有关标准制定机构确定

解析：《强制性标准监督规定》第三条规定：国务院建设行政主管部门会同国务院有关行政主管部门确定。

答案：C

27-3-6　(2005) 下列哪个单位负责对建筑设计阶段执行强制性标准的情况实施监督？

A　本设计单位的技术管理部门　　B　相关规划管理部门

C　相关施工图设计文件审查单位　　D　相关建设行政主管部门

解析：《强制性标准监督规定》第六条规定：施工图设计文件审查单位应当对工程建设勘察、设计阶段执行强制性标准的情况实施监督。

答案：C

27-3-7　(2004) 工程建设标准批准部门对工程项目执行强制性标准情况进行监督检查的下列内容中，(　　)不属于规定的内容。

A　工程项目的建设程序和进度是否符合强制性标准的规定

B　工程项目采用的材料是否符合强制性标准的规定

C　工程项目的安全、质量是否符合强制性标准的规定

D　工程中采用的手册的内容是否符合强制性标准的规定

解析：《强制性标准监督规定》第十条规定，强制性标准监督检查的内容包括：（一）有关工程技术人员是否熟悉、掌握强制性标准（二）工程项目的规划、勘察、设计、施工、验收等是否符合强制性标准的规定；（三）工程项目采用的材料、设备是否符合强制性标准的规定；（四）工程项目的安全、质量是否符合强制性标准的规定；（五）工程中采用的导则、指南、手册、计算机软件的内容是否符合强制性标准的规定。

答案：A

27-3-8 (2004) 工程建设中采用国际标准或者国外标准，现行强制性标准未作规定的，建设单位应当向国务院建设行政主管部门或者国务院有关行政主管部门做下列何种工作？

A 报批　　B 备案

C 报请组织专题论证　　D 报请列入强制性标准

解析：见27-3-3题解析中《强制性标准监督规定》第五条的规定。

答案：B

27-3-9 设计单位违反强制性标准进行设计，将受到何种处罚？

A 责令改正，并处10万～30万元的罚款

B 处50万元以下的罚款

C 处50万～100万元的罚款

D 处工程概算2%～5%的罚款

解析：《工程质量条例》第六十三条规定，违反本条例规定，有下列行为之一的，责令改正，处10万元以上30万元以下的罚款：

（一）勘察单位未按照工程建设强制性标准进行勘察的；

（二）设计单位未根据勘察成果文件进行工程设计的；

（三）设计单位指定建筑材料、建筑构配件的生产厂、供应商的；

（四）设计单位未按照工程建设强制性标准进行设计的。

有前款所列行为，造成工程质量事故的，责令停业整顿，降低资质等级；情节严重的，吊销资质证书；造成损失的，依法承担赔偿责任。

答案：A

（四）与工程设计有关的法规

27-4-1 (2009) 对建设项目方案设计招标投标活动实施监督管理的部门为(　　)。

A 乡镇级以上地方人民政府

B 县级以上地方人民政府

C 县级以上地方人民政府建设行政主管部门

D 市级以上建设行政主管部门

解析：《建筑工程设计方案招标投标管理办法》（2008年3月21日住建部发布）第五条规定：县级以上人民政府建设主管部门依法对本行政区域内建筑工程方案设计招标投标活动实施监督管理。

答案：C

27-4-2 (2009) 根据国家有关规定必须进行设计招标的为哪项？

A 单项合同估算价为200万元，须采用专有技术的某建筑工程

B 设计单项合同估算价为45万元的总投资额为2800万元的工程

C 部分使用国有企业事业单位自有资金，其余为私营资金共同出资投资的项目，其中国有资金占1/3的

D 使用外国政府及其机构贷款资金的项目

解析：《招投标法》第三条规定，在中华人民共和国境内进行下列工程建设项目包括项目的勘察、设计、施工、监理以及与工程建设有关的重要设备、材料等的采购，必须进行招标：

（一）大型基础设施、公用事业等关系社会公共利益、公众安全的项目；

（二）全部或者部分使用国有资金投资或者国家融资的项目；

（三）使用国际组织或者外国政府贷款、援助资金的项目。

注意：招投标法在2017年有了新的修改，但是涉及本题的答案没有变化。

答案：D

27-4-3 （2009）下列关于联合体投标的叙述，哪条是正确的？

A 法人、组织和自然人可以组成联合体，以一个投标人的身份共同投标

B 由同一个专业的单位组成的联合体，可按照资质等级较高的单位确定资质等级

C 当投标家数较多时，招标人可以安排投标人组成联合体共同投标

D 联合体各方应当签订共同投标协议，明确约定各方工作和责任，并将该协议连同投标文件一并提交招标人

解析：《招投标法》第三十一条规定：两个以上法人或者其他组织可以组成一个联合体，以一个投标人的身份共同投标。联合体各方均应当具备承担招标项目的相应能力；国家有关规定或者招标文件对投标人资格条件有规定的，联合体各方均应当具备规定的相应资格条件。由同一专业的单位组成的联合体，按照资质等级较低的单位确定资质等级。

联合体各方应当签订共同投标协议，明确约定各方拟承担的工作和责任，并将共同投标协议连同投标文件一并提交招标人。联合体中标的，联合体各方应当共同与招标人签订合同，就中标项目向招标人承担连带责任。招标人不得强制投标人组成联合体共同投标，不得限制投标人之间的竞争。

答案：D

27-4-4 （2009）设计公司给房地产开发公司寄送的公司业绩介绍及价目表属于（　　）。

A 合同　　B 要约邀请　　C 要约　　D 承诺

解析：《民法典》第四百七十三条规定：要约邀请是希望他人向自己发出要约的意思表示。拍卖公告、招标公告、招股说明书、商业广告、寄送的价目表等为要约邀请。商业广告的内容符合要约规定的，视为要约。

注意：《合同法》已被《民法典》第三编代替，但涉及此题的内容并未变化。

答案：B

27-4-5 （2009）建设工程合同包括的内容，下列哪条是正确的？

A 工程勘察、施工、监理合同　　B 工程勘察、设计、施工合同

C 工程勘察、设计、监理合同　　D 工程设计、施工、监理合同

解析：《民法典》第七百八十八条规定："建设工程合同包括工程勘察、设计、施工合同"。"监理合同"不属于工程合同。

答案： B

27-4-6 (2009) 下列关于设计分包的叙述，哪条是正确的?

A 设计承包人可以将自己的承包工程交由第三人完成，第三人为具备相应资质的设计单位

B 设计承包人经发包人同意，可以将自己承包的部分工程设计分包给自然人

C 设计承包人经发包人同意，可以将自己承包的部分工作分包给具备相应资质的第三人

D 设计承包人经发包人同意，可以将自己的全部工作分包给具有相应资质的第三人

解析：《设计管理条例》第十九条规定："除建设工程主体部分的勘察、设计外，经发包方书面同意，承包方可以将建设工程其他部分的勘察、设计再分包给其他具有相应资质等级的建设工程勘察、设计单位。"

答案： C

27-4-7 (2009) 对于在设计文件中指定使用不符合国家规定质量标准的建筑材料造成重大事故的设计单位，应按以下哪条处理?

A 责令改正及停业整顿，处以罚款，对造成损失的应承担相应的赔偿责任

B 责令改正及停业整顿，处以罚款，对造成损失的应承担相应的赔偿责任，降低资质等级，两年内不得升级

C 责令停业整顿，对造成损失的应承担相应的赔偿责任，降低资质等级，两年内不得升级

D 责令停业整顿，对造成损失的应承担相应的赔偿责任，降低资质等级，一年内不得升级

解析：《建筑法》第七十三条规定：建筑设计单位不按照建筑工程质量、安全标准进行设计的，责令改正，处以罚款；造成工程质量事故的，责令停业整顿，降低资质等级或者吊销资质证书，没收违法所得，并处罚款；造成损失的，承担赔偿责任；构成犯罪的，依法追究刑事责任。

《建设工程勘察和设计单位资质管理规定》第十九条　从事建设工程勘察、设计活动的企业，申请资质升级、资质增项，在申请之日起前一年内有下列情形之一的，资质许可机关不予批准企业的资质升级申请和增项申请：

……

（五）因勘察设计原因造成过重大生产安全事故的。

答案： D

27-4-8 (2009) 省会城市的城市总体规划，由下列哪个机构负责审批?

A 本市人民政府　　B 本市人民代表大会

C 省政府　　D 国务院

解析：《城乡规划法》第十四条规定，直辖市的城市总体规划由直辖市人民政府报国务院审批。

答案： D

27-4-9　(2009) 城市总体规划中近期建设规划的规划期限为(　　)。

A　三年　　B　五年　　C　十年　　D　二十年

解析:《城乡规划法》第十七条规定：城市总体规划的"规划期限一般为二十年"。

答案: D

27-4-10　(2008) 撤销要约时，撤销要约的通知应当在受要约人发出承诺通知前后的什么时间到达受要约人?

A　之前　　B　当日　　C　后五日　　D　后十日

(注：此题2007年考过)

解析:《民法典》第一百四十一条规定：行为人可以撤回意思表示，撤回意思表示通知应当在意思表示到达相对人前或者与意思表示同时到达相对人。

答案: A

27-4-11　(2008) 有关合同标的数量、质量、价款或者报酬、履行期限、履行地点和方式、违约责任和解决争议方法等的变更，是对要约内容什么性质的变更?

A　重要性　　B　必要性　　C　实质性　　D　一般性

解析:《民法典》第四百八十八条规定：承诺的内容应当与要约的内容一致。受要约人对要约的内容作出实质性变更的，为新要约。有关合同标的、数量、质量、价款或者报酬、履行期限、履行地点和方式、违约责任和解决争议方法等的变更，是对要约内容的实质性变更。

答案: C

27-4-12　(2008) 承诺通知到达要约人时生效。承诺不需要通知的，根据什么行为生效?

A　通常习惯或者要约的要求

B　交易习惯或者要约的要求做出承诺行为

C　要约的要求

D　通常习惯

解析:《民法典》第四百八十条规定：承诺应当以通知的方式作出，但根据交易习惯或者要约表明可以通过行为做出承诺的除外。

答案: B

27-4-13　(2008) 根据《建设工程质量管理条例》，在正常使用条件下，建设工程的给排水管道最低保修期限为几年?

A　1年　　B　2年　　C　3年　　D　4年

解析:《工程质量条例》第四十条规定：在正常使用条件下，建设工程的最低保修期限为：

(一) 基础设施工程、房屋建筑的地基基础工程和主体结构工程，为设计文件规定的该工程的合理使用年限；

(二) 屋面防水工程、有防水要求的卫生间、房间和外墙面的防渗漏，为5年；

(三) 供热与供冷系统，为2个采暖期、供冷期；

（四）电气管线、给排水管道、设备安装和装修工程，为2年。

其他项目的保修期限由发包方与承包方约定。建设工程的保修期，自竣工验收合格之日起计算。

答案： B

27-4-14 （2008）工程勘察设计单位超越其资质等级许可的范围承揽建设工程勘察设计业务的，将责令停止违法行为，处罚款额为合同约定的勘察费、设计费的多少倍？

A 1倍以下　　　　　　　　B 1倍以上，2倍以下

C 2倍以上，5倍以下　　　D 5倍以上，10倍以下

解析：《工程质量条例》第六十条规定：违反本条例规定，勘察、设计、施工、工程监理单位超越本单位资质等级承揽工程的，责令停止违法行为，对勘察、设计单位或者工程监理单位处合同约定的勘察费、设计费或者监理酬金1倍以上2倍以下的罚款；对施工单位处工程合同价款2%以上4%以下的罚款，可以责令停业整顿，降低资质等级；情节严重的，吊销资质证书；有违法所得的，予以没收。

未取得资质证书承揽工程的，予以取缔，依照前款规定处以罚款；有违法所得的，予以没收。以欺骗手段取得资质证书承揽工程的，吊销资质证书，依照本条第一款规定处以罚款；有违法所得的，予以没收。

答案： B

27-4-15 （2008）未编制分区规划的城市详细规划应由下列哪个机构负责审批？

A 市人民政府　　　　　　B 城市规划行政主管部门

C 区人民政府　　　　　　D 城市建设行政主管部门

（注：此题2007年考过）

解析：《城乡规划法》第十九条规定：城市人民政府城乡规划主管部门根据城市总体规划的要求，组织编制城市的控制性详细规划，经本级人民政府批准后，报本级人民代表大会常务委员会和上一级人民政府备案。

答案： A

27-4-16 （2007）以下哪项不属于注册建筑师继续注册提交的材料？

A 申请人注册期内无违反执业道德和身体情况说明

B 申请人注册期内完成继续教育的证明

C 申请人注册期内工作业绩证明

D 聘用单位的劳动合同

解析：《关于办理一级注册建筑师继续注册有关问题的通知》（[98]建设综字第99号）规定，继续注册要求提供材料：①继续注册申请表；②继续教育登记证书复印件；③申请人与聘用单位签订的继续聘用合同；④上一注册期内职业道德证明；⑤县级以上医院开具的体检证明。

C不属于要求提供的材料

答案： C

27-4-17 （2007）建筑设计单位允许其他单位或者个人以本单位的名义承揽工程建筑设

计的，除受到责令停止违法行为处罚外，还可处以下哪项罚款？

A　合同约定的设计费 1 倍以上 2 倍以下

B　10 万～30 万元

C　违法所得的 2～5 倍

D　10 万元以下

解析：《设计管理条例》第八条规定：禁止建设工程勘察、设计单位允许其他单位或者个人以本单位的名义承揽建设工程勘察、设计业务。第三十五条规定：违反本条例第八条规定的，责令停止违法行为，处合同约定的勘察费、设计费 1 倍以上 2 倍以下的罚款，有违法所得的，予以没收；可以责令停业整顿，降低资质等级；情节严重的，吊销资质证书。

答案：A

27-4-18　(2007) 建设工程的设计文件需要作重大修改的，建设单位应当报经以下哪个部门批准后，方可修改？

A　原审批机关　　B　工程监理单位

C　施工图审查机构　　D　勘察设计主管部门

解析：《设计管理条例》第二十八条规定：建设工程勘察、设计文件内容需要作重大修改的，建设单位应当报经原审批机关批准后，方可修改。

答案：A

27-4-19　(2007) 某建设工程由招标人向特定的 5 家设计院发出投标邀请书，此种招标方式是(　　)。

A　公开招标　　B　邀请招标　　C　议标　　D　内部招标

解析：《设计招投标办法》第十一条规定：招标人采用邀请招标方式的，应保证有三个以上具备承担招标项目勘察设计的能力，并具有相应资质的特定法人或者其他组织参加投标。

答案：B

27-4-20　(2007) 按照《招标投标法》，有关投标人的正确说法是(　　)。

Ⅰ. 投标的个人不适用《招标投标法》有关投标人的规定；

Ⅱ. 投标人应当具备承担招标项目的能力；

Ⅲ. 投标人应当具备规定的资格条件；

Ⅳ. 投标人应当按照招标文件的要求编制投标文件

A　Ⅰ、Ⅱ、Ⅲ　　B　Ⅰ、Ⅲ、Ⅳ

C　Ⅰ、Ⅱ、Ⅳ　　D　Ⅱ、Ⅲ、Ⅳ

解析：《招投标法》第二十六条　投标人应当具备承担招标项目的能力；国家有关规定对投标人资格条件或者招标文件对投标人资格条件有规定的，投标人应当具备规定的资格条件。

第二十七条　投标人应当按照招标文件的要求编制投标文件。投标文件应当对招标文件提出的实质性要求和条件作出响应。招标项目属于建设施工的，投标文件的内容应当包括拟派出的项目负责人与主要技术人员的简历、业绩和拟用于完成招标项目的机械设备等。

答案：D

27-4-21 （2007）编制投标文件最少所需的合理时间不应少于（　　）。

A 10日　　B 14日　　C 20日　　D 30日

解析：《设计招投标办法》第十九条规定：招标人应当确定潜在投标人编制投标文件所需要的合理时间。依法必须进行勘察设计招标的项目，自招标文件开始发出之日起至投标人提交投标文件截止之日止，最短不得少于二十日。

答案：C

补充说明：设计招标办法2017年有新文件，但此题内容不变。

27-4-22 （2007）根据《中华人民共和国合同法》，下列哪种情形要约失效？

A 要约人没有收到拒绝要约的通知

B 承诺期限届满，受要约人又做出承诺

C 受要约人对要约的内容做出变更

D 要约人依法撤销要约

解析：《民法典》第四百七十八条规定，有下列情形之一的，要约失效：（一）要约被拒绝；（二）要约被依法撤销；（三）承诺期限届满，受要约人未做出承诺；（四）受要约人对要约的内容作出实质性变更。

答案：D

27-4-23 （2007）债务人以明显不合理的低价转让财产，对债权人造成损害，并且受让人知道情形的，债权人可以请求哪个机构撤销债务人的行为？

A 人民法院　　B 仲裁机构

C 检察院　　D 政府部门

解析：《民法典》第五百三十九条规定：债务人以明显不合理的低价转让财产、以明显不合理的高价受让他人财产或者为他人的债务提供担保，影响债权人的债权实现，债务人的相对人知道或者应当知道该情形的，债权人可以请求人民法院撤销债务人的行为。

答案：A

27-4-24 （2007）关于临时建设、临时用地正确的表述是（　　）。

A 在城市规划区内不允许进行临时建设

B 临时建设和临时用地的具体规划管理办法由县级及县级以上人民政府制定

C 临时建设和临时用地的具体规划管理办法由省、自治区、直辖市人民政府的规划行政主管部门制定

D 临时建设和临时用地的具体规划管理办法由省、自治区、直辖市人民政府制定

解析：《城乡规划法》第四十四条规定：在城市、镇规划区内进行临时建设的，应当经城市、县人民政府城乡规划主管部门批准。临时建设影响近期建设规划或者控制性详细规划的实施以及交通、市容、安全等的，不得批准。

临时建设应当在批准的使用期限内自行拆除。

临时建设和临时用地规划管理的具体办法，由省、自治区、直辖市人民政府制定。

答案：D

27-4-25 **（2006）设计投标必须符合国家的招标投标法，以下哪一项叙述是不正确的？**

A 投标人应当按照招标文件的要求编制投标文件

B 投标人应对招标文件提出的实质性要求和条件做出响应

C 投标人少于3个，招标人应当依法重新招标

D 在招标文件要求提交投标文件的截止时间向后送达的投标文件，招标人可以在征得其他投标人同意后决定投标文件有效

解析：《招投标法》第二十八条规定：投标人应当在招标文件要求提交投标文件的截止时间前，将投标文件送达投标地点。招标人收到投标文件后，应当签收保存，不得开启。投标人少于三个的，招标人应当依照本法重新招标。在招标文件要求提交投标文件的截止时间后送达的投标文件，招标人应当拒收。

答案：D

27-4-26 **（2006）依据《中华人民共和国合同法》中的建设工程合同部分，以下哪一项叙述是不正确的？**

A 建设工程合同应当采用书面形式

B 建设工程合同是承包人进行工程建设，发包人支付价款的合同

C 建设工程合同包括设备和建筑材料采购合同

D 勘察、设计、施工承包人经发包人同意，可以将自己承包的部分工作交由第三人完成

解析：《合同法》第二百六十九条规定：建设工程合同是承包人进行工程建设，发包人支付价款的合同。建设工程合同包括工程勘察、设计、施工合同。B项是对的，C项不对。

第二百七十条规定：建设工程合同应当采用书面形式。A项是对的。

第二百七十二条规定：总承包人或者勘察、设计、施工承包人经发包人同意，可以将自己承包的部分工作交由第三人完成。D项是对的。

注意：《合同法》已被《民法典》第三编取代。在《民法典》第七百八十八条至七百九十一条等条文中有同样的表述，原题答案和解析仍可采用。

答案：C

27-4-27 **（2006）下列哪一项不属于设计单位必须承担的质量责任和义务？**

A 应当依法取得资质证书，并在其资质等级许可的范围内承担工程设计任务

B 必须按照工程建设强制性标准进行设计，并对其质量负责

C 在设计文件中选用的建筑材料和设备，应注明规格、型号、性能等技术指标，其质量应符合国家标准

D 设计单位应指定生产设备的厂家

解析：《工程质量条例》第二十二条规定：设计单位在设计文件中选用的建筑材料、建筑构配件和设备，应当注明规格、型号、性能等技术指标，其质量要求必须符合国家规定的标准。除有特殊要求的建筑材料、专用设备、工艺生产线等外，设计单位不得指定生产厂、供应商。

答案：D

27-4-28 **（2006）因发包人变更计划，而造成设计的停工，发包人应当（　　）。**

A　撤销原合同，签订新合同

B　说明原因后不增付费用

C　按照设计人实际消耗的工作量增付费用

D　支付合同约定的全部设计费

解析：《民法典》第八百零五条规定：因发包人变更计划，提供的资料不准确，或者未按照期限提供必需的勘察、设计工作条件而造成勘察、设计的返工、停工或者修改设计，发包人应当按照勘察人、设计人实际消耗的工作量增付费用。

答案：C

27-4-29 **（2006）建筑工程开工前，哪一个单位应当按照国家有关规定向工程所在地县级以上人民政府建设行政主管部门申请领取施工许可证？**

A　建设单位　　B　设计单位　　C　施工单位　　D　监理单位

解析：《建筑法》第七条规定：建筑工程开工前，建设单位应当按照国家有关规定向工程所在地县级以上人民政府建设行政主管部门申请领取施工许可证。

答案：A

27-4-30 **（2006）建设工程设计文件内容需要作重大修改时，正确的做法是（　　）。**

A　由建设单位报经原审批机关批准后，方可修改

B　由设计单位报经原审批机关批准后，方可修改

C　由建设单位和设计单位双方共同协商后，方可修改

D　由建设单位和监理单位双方共同协商后，方可修改

解析：《设计管理条例》第二十八条规定：建设工程勘察、设计文件内容需要作重大修改的，建设单位应当报经原审批机关批准后，方可修改。

答案：A

27-4-31 **（2005）建筑设计单位的资质是依据下列哪些条件划分等级的？**

Ⅰ. 注册资本；Ⅱ. 单位职工总数；Ⅲ. 专业技术人员；

Ⅳ. 工程业绩；Ⅴ. 技术装备

A　Ⅰ、Ⅱ、Ⅲ、Ⅳ　　B　Ⅱ、Ⅲ、Ⅳ、Ⅴ

C　Ⅰ、Ⅲ、Ⅳ、Ⅴ　　D　Ⅰ、Ⅱ、Ⅳ、Ⅴ

解析：《建设工程勘察设计资质管理规定》第三条规定：从事建设工程勘察、工程设计活动的企业，应当按照其拥有的注册资本、专业技术人员、技术装备和勘察设计业绩等条件申请资质。

答案：C

27-4-32 **（2005）根据《中华人民共和国建筑法》的规定，建筑工程保修范围和最低保修期限，由下列何者规定？**

A　由建设方与施工方协议规定

B　由省、自治区、直辖市建设行政主管部门规定

C　在相关施工规程中规定

D　由国务院规定

解析：《建筑法》第六十二条规定：建筑工程实行质量保修制度，具体的保修范围和最低保修期限由国务院规定。

答案：D

27-4-33　(2005) 按规定需要政府审批的项目，有下列情形之一的，经批准可以不进行设计招标，其中错误的是哪一项？

A　涉及国家秘密的

B　抢险救灾的

C　主要工艺采用特定专利或专有技术的

D　专业性强，能够满足条件的设计单位少于五家的

解析：《设计招投标办法》第四条规定，按照国家规定需要政府审批的项目，有下列情形之一的，经批准，项目的勘察设计可以不进行招标：（一）涉及国家安全、国家秘密的；（二）抢险救灾的；（三）主要工艺、技术采用特定专利或者专有技术的；（四）技术复杂或专业性强，能够满足条件的勘察设计单位少于三家，不能形成有效竞争的；（五）已建成项目需要改、扩建或者技术改造，由其他单位进行设计影响项目功能配套性的。

答案：D

27-4-34　(2005)《中华人民共和国合同法》规定的建设工程合同是指以下哪几类合同？

Ⅰ. 勘察合同；Ⅱ. 设计合同；Ⅲ. 施工合同；Ⅳ. 监理合同；Ⅴ. 采购合同

A　Ⅰ、Ⅱ、Ⅲ　　　　B　Ⅱ、Ⅲ、Ⅳ

C　Ⅲ、Ⅳ、Ⅴ　　　　D　Ⅱ、Ⅲ、Ⅴ

解析：《合同法》第二百六十九条规定：建设工程合同是承包人进行工程建设，发包人支付价款的合同。建设工程合同包括工程勘察、设计、施工合同。监理合同是咨询服务合同，采购合同是与物资厂家签订的买卖合同，均不属于建筑工程合同。

注意：《民法典》中相应条文为第七百八十八条。

答案：A

27-4-35　(2005)《中华人民共和国合同法》规定，设计单位未按照期限提交设计文件，给建设单位造成损失的，除应继续完善设计外，还应(　　)。

A　只减收设计费

B　只免收设计费

C　全额收取设计费后视损失情况给予全额赔偿

D　减收或免收设计费并赔偿损失

解析：《合同法》第二百八十条规定：勘察、设计的质量不符合要求或者未按照期限提交勘察、设计文件拖延工期，造成发包人损失的，勘察人、设计人应当继续完善勘察、设计，减收或者免收勘察、设计费并赔偿损失。

注意：《民法典》中相应论述在第八百条。

答案：D

27-4-36　(2005) 选用通用设备时，不得在设计文件中标注下列哪项内容？

A 设备规格　　B 设备性能　　C 设备型号　　D 设备厂家

解析：根据《质量管理条例》第二十二条：除有特殊要求的建筑材料、专用设备、工艺生产线等外，设计单位不得指定生产厂、供应商。

答案：D

27-4-37　(2005) 施工单位发现设计文件存在问题需要修改，应如何做才是正确的?

A 向建设单位报告后由原设计单位处理

B 经建设单位同意自行修改设计文件

C 经监理单位同意自行修改设计文件

D 与监理单位共同修改设计文件

解析：《设计管理条例》第二十八条规定：建设单位、施工单位、监理单位不得修改建设工程勘察、设计文件；确需修改建设工程勘察、设计文件的，应当由原建设工程勘察、设计单位修改。施工单位、监理单位发现建设工程勘察、设计文件不符合工程建设强制性标准、合同约定的质量要求的，应当报告建设单位，建设单位有权要求建设工程勘察、设计单位对建设工程勘察、设计文件进行补充、修改。

答案：A

27-4-38　(2005) 建筑工程招标的开标、评标、定标由哪个单位依法组织实施?

A 招标公司　　B 公证机关　　C 建设单位　　D 施工单位

解析：《建筑法》第二十一条规定：建筑工程招标的开标、评标、定标由建设单位依法组织实施。

答案：C

27-4-39　(2005) 何单位在竣工验收后几个月内，应当向城市规划行政主管部门报送竣工资料?

A 建设单位，3个月　　B 建设单位，6个月

C 施工单位，3个月　　D 施工单位，6个月

解析：《城乡规划法》第四十五条规定：建设单位应当在竣工验收后6个月内向城乡规划主管部门报送有关竣工验收资料。

答案：B

27-4-40　(2004) 承接下列建设工程的勘察、设计，经过批准可以直接发包，其中错误的是哪一种?

A 采用特定专利的　　B 采用特定专有技术的

C 建筑艺术造型有特殊要求的　　D 建筑使用功能有特殊要求的

解析：《设计管理条例》第十六条规定，下列建设工程的勘察、设计，经有关主管部门批准，可以直接发包：（一）采用特定的专利或者专有技术的；（二）建筑艺术造型有特殊要求的；（三）国务院规定的其他建设工程的勘察、设计。

答案：D

27-4-41　(2004) 在工程设计招投标中，下列哪种情况不会使投标文件成为废标?

A 投标文件未经密封　　B 无总建筑师签字

C　未加盖投标人公章　　　　　　　D　未响应招标文件的条件

解析：《设计招投标办法》第三十六条规定，投标文件有下列情况之一的，应做废标处理或被否决：（一）未按要求密封；（二）未加盖投标人公章，也未经法定代表人或者其授权代表签字；（三）投标报价不符合国家颁布的勘察设计取费标准，或者低于成本恶性竞争的；（四）未响应招标文件的实质性要求和条件的；（五）以联合体形式投标，未向招标人提交共同投标协议的。

答案： B

27-4-42　(2004) 申请领取施工许可证，应当具备下列条件，其中错误的是(　　)。

A　已经办理该建筑工程用地批准手续

B　依法应当办理建设工程规划许可证的已取得规划许可证

C　需要拆迁的，已经办理拆迁批准手续

D　已经确定建筑施工企业

解析：《建筑法》第八条规定，申请领取施工许可证，应当具备下列条件：（一）已经办理该建筑工程用地批准手续；（二）在城市规划区的建筑工程，依法应当办理建设工程规划许可证的已经取得规划许可证；（三）需要拆迁的，其拆迁进度符合施工要求；（四）已经确定建筑施工企业；（五）有满足施工需要的资金安排施工图纸及技术资料；（六）有保证工程质量和安全的具体措施。

答案： C

27-4-43　(2004) 下列关于建设工程合同的说法，其中错误的是(　　)。

A　建设工程合同是发包人进行发包，承包人进行投标的合同

B　建设工程合同应当采用书面形式

C　订立建设工程合同，不得与法律法规相违背

D　发包人可以与总承包人订立建设工程合同

解析：根据《民法典》第七百八十九条、七百九十条和七百九十一条可知B、C、D正确；又第七百八十八条规定："建设工程合同是承包人进行工程建设，发包人支付价款的合同"，是工程实施合同，不是发包、投标合同，因此A项的表述不对。

答案： A

27-4-44　(2004) 下列关于建设工程合同的说法，其中错误的是(　　)。

A　建设工程合同包括勘察、设计和施工合同

B　勘察设计合同的内容包括提交有关基础资料和文件的期限等

C　施工合同的内容包括质量保修范围和质量保证期等

D　勘察、设计、施工等承包人可以将其承包的全部工程分别转包给一至二个分承包商

解析：根据《民法典》第七百八十八条、七百九十四条和七百九十五条可知A、B、C正确。第七百九十一条规定：承包人经发包人同意，可以将自己承包的部分工作交由第三人完成，但不得将承包的全部建设工程转包给第三人。

答案： D

27-4-45 **(2004) 下列哪一部法律、法规规定，编制施工图设计文件，应当注明建设工程合理使用年限?**

A 中华人民共和国建筑法　　B 中华人民共和国注册建筑师条例

C 建设工程勘察设计管理条例　　D 中华人民共和国招标投标法

解析：《设计管理条例》第二十六条规定：编制施工图设计文件，应当满足设备材料采购、非标准设备制作和施工的需要，并注明建设工程合理使用年限。

答案： C

27-4-46 **(2004) 建设工程设计单位对施工中出现的设计问题，应当采取下列(　　)做法。**

A 应当及时解决　　B 应当有偿解决

C 应当与建设单位签订服务合同解决　　D 没有义务解决

解析：《设计管理条例》第三十条规定：建设工程勘察、设计单位应当在建设工程施工前，向施工单位和监理单位说明建设工程勘察、设计意图，解释建设工程勘察、设计文件。建设工程勘察、设计单位应当及时解决施工中出现的勘察、设计问题。

答案： A

27-4-47 **(2004) 施工单位在施工过程中发现设计文件和图纸有差错的，应当采取下列(　　)做法。**

A 及时修改设计文件和图纸　　B 及时提出意见和建议

C 施工中自行纠正设计错误　　D 坚持按图施工

解析：《设计管理条例》第二十八条规定：施工单位、监理单位发现建设工程勘察、设计文件不符合工程建设强制性标准、合同约定的质量要求的，应当报告建设单位，建设单位有权要求建设工程勘察、设计单位对建设工程勘察、设计文件进行补充、修改。

答案： B

27-4-48 **(2004) 下列建设工程竣工验收的必要条件中，(　　)是错误的。**

A 有施工单位签署的工程保修书

B 已向有关部门移交建设项目档案

C 有勘察、设计、施工、工程监理等单位分别签署的质量合格文件

D 有主要建筑材料、建筑构配件和设备的进场试验报告

解析：《质量管理条例》第十六条规定，建设工程竣工验收应当具备下列条件：(一) 完成建设工程设计和合同约定的各项内容；(二) 有完整的技术档案和施工管理资料；(三) 有工程使用的主要建筑材料、建筑构 (配) 件和设备的进场试验报告；(四) 有勘察、设计、施工、工程监理等单位分别签署的质量合格文件；(五) 有施工单位签署的工程保修书。

建设工程经验收合格的，方可交付使用。

答案： B

27-4-49 **(2004) 依据《工程建设项目勘察设计招标投标办法》，勘察设计招标工作由(　　)负责。**

A 招标人

B 招投标服务机构

C 政府主管部门

D 在招标人和招投标服务机构中由政府主管部门选择

解析：《设计招投标办法》第五条规定：勘察设计招标工作由招标人负责，任何单位和个人不得以任何方式非法干涉招标投标活动。

答案：A

27-4-50 (2004) 城市规划行政主管部门依据城市规划法，负责核发下列哪两类许可证？

Ⅰ. 市民规划听证许可证；　　Ⅱ. 建设工程规划许可证；

Ⅲ. 建设用地规划许可证；　　Ⅳ. 规划工程开工许可证

A Ⅰ、Ⅱ　　B Ⅱ、Ⅲ　　C Ⅲ、Ⅳ　　D. Ⅰ、Ⅳ

解析：《城乡规划法》第三十八条规定：以出让方式取得国有土地使用权的建设项目，在签订国有土地使用权出让合同后，建设单位在取得建设项目的批准、核准、备案文件和签订国有土地使用权出让合同后，向城市、县人民政府城乡规划主管部门领取建设用地规划许可证。第四十条规定：在城市、镇规划区内进行建筑物、构筑物、道路、管线和其他工程建设的，建设单位或者个人应当向城市、县人民政府城乡规划主管部门或者省、自治区、直辖市人民政府确定的镇人民政府申请办理建设工程规划许可证。

答案：B

27-4-51 (2004) 城市规划法所指的城市规划区为下列何者？

A 城市近郊区所包含的区域

B 城市远郊区所包含的区域

C 城市市区、近郊区以及城市行政区域内因城市建设和发展需要实行规划控制的区域

D 城市行政区域

解析：《城乡规划法》第二条规定：……本法所称规划区，是指城市、镇和村庄的建成区以及因城乡建设和发展需要，必须实行规划控制的区域。

答案：C

27-4-52 施工许可证的申请者是(　　)。

A 监理单位　B 设计单位　　C 施工单位　　D 建设单位

解析：《建筑法》第七条规定：建设工程开工前，建设单位应当按照国家有关规定向工程所在地县级以上人民政府建设行政主管部门申请领取施工许可证。

答案：D

27-4-53 建筑工程的评标工作应当由(　　)来组织实施。

A 建设单位　B 市招标办公室　　C 监理单位　　D 评标委员会

解析：《招投标法》第三十七条规定：评标由招标人依法组建的评标委员会负责。

答案：D

27-4-54 《中华人民共和国合同法》中规定，建筑工程合同只能用书面形式，书面形式合同书在履行下列哪项手续后有效？

A 盖章或签字有效　　B 盖章和签字有效

C 只有签字有效　　D 只有盖章有效

解析：《合同法》第三十二条规定：当事人采用合同书形式订立合同的，自双方当事人签字或者盖章时合同成立。

注意：《民法典》第四百九十条有相应论述。

答案：A

27-4-55 关于图纸修改的正确答案是(　　)。

①任何单位和个人修改注册建筑师的设计图纸应当征得该建筑师的同意，但是因特殊情况不能征得该建筑师同意的除外；

②当施工方和监理方发现设计有违犯强制性条文时，可做出符合强制性条文规定的修改；

③施工人员不能修改设计图纸；

④监理人员可以修改设计图纸

A ①③　　B ①②③④　　C ①②③　　D ②③④

解析：《注册建筑师条例》第二十七条的表述就是本题中的①，任何单位和个人当然包括施工人员，所以正确答案应是①③。

答案：A

27-4-56 设计概算在(　　)阶段进行？

A 方案阶段　　B 初步设计阶段

C 施工图阶段　　D 技术设计阶段

解析：《设计文件深度规定》第3.1.2条规定：初步设计文件编排顺序中，第6项为“概算书”。

答案：B

27-4-57 《中华人民共和国城乡规划法》规定城乡总体规划应包括下列各条中的(　　)。

A 国土规划和区域规划

B 国土规划和土地利用总体规划

C 区域规划、江河流域规划及土地利用总体规划

D 城市、镇的发展布局，功能分区，用地布局，综合交通体系，禁止、限制和适宜建设的地域范围，各类专项规划等

解析：《城乡规划法》第十七条城市总体规划、镇总体规划的内容应当包括：城市、镇的发展布局，功能分区，用地布局，综合交通体系，禁止、限制和适宜建设的地域范围，各类专项规划等。

答案：D

（五）房地产开发程序

27-5-1 (2009) 土地使用权期限一般根据土地的使用性质来决定，商业用地的土地使用权出让的最高年限为（　　）。

A 40年　　B 50年　　C 60年　　D 70年

解析：《中华人民共和国城镇国有土地使用权出让和转让暂行条例》第十二条（四）款规定：商业、旅游、娱乐用地土地使用权出让最高年限为四十年。

答案：A

27-5-2 (2009) 下列关于房地产抵押的条款，（　　）是不完整的。

A 依法取得的房屋所有权，可以设定抵押权

B 以出让方式取得的土地使用权，可以设定抵押权

C 房地产抵押，应当凭土地使用权证书、房屋所有权证书办理

D 房地产抵押，抵押人和抵押权人应签订书面抵押合同

解析：由《房地产管理法》第四十八条、四十九条、五十条可知题中B、C、D项正确。第五十条还规定：依法取得的房屋所有权连同该房屋占用范围内的土地使用权，可以设定抵押权。可知A项不完整。

答案：A

27-5-3 (2008) 在城市规划区内的建设工程，设计任务书报请批准时，必须附有哪个行政主管部门的选址意见书？

A 建设主管部门　　B 规划主管部门

C 房地产主管部门　　D 国土资源主管部门

解析：《城乡规划法》第三十六条规定：按照国家规定需要有关部门批准或者核准的建设项目，以划拨方式提供国有土地使用权的，建设单位在报送有关部门批准或者核准前，应当向城乡规划主管部门申请核发选址意见书。

答案：B

27-5-4 (2008) 城市规划区内的建设工程，建设单位应当在竣工验收后，多长时间内向城市规划行政主管部门报送有关竣工资料？

A 一个月　　B 三个月　　C 六个月　　D 一年

解析：《城乡规划法》第四十五条规定：县级以上地方人民政府城乡规划主管部门按照国务院规定对建设工程是否符合规划条件予以核实。未经核实或者经核实不符合规划条件的，建设单位不得组织竣工验收。

建设单位应当在竣工验收后六个月内向城乡规划主管部门报送有关竣工验收资料。

答案：C

27-5-5 (2008) 预售商品房已经投入开发建设的资金最低达到工程建设总投资的多少，方能作为商品房预售条件之一？

A 25%以上　　B 30%以上　　C 35%以上　　D 40%以上

解析：《房地产管理法》第四十五条规定，商品房预售，应当符合下列条件：

（一）已交付全部土地使用权出让金，取得土地使用权证书；

（二）持有建设工程规划许可证；

（三）按提供预售的商品房计算，投入开发建设的资金达到工程建设总投资的百分之二十五以上，并已经确定施工进度和竣工交付日期；

（四）向县级以上人民政府房产管理部门办理预售登记，取得商品房预售许可证明。

商品房预售人应当按照国家有关规定将预售合同报县级以上人民政府房产管理部门和土地管理部门登记备案。

答案： A

27-5-6 (2008) 设立房地产开发企业，应当向哪一个管理部门申请设立登记？

A 工商行政管理部门　　B 税务行政管理部门

C 建设行政管理部门　　D 房地产行政管理部门

解析：《房地产管理法》第三十条规定，房地产开发企业是以营利为目的，从事房地产开发和经营的企业；设立房地产开发企业，应当具备下列条件：

（一）有自己的名称和组织机构；

（二）有固定的经营场所；

（三）有符合国务院规定的注册资本；

（四）有足够的专业技术人员；

（五）法律、行政法规规定的其他条件。

设立房地产开发企业，应当向工商行政管理部门申请设立登记。工商行政管理部门对符合本法规定条件的，应当予以登记，发给营业执照；对不符合本法规定条件的，不予登记。

设立有限责任公司、股份有限公司，从事房地产开发经营的，还应当执行公司法的有关规定。

房地产开发企业在领取营业执照后的一个月内，应当到登记机关所在地的县级以上地方人民政府规定的部门备案。

答案： A

27-5-7 (2007) 根据《房地产管理法》的规定，下列房地产哪一项不得转让？

A 以出让方式取得的土地使用权，符合本法第三十八条规定的

B 依法收回土地使用权的

C 依法登记领取权属证书的

D 共有房地产、经其他共有人书面同意的

解析：《房地产管理法》第三十八条规定，下列房地产，不得转让：（一）以出让方式取得土地使用权的，不符合本法第三十九条规定的条件的；（二）司法机关和行政机关依法裁定、决定查封或者以其他形式限制房地产权利的；（三）依法收回土地使用权的；（四）共有房地产，未经其他共有人书面同意的；（五）权属有争议的；（六）未依法登记领取权属证书的；（七）法律、行政法规规定禁止转让的其他情形。

答案： B

27-5-8　(2007)《中华人民共和国城市房地产管理法》规定，超过出让合同约定的动工开发日期满一年未动工的，可以征收土地闲置费，征收的土地闲置费相当于土地使用权出让金的比例为(　　)。

A　10%以下　　B　15%以下　　C　20%以下　　D　25%以下

解析：《房地产管理法》第二十六条规定：以出让方式取得土地使用权进行房地产开发的，必须按照土地使用权出让合同约定的土地用途、动工开发期限开发土地。超过出让合同约定的动工开发日期满一年未动工开发的，可以征收相当于土地使用权出让金百分之二十以下的土地闲置费；满二年未动工开发的，可以无偿收回土地使用权；但是，因不可抗力或者政府、政府有关部门的行为或者动工开发必需的前期工作造成动工开发迟延的除外。

答案：C

27-5-9　(2005) 下列(　　)不符合商品房预售条件。

A　已支付全部土地使用权出让金，取得土地使用权证书

B　持有建设工程规划许可证

C　按提供预售的商品房计算，投入开发建设的资金达到工程建设总投资的百分之二十以上

D　取得《商品房预售许可证》

解析：《房地产管理法》第四十五条规定，商品房预售，应当符合下列条件：(一) 已交付全部土地使用权出让金，取得土地使用权证书；(二) 持有建设工程规划许可证；(三) 按提供预售的商品房计算，投入开发建设的资金达到工程建设总投资的百分之二十五以上，并已经确定施工进度和竣工交付日期；(四) 向县级以上人民政府房产管理部门办理预售登记，取得商品房预售许可证明。

答案：C

27-5-10　(2005) 土地使用权出让的最高年限，由哪一级机构规定?

A　国务院　　　　　　　　B　国务院土地管理部门

C　所在地人民政府　　　　D　省、自治区、直辖市人民政府

解析：《房地产管理法》第十四条规定：土地使用权出让最高年限由国务院规定。

答案：A

27-5-11　(2004) 商业、旅游和豪华住宅用地，有条件的，必须采取下列(　　)方式出让土地使用权。

A　拍卖　　　　　　　　B　拍卖、招标

C　招标或者双方协议　　D　拍卖、招标或者双方协议

解析：《房地产管理法》第十三条规定：土地使用权出让，可以采取拍卖、招标或者双方协议的方式；商业、旅游、娱乐和豪华住宅用地，有条件的，必须采取拍卖、招标方式；没有条件，不能采取拍卖、招标方式的，可以采取双方协议的方式。

答案：D

27-5-12 （2004）房地产开发企业在领取营业执照后的多长时间内，应当到登记机关所在地的县级以上地方人民政府规定的部门备案？

A 15天　　B 1个月　　C 2个月　　D 3个月

解析：《房地产管理法》第三十条规定：房地产开发企业在领取营业执照后的一个月内，应当到登记机关所在地的县级以上地方人民政府规定的部门备案。

答案：B

27-5-13 《中华人民共和国房地产管理法》中规定了几种房地产不得转让的条件，下面（　）说法不合适。

A 以出让方式取得土地使用权的不得出让，只能使用

B 司法机关和行政机关依法裁定，决定查封或以其他形式限制房地产权利的

C 共有房地产未经其他共有人书面同意的

D 权属有争议的

解析：根据《房地产管理法》第三十八条和第三十九条，已支付全部土地出让金，并取得土地使用权证的可以转让。

答案：A

27-5-14 商品房可以预售，应符合下列条件中的哪几条？

①已交付全部土地使用权出让金，取得土地使用权证书；

②持有建设工程规划许可证；

③按提供预售的商品房计算，投入开发建设的资金达到工程建设总投资的15%以上，并已确定施工进度和竣工交付日期；

④向县级以上人民政府房地产管理部门办理预售登记，取得商品房预售许可证明

A ①②③　　B ②③④　　C ①②④　　D ③④

解析：其中③是错误的，投入开发建设的资金应达到工程建设总投资的25%以上。

答案：C

27-5-15 工程完工后必须履行下列中的（　）手续才能使用。

A 由建设单位组织设计、施工、监理和勘察五方联合竣工验收

B 由质量监督站开具使用通知单

C 由备案机关认可后下达使用通知书

D 由建设单位上级机关批准认可后即可

解析：《工程质量条例》第十六条规定：由建设单位组织设计、施工、监理四方联合竣工验收。2013年住建部发布新规定，要求勘察单位也要参加验收，并在竣工单上签字。

答案：A

27-5-16 建设单位在领取开工证之后，应当在（　）个月内开工。

A 3　　B 6　　C 9　　D 12

解析：《建筑法》第九条规定：建设单位应当自领取施工许可证之日起三个月内开工；因故不能按期开工的，应当向发证机关申请延期，延期以两次为限，

每次不超过三个月；既不开工又不申请延期或者超过延期时限的，施工许可证自行废止。

答案： A

（六）工程监理的有关规定

27-6-1 (2009) 以下关于工程监理单位的责任和义务的叙述，（　　）是正确的。

A 工程监理单位与被监理工程的施工承包单位可以有隶属关系

B 工程监理单位以独立身份依照法律、法规及有关标准、设计文件和建设工程承包合同对施工质量实施监理

C 工程监理单位应当选派具备相应资格的总监理工程师和监理工程师进驻施工现场

D 经过监理工程师签字，建设单位方可以拨付工程款，进行竣工验收

解析：《建筑法》第三十四条规定，“工程监理单位与被监理工程的承包单位……不得有隶属关系”，知A项不正确。第三十二条规定，监理单位“对承包单位在施工质量、建设工期和建设资金使用等方面……实施监督”，题中B项只说对质量实施监理不全面。《工程质量条例》第三十七条规定，“未经总监理工程师签字，建设单位不拨付工程款，不进行竣工验收”，可知D项不正确；这条还规定，“工程监理单位应当选派具备相应资格的总监理工程师和监理工程师进驻施工现场”。

答案： C

27-6-2 (2009) 下列关于工程建设监理的主要内容，（　　）是不正确的。

A 控制工程建设的投资、建设工期和工程质量

B 进行工程建设合同管理

C 协调工程建设有关单位间的工作关系

D 负责控制施工图设计质量

解析： 施工图的设计质量不是施工阶段监理单位的责任。

答案： D

27-6-3 (2009) 工程监理企业资质分为（　　）。

A 综合资质，专业资质，事务所资质

B 综合资质，专业资质甲级、乙级，事务所资质

C 综合资质，专业资质甲级、乙级、丙级

D 专业资质甲级、乙级、丙级，事务所资质

解析：《工程监理企业资质管理规定》第六条规定：工程监理企业资质分为综合资质、专业资质和事务所资质；其中，专业资质按照工程性质和技术特点划分为若干工程类别；综合资质、事务所资质不分级别；专业资质分为甲级、乙级，其中，房屋建筑、水利水电、公路和市政公用专业资质可设立丙级。

答案： A

27-6-4 (2008) 工程监理不得与下列哪些单位有隶属关系或者其他利害关系？

Ⅰ. 被监理工程的承包单位；Ⅱ. 建筑材料供应单位；Ⅲ. 建筑构配件供应单位；Ⅳ. 设备供应单位

A Ⅰ、Ⅱ、Ⅲ　　B Ⅰ、Ⅱ、Ⅳ

C Ⅱ、Ⅲ、Ⅳ　　D Ⅰ、Ⅱ、Ⅲ、Ⅳ

解析：《建筑法》第三十四条　工程监理单位应当在其资质等级许可的监理范围内，承担工程监理业务。

工程监理单位应当根据建设单位的委托，客观、公正地执行监理任务。

工程监理单位与被监理工程的承包单位以及建筑材料、建筑构配件和设备供应单位不得有隶属关系或者其他利害关系。

工程监理单位不得转让工程监理业务。

答案：D

27-6-5　(2008)《建设工程质量管理条例》规定，建设单位拨付工程款需经(　　)签字。

A 总经理　　B 总经济师　　C 总工程师　　D 总监理工程师

解析：《工程质量条例》第三十七条规定：未经总监理工程师签字，建设单位不拨付工程款，不进行竣工验收。

答案：D

27-6-6　(2008) 工程监理人员发现工程设计不符合建筑工程质量标准时，应当向(　　)报告。

A 建设单位　　B 设计单位　　C 施工单位　　D 质量监督单位

解析：《建筑法》第三十二条　建筑工程监理应当依照法律、行政法规及有关的技术标准、设计文件和建筑工程承包合同，对承包单位在施工质量、建设工期和建设资金使用等方面，代表建设单位实施监督。

工程监理人员认为工程施工不符合工程设计要求、施工技术标准和合同约定的，有权要求建筑施工企业改正。

工程监理人员发现工程设计不符合建筑工程质量标准或者合同约定的质量要求的，应当报告建设单位要求设计单位改正。

答案：A

27-6-7　(2007) 关于建设工程监理，不正确的表述是(　　)。

A 工程监理单位应当根据建设单位的委托，客观、公正地执行监理任务

B 工程监理单位不得转让工程监理业务

C 国家推行建筑工程监理制度

D 国内的所有建筑工程都必须实行强制监理

解析：不是所有工程都需要监理。

答案：D

27-6-8　(2007) 关于工程监理企业资质的归口管理机构是(　　)。

A 监理协会　　B 国家建设部

C 国家发改委　　D 国家工商局

解析：《建筑法》第六条规定：国务院建设行政主管部门对全国的建筑活动实

施统一监督管理。

答案：B

27-6-9 **(2005) 下列建设工程中，( )不要求必须实行监理。**

A 某中型公用事业工程

B 某成片开发建设的总建筑面积 10 万 m^2 的住宅小区

C 用国际援助资金建设的总建筑面积 $1000m^2$ 的纪念馆

D 某私人投资的橡胶地板生产车间

解析：《建设工程监理范围和规模标准规定》第二条规定，下列建设工程必须实行监理：（一）国家重点建设工程；（二）大中型公用事业工程；（三）成片开发建设的住宅小区工程；（四）利用外国政府或者国际组织贷款、援助资金的工程；（五）国家规定必须实行监理的其他工程。

答案：D

《设计业务管理》相关法律、法规简称、全称对照表

序号	名　　称	发布日期及编号	简　　称
1	中华人民共和国建筑法	1997年11月1日国家主席91号令	《建筑法》
2	中华人民共和国城乡规划法	2007年10月28日国家主席74号令	《城乡规划法》
3	中华人民共和国合同法	1999年3月15日国家主席15号令（已作废）	《合同法》
4	中华人民共和国民法典	2021年1月1日国家主席45号令	《民法典》
5	中华人民共和国城市房地产管理法	2007年8月30日国家主席72号令	《房地产管理法》
6	中华人民共和国招标投标法	1999年8月30日国家主席21号令	《招投标法》
7	中华人民共和国注册建筑师条例	1995年9月23日国务院184号令	《注册建筑师条例》
8	中华人民共和国注册建筑师条例实施细则	2008年1月29日建设部167号令	《建筑师条例细则》
9	建设工程质量管理条例	2000年1月30日国务院279号令	《工程质量条例》
10	建设工程勘察设计管理条例	2000年9月25日国务院293号令	《设计管理条例》
11	建筑工程设计文件编制深度规定	2008年11月26日住建部发布	《设计文件深度规定》
12	实施工程建设强制性标准监督规定	2000年8月25日建设部81号令	《强制性标准监督规定》
13	工程建设项目勘察设计招标投标办法	2003年6月12日国家发改委等2号令	《设计招投标办法》

注：部分法律有更新改动，具体详见丛书附录。

2021年试题、解析及答案

2021年 试 题[1]

1. 设计单位根据工程项目需要，要求在项目建设工程中必须通过试验来验证设计参数的，其所需的费用应计入(　　)。

A 勘察设计费　　B 专项评价费
C 研究试验费　　D 建设项目管理费

2. 核定建设项目交付资产实际价值依据的是(　　)。

A 签约合同价　　B 经修正的设计概算
C 工程结算价　　D 竣工决算价

3. 根据《建筑安装工程费用项目组成》，建筑安装工程费用按构成要素分为(　　)。

A 人工费、材料费、施工机具使用费、企业管理费、利润、规费和税金
B 分部分项工程费、措施项目费、其他项目费、规费和税金
C 人工费、材料费、施工机具使用费、规费、预备费和税金
D 分部分项工程费、其他项目费、预备费和建设期贷款利息

4. 下列定额或指标中，可作为初步设计阶段编制概算依据的是(　　)。

A 预算定额　　B 概算定额
C 估算定额　　D 基础定额

5. 关于政府投资项目设计概算编制的说法，正确的是(　　)。

A 施工图设计突破总概算的，需要按规定程序备案
B 设计概算的编制具有独立性，可不受投资估算的控制
C 扩大初步设计阶段可以不编制修正概算
D 初步设计阶段必须编制设计概算

6. 根据《建设工程工程量清单计价规范》，关于工程量清单计价的说法，正确的是(　　)。

A 非国有资金投资的建设工程，不宜采用工程量清单计价
B 全部使用国有资金投资的建设工程发承包，必须采用工程量清单计价
C 组成工程量清单的项目，除规费和税金外，其余所有项目均应采用竞争性费用计价
D 工程量清单应采用工料单价计价

7. (2013) 为验证结构的安全性，业主委托某科研单位对模拟结构进行破坏性试验，由此发生的费用属于(　　)。

A 建设单位管理费　　B 建筑安装工程费用
C 工程建设其他费中的研究试验费　　D 工程建设其他费中的咨询费

8. (2012) 建设项目投资估算的作用之一是(　　)。

A 作为向银行借款的依据　　B 作为招标投标的依据
C 作为编制施工图预算的依据　　D 作为工程结算的依据

---

[1] 本套试题缺7道，为保持试题篇幅，用其他试题替补，均有标注。

9. (2011) 建筑工程预算编制的主要依据是(　　)。

A 初步设计图纸及说明　　B 方案招标文件

C 项目建议书　　D 施工图

10. 建筑方案设计阶段运用价值工程的理念进行设计方案优化，其目标是(　　)。

A 进行方案的功能分析

B 降低方案的总投资额

C 以最低的全寿命周期成本实现建筑的必要功能

D 延长建筑的使用寿命

11. 关于建筑工程材料 ABC 的存货管理办法，下面有关 A 类材料的说法正确的是(　　)。

A 占总成本 5%~10%，材料数量 10%~20%

B 占总成本 5%~10%，材料数量 20%~30%

C 占总成本 70%~80%，材料数量 10%~20%

D 占总成本 10%~20%，材料数量 20%~30%

12. (2013) 工程量清单的作用是(　　)。

A 编制投资估算的依据　　B 编制设计概算的依据

C 编制施工图预算的依据　　D 招标时为投标人提供统一的工程量

13. 根据《建设工程工程量清单计价规范》，土建部分分项工程的综合单价除了包含人工费、材料和施工机具使用费以外，还应包括(　　)。

A 企业管理费、利润、风险费用

B 规费、风险费用、税金

C 规费、税金、利润

D 企业管理费、规费、税金

14. 住宅用地占小区用地的 60%，住宅建筑基底面积 15000m^2，住宅建筑净密度 12%，绿化率是 10%，总建筑面积 320000m^2，容积率是多少？(　　)

A 0.79　　B 1.39　　C 1.54　　D 1.67

15. 某住宅小区设计方案，居住面积系数为 60%，墙体等结构所占面积 4200m^2，标准层的居住面积 12000m^2，标准层的辅助面积 4000m^2，则该建筑设计方案的结构面积系数为(　　)。

A 20.00%　　B 21.00%　　C 33.33%　　D 35.00%

16. 根据《建筑工程建筑面积计算规范》GB/T 50353—2013，建筑物外墙外保温层的建筑面积计算，正确的是(　　)。

A 应按其保温材料的水平截面积的 2/3 计算，并计入自然层建筑面积

B 应按其保温材料的水平截面积的 1/2 计算，并计入自然层建筑面积

C 应按其保温材料的水平截面积计算，并计入自然层建筑面积

D 应按其保温材料的水平截面积计算，按其 1.1 倍计入自然层建筑面积

17. 根据《建筑工程建筑面积计算规范》，建筑物的阳台其建筑面积的计算规则正确的是(　　)。

A 在主体结构外的阳台，按其结构底板水平投影面积计算面积

B 在主体结构外的阳台，按其结构底板水平投影面积计算 3/4 面积

C　主体结构内的阳台，按其结构外围水平面积计算1/2面积

D　主体结构内的阳台，按其结构外围水平面积计算全面积

18. 以下建筑面积计算中，哪种不计算建筑面积？(　　)

A　有柱雨篷

B　结构层高2.1m的管道层

C　过街楼底层的开放公共空间和建筑物通道

D　结构层高2.1m的设备层

19. 某项目有四个可选方案，初始投资均相同，项目计算期为15年，财务净现值和投资回收期如下表：

方案指标	甲	乙	丙	丁
财务净现值（万元）	130	150	120	110
静态投资回收期（行业均值为7年）	5.4	5.2	4.8	6.1
动态投资回收期（年）	6.8	6.5	6.1	7.6

则应选择的最佳方案是(　　)。

A　甲　　B　乙　　C　丙　　D　丁

20. 下列经济指标中，反映企业短期偿债能力的指标是(　　)。

A　总投资收益率　　B　速动比率

C　投资回收期　　D　内部收益率

21. 某项目有四个设计方案，具体信息见下表：

项目	甲	乙	丙	丁
设计生产能力（t/年）	2000	1800	1800	1600
盈亏平衡点（t）	1000	1080	1260	1200
盈亏平衡时生产能力利用率	50.00%	60.00%	70.00%	75.00%

则应选择的最佳方案是(　　)。

A　甲　　B　乙　　C　丙　　D　丁

22. 工程量清单的准确性由招标人负责，但从设计人员的角度，设计时有助于提高工程量清单编制准确性的做法是(　　)。

A　尽量选用当地原材料　　B　尽量考虑业主的建设成本

C　减少设计图纸中的错误　　D　尽量考虑施工的难易程度

23. 某砖混结构的六层住宅楼，若将每一层层高由2.8m提高到3.0m，其他条件不变，则该住宅楼造价可能发生的变化是(　　)。

A　下降　　B　上升

C　保持不变　　D　不确定

24. 设计院就同一项目给出四个设计方案（具体信息见下表）功能均满足业主要求，不考虑其他因素，应选择的最优方案是(　　)。

设计方案	甲	乙	丙	丁
设计概算（万元）	8000	9000	9200	8600
建筑面积（m^2）	13000	15000	14500	14800

A 甲　　B 乙　　C 丙　　D 丁

25. 通常情况下，砌体结构的主要材料不包括(　　)。

A 砖块　　B 钢筋　　C 木块　　D 砂浆

26. 当某一砌筑墙体中不同部位的基底标高不同时，当设计无要求时，正确的砌筑方法是(　　)。

A 由高处砌起，从高处一侧往低处一侧搭砌

B 由低处砌起，从高处一侧向低处一侧搭砌

C 最小搭接长度应不小于基础底高差的一半

D 搭接长度范围内下层基础应扩大砌筑

27. 下列砌体结构建筑的施工工况中，非必须征得设计单位同意的是(　　)。

A 抗震设防烈度9度地区砌体墙上临时施工洞口位置

B 在240mm厚，宽度大于1m的窗间墙上设置脚手眼

C 在已砌筑完成的墙体上后开凿永久洞口

D 在已砌筑完成的墙体上后开凿水平沟槽埋设管道

28. 关于砌体结构工程湿拌砂浆的说法，错误的是(　　)。

A 可现场直接使用

B 按气候条件采取遮阳措施

C 必须储存在不吸水的专用容器内

D 在储存过程中应随时补水

29. 关于砖砌体工程的说法，正确的是(　　)。

A 冻胀环境地区防潮层以下的砌体可采用多孔砖

B 同一楼层可以混砌规格尺寸一致的不同品种砖块

C 严禁采用干砖或处于吸水饱和状态的烧结砖砌筑

D 蒸压灰砂砖、蒸压粉煤灰砖在砌筑时无龄期要求

30. 蒸压加气混凝土砌块在砌筑时，其产品龄期应超过28d，其目的是控制(　　)。

A 砌块的形状尺寸　　B 砌块与砂浆的粘结强度

C 砌体的整体变形　　D 砌体的收缩裂缝

31. 混凝土结构工程中，分项工程质量验收时应先行验收合格的是(　　)。

A 检验批　　B 子分部工程

C 分部工程　　D 单位工程

32. 模板及其支架应根据安装、使用和拆除工况进行设计，应满足的基本要求不包括(　　)。

A 承载力要求　　B 刚度要求

C 经济性要求　　D 整体稳固性要求

33. 在混凝土浇筑之前进行钢筋隐蔽验收时，无需对钢筋牌号进行隐蔽验收的是(　　)。

A 纵向受力钢筋　　B 箍筋
C 横向钢筋　　D 马凳筋

34. 下列说法错误的是(　　)。
A 现浇结构的质量验收需要在混凝土表面修整后进行
B 已经隐蔽的不可直接观察和量测的内容，可检查隐蔽工程验收记录
C 修整或返工的结构构件或部位应有实施前后的文字及图像记录
D 混凝土出现外观质量缺陷应由验收各方共同决定

35. 下列装配式结构的验收项目中，属于隐蔽工程验收内容的是(　　)。
A 预制构件的结构性能检测　　B 预制构件的外观质量检查
C 浇筑连接节点的水泥强度　　D 预制构件预留连接件规格

36. 梁板类简支受弯预制构件进场时，应进行结构性能检验，对有可靠应用经验的大型构件，可不进行检验的项目是(　　)。
A 承载力　　B 抗裂
C 裂缝宽度　　D 挠度

37. 地下工程防水等级标准共分为(　　)。
A 二个等级　　B 三个等级
C 四个等级　　D 五个等级

38. 关于主体结构用防水混凝土的说法，正确的是(　　)。
A 适用于有抗渗要求的混凝土结构
B 适用于环境温度高于80℃的地下工程
C 不适用于受侵蚀性介质作用的环境
D 混凝土配合比中不得掺用粉煤灰

39. 下列材料中，不宜用于防水混凝土的是(　　)。
A 硅酸盐水泥　　B 中粗砂
C 天然海砂　　D 卵石

40. 下列地下工程所处环境中，通常不适宜采用水泥砂浆防水层的是(　　)。
A 地下工程主体结构迎水面　　B 地下工程主体结构背水面
C 受持续振动的地下工程　　D 环境温度50℃的地下工程

41. 坡度较大的斜屋面铺贴防水卷材时，应采用的施工方法是(　　)。
A 空铺法　　B 点粘法　　C 条粘法　　D 满粘法

42. 下列屋面卷材防水层做法中，正确的是(　　)。
A 卷材应垂直屋脊方向铺贴
B 上下层卷材应相互垂直铺贴
C 平行屋脊的卷材搭接缝应顺流水方向
D 上下层卷材长边搭接缝应对齐

43. 浇筑地下防水混凝土后浇带时，其两侧混凝土的最小龄期应达到(　　)。
A 42d　　B 28d　　C 14d　　D 7d

44. 某既有建筑装饰装修工程设计涉及主体和承重结构变动，下列处理方式中错误的是(　　)。

A 委托原结构设计单位提出设计方案
B 委托具有相应资质条件的设计单位提出设计方案
C 委托检测鉴定单位对建筑结构的安全性进行鉴定
D 委托具备相应施工能力的施工单位进行结构安全复核

45. 关于建筑装饰装修工程的说法正确的是(　　)。
A 电器安装施工时可直接埋设电线
B 隐蔽工程验收记录不包含隐蔽部位照片
C 验收前应将施工现场清理干净
D 施工前应有所有材料的样板

46. 下列抹灰做法中，不属于装饰抹灰的是(　　)。
A 粉刷石膏抹灰　　B 水刷石抹灰
C 斩假石抹灰　　D 假面砖抹灰

47. 下列外墙防水工程的质量验收项目中，不宜采用观察法的是(　　)。
A 涂膜防水层的厚度
B 砂浆防水层与基层之间粘结牢固状况
C 砂浆防水层表面起砂和麻面等缺陷状况
D 涂膜防水层与基层之间粘结牢固状况

48. 在砌体上安装建筑外门窗时，严禁采用的固定方式是(　　)。
A 膨胀螺栓　　B 射钉
C 化学锚栓　　D 预埋连接件

49. 下列门窗安装工程中，有防虫处理要求的是(　　)。
A 特种门窗　　B 塑料门窗
C 金属门窗　　D 木门窗

50. 下列设备中，可以安装在吊顶龙骨上的是(　　)。
A 水晶吊灯　　B 电风扇
C 大功率低音音箱　　D 感烟火灾探测器

51. 下列轻质隔墙工程的验收项目中，不属于隐蔽工程验收内容的是(　　)。
A 隔墙中管线安装　　B 木龙骨防火处理
C 隔墙面板安装　　D 预埋件或拉结筋

52. 关于隔墙板材安装是否牢固的检验方法，正确的是(　　)。
A 观察，手扳检查　　B 观察，尺量检查
C 观察，施工记录检查　　D 用小锤轻击检查

53. 玻璃板隔墙必须采用的玻璃类型是(　　)。
A 节能玻璃　　B 中空玻璃
C 安全玻璃　　D 磨砂玻璃

54. 下列幕墙工程材料的性能指标中，进场时无需进行复验的是(　　)。
A 石材的抗弯强度　　B 石材的防腐性能
C 铝塑复合板的剥离强度　　D 防火材料的燃烧性能

55. 关于涂饰工程基层处理的说法中，错误的是(　　)。

A　新建筑物抹灰基层直接涂饰涂料前应涂刷抗碱封闭底漆

B　既有建筑墙面直接涂饰涂料前应清除疏松的旧装修层

C　混凝土基层直接涂刷水性涂料时，对其含水率无要求

D　厨房、卫生间墙面的找平层应使用耐水腻子

56. 对有防水要求的建筑地面，对其进行质量检验的说法，错误的是(　　)。

A　采用钢尺检测允许偏差

B　采用敲击法检查空鼓

C　采用蓄水法检查防水隔离层

D　通过靠尺检测面层表面起砂

57. 下列材料中，通常不用于灰土垫层的是(　　)。

A　粉煤灰　　B　生石膏

C　磨细生石灰粉　　D　熟化石灰粉

58. 三合土垫层和四合土垫层相比，原材料中缺少的是(　　)。

A　水泥　　B　石灰

C　砂　　D　碎砖

59. 关于厕浴间地面的说法，错误的是(　　)。

A　楼层结构可采用整块预制混凝土板

B　现浇混凝土楼层板可不设置防水隔离层

C　楼层结构的混凝土强度等级不应小于C20

D　房间楼板四周除门洞外应做混凝土翻边

60. 下列建筑地面板块面层材料中，进入施工现场时需要提供放射性限量合格检测报告的是(　　)。

A　大理石面层　　B　地毯面层

C　金属板面层　　D　塑料板面层

61. 关于建筑地面绝热层的说法，错误的是(　　)。

A　有防水要求的地面，宜在防水隔离层验收合格后再铺设绝热层

B　穿越地面进入非采暖保温区域的金属管道应采取隔断热桥的措施

C　绝热层的材料宜采用松散型材料或抹灰浆料

D　有地下室的建筑，地上、地下交界部位楼板的绝热层应采用外保温做法

62. 针对板块地面面层中板块间缝隙的施工，不能采用水泥砂浆填缝的是(　　)。

A　水泥混凝土板块面层　　B　水磨石板块面层

C　人造石板块面层　　D　不导电的料石面层

63. 全过程咨询服务不包含(　　)。

A　勘察　　B　设计　　C　施工　　D　监理

64. 根据《工程总承包管理办法》总承包单位可以是总承包项目的(　　)。

A　代建单位　　B　监理单位

C　项目管理单位　　D　设计单位

65.《中华人民共和国建筑法》从以下哪些方面进行了规定？(　　)

A　建筑许可、工程发包与承包、工程监理、安全生产管理、质量管理与法律责任

B　从业资格、设计管理

C　工程招标、资质许可、安全生产

D　项目审批、工程勘察、设计与施工

66. 适用于《中华人民共和国建筑法》的设计是(　　)。

A　抢险救灾项目　　B　成片住宅区

C　农民自建2层以下住宅项目　　D　军事工程

67. 小明是一级注册建筑师，他在乙级设计资质设计院工作，可以承担下面哪项设计工作？(　　)

A　1.0万m^2 45m办公楼设计　　B　1.8万m^2四星级酒店室内设计

C　跨度18m的三层厂房　　D　1.2万m^2的地下室

68. 两个以上法人或者其他组织可以组成一个联合体，关于联合体的说法错误的是(　　)。

A　各方均应当具备承担投标项目的能力

B　各方均应当具备规定的相应资质条件

C　由同一专业单位组成的联合体，按资质等级高的单位进行认定

D　各方应当签订共同投标协议，明确各方承担的工作内容

69. 根据《招标投标法实施条例》，允许参加投标的是(　　)。

A　与招标人有过其他项目合作的不同潜在投标人

B　单位负责人为同一人的不同单位

C　存在控股关系的不同单位

D　存在管理关系的不同单位

70. 组成建设工程合同的各项文件，除专用合同条款另有约定外，关于解析合同的优先顺序，正确的是(　　)。

A　(1) 合同协议书，(2) 专用合同条款，(3) 通用合同条款，(4) 承包人建议书

B　(1) 专用合同条款，(2) 通用合同条款，(3) 合同协议书，(4) 承包人建议书

C　(1) 合同协议书，(2) 承包人建议书，(3) 通用合同条款，(4) 专用合同条款

D　(1) 承包人建设书，(3) 通用合同条款，(3) 专用合同条款，(4) 合同协议书

71. 建设合同包括(　　)。

A　项目可行性合同、勘察合同、工程设计合同

B　勘察合同、设计合同、施工合同

C　工程设计合同、施工合同、监理合同

D　施工合同、监理合同、测试合同

72. 施工图设计深度，错误的是(　　)。

A　总平面图应该表达各建筑构造和建筑物的位置、坐标，相邻的间距、尺寸及其名称和层数

B　平面图应标出变形缝的位置和尺寸

C　立面图应表达出建筑的造型特征，画出具有代表性的立面及平面图上表达不清的窗编号

D　剖面图的位置应该选在层高不同、层数不同、空间比较复杂、具有代表性的部位，

并表达节点构造详图索引号

73. 关于设计单位应承担的消防设计的责任和义务，下列说法正确的是(　　)。

A　应该对消防设计质量承担首要责任

B　应负责申请消防审查

C　挑选满足防火要求的建筑产品、材料、配件和设备，并检验其质量

D　参加工程项目竣工验收，并对消防设计实施情况盖章确认

74. 对施工图设计审查的内容不包括(　　)。

A　涉及公共利益

B　涉及公众安全

C　对于强制性标准的执行情况

D　设计合同约定的限额的设计内容

75. 根据《实施工程建设强制性标准监督规定》，对执行强制性标准的情况实施监督的说法正确的是(　　)。(有改动)

A　工程项目验收阶段由建筑安全监督管理机构实施监督

B　建设单位的技术人员必须熟悉、掌握工程建设强制性标准

C　工程中采用的计算机软件的内容是否符合强制性标准的规定

D　工程质量监督机构应当对设计阶段执行强制性标准的情况实施监督

76. 关于工程建设标准，正确的是(　　)。

A　强制性国家标准由国务院会同地方有关行政主管部门制定

B　地方标准由省级人民政府制定

C　行业标准由国务院标准化行政主管部门制定

D　团体标准由团体成员在团体内部使用或社会其他机构可自愿采用

77. (编者注：原题缺，后加题目)关于工程监理企业资质的归口管理机构是(　　)。

A　监理协会　　　　B　住房城乡建设部

C　国家发展改革委　　　　D　国家工商局

78.《城乡规划法》中，关于近期建设规划的内容包括(　　)。

A　重要基础设施、公共服务设施、中低收入居民住房建设、支柱产业

B　重要基础设施、公共服务设施、中低收入居民住房建设、生态环境保护

C　重要基础设施、中低收入居民住房建设、生态环境保护、支柱产业

D　公共服务设施、中低收入居民住房建设、生态环境保护、支柱产业

79. 根据《城乡规划法》制定近期建设规划的依据，不包括(　　)。

A　土地利用总体规划　　　　B　城市总体规划

C　乡总体规划　　　　D　镇总体规划

80. 土地使用权出让的最高年限，由哪一级机构规定?(　　)

A　国务院　　　　B　国务院土地管理部门

C　所在地人民政府　　　　D　省、自治区、直辖市人民政府

81. (编者注：原题缺，后加题目)建设工程的设计文件需要作重大修改的，建设单位应当报经以下哪个部门批准后，方可修改?(　　)

A　原审批机关　　　　B　工程监理单位

C　施工图审查机构　　D　勘察设计主管部门

82. 农村集体所有制的土地，如果想以拍卖的形式出让，需要转成（　　）。

A　房地产开发用地　　B　商业用地

C　国有土地　　D　私有土地

83. 以下哪个用地建筑使用权可以由县级以上人民政府直接划拨（　　）。

A　商业住宅用地　　B　旅游度假村

C　学校　　D　娱乐设施用地

84. 根据《中华人民共和国建筑法》，建筑设计单位不按照建筑工程质量安全标准进行设计，造成质量事故的，应承担的法律责任不包括（　　）。

A　责令停业整顿　　B　吊销营业执照

C　降低资质等级　　D　没收违法所得

85.（编者注：原题缺，后加题目）设计单位未按照工程建设强制性标准进行设计，将处以罚款。正确的罚款额是（　　）。

A　50万　　B　100万　　C　40万　　D　10万～30万

2021年试题解析及答案

1. **解析：**研究试验费是指为建设项目提供或验证设计数据、资料等进行必要的研究试验以及按照设计规定在建设过程中必须进行试验、验证所需的费用。

答案：C

2. **解析：**竣工决算书中确定的竣工决算价是整个建设项目的实际工程造价。竣工决算是核定建设项目资产实际价值的依据，反映建设项目建成后交付使用的固定资产和流动资产的实际价值。

答案：D

3. **解析：**建筑安装工程费用按构成要素划分为人工费、材料（含工程设备）费、施工机具使用费、企业管理费、利润、规费和税金。按工程造价形成顺序划分为分部分项工程费、措施项目费、其他项目费、规费和税金。

答案：A

4. **解析：**设计概算是在初步设计阶段依据初步设计图纸及说明、概算定额（或概算指标）、各项费用定额（或取费标准）、设备材料预算价格等资料，用科学方法计算、编制和确定的建设项目从筹建到竣工交付使用所需全部费用的文件。

答案：B

5. **解析：**初步设计阶段必须编制设计概算，经批准的建设项目设计总概算的投资额，是该工程建设投资的最高限额。设计单位必须按照批准的设计任务书及投资估算控制初步设计及概算，按照批准的初步设计及总概算控制施工图设计及预算。施工图预算不得突破设计概算。如确需突破，应按规定程序报经审批。

答案：D

6. **解析：**题中所涉规范规定：全部使用国有资金投资或国有资金投资为主的建设工程施工发承包，必须采用工程量清单计价。非国有资金投资的建设工程，宜采用工程量清单计价。安全文明施工费、规费、税金均不应作为竞争性费用竞价；工程量清单计价属于综合单价法。

答案：B

7. **解析：**建设项目总投资包括建设投资、建设期贷款利息和流动资金，其中建设投资包括设备及工器具购置费、建筑安装工程费、工程建设其他费用和预备费。工程建设其他费用中研究试验费是指为本建设项目提供或验证设计参数、数据资料等进行必要的研究试验。

答案：C

8. **解析：**建设项目投资估算的作用之一是作为向银行借款的依据。

答案：A

9. **解析：**建筑工程预算即施工图预算，以预算定额和施工图为编制依据。

答案：D

10. **解析：**根据《工程造价术语标准》GB/T 50875—2013 第 2.1.25 条，价值工程是以提高产品或作业的价值为目的，通过有组织的创造性工作，用最低的寿命周期成本，实现使用者所需功能的一种管理技术。

答案：C

11. **解析：**ABC 库存管理法是按价值分类的库存管理方法。将库存物品按品种和占用资金的多少进行分类，分为特别重要的库存（A 类：资金占用量大但材料数量占比小）、一般重要的库存（B 类：资金占用量和材料数量占比介于 A 类和 C 类材料之间）和不重要的库存（C 类：资金占用量小但材料数量占比大）三个等级，然后针对不同等级分别进行管理与控制，A 类材料作为重点管理和控制对象。

答案：C

12. **解析：**根据《建设工程工程量清单计价规范》GB 50500—2013，工程量清单是载明建设工程分部分项工程项目、措施项目、其他项目的名称和相应数量以及规费、税金项目等内容的明细清单。招标时为投标人提供了统一的工程量。

答案：D

13. **解析：**分部分项工程费采用综合单价计价，是指完成一个规定清单项目所需的人工费、材料和工程设备费、施工机具使用费和企业管理费、利润以及一定范围内的风险费用。该综合单价不包括规费和税金。

答案：A

14. **解析：**住宅建筑净密度＝住宅建筑基底总面积（m^2）÷住宅用地总面积（m^2），
住宅用地面积＝住宅建筑基底总面积÷住宅建筑净密度＝15000÷12%＝125000m^2
居住区用地面积＝住宅用地面积÷60%＝125000÷60%＝208333.33m^2
容积率＝各类建筑的建筑面积之和÷居住区用地面积＝320000÷208333.33＝1.54

答案：C

15. **解析：**居住面积系数＝（标准层的居住面积÷建筑面积）×100%
建筑面积＝标准层居住面积÷居住面积系数＝12000÷60%＝20000m^2
结构面积系数＝（墙体等结构所占面积÷建筑面积）×100%
＝4200÷20000×100%＝21%

答案：B

16. **解析**：根据题中所涉规范第 3.0.24 条，建筑物的外墙外保温层，应按其保温材料的水平截面积计算，并计入自然层建筑面积。

答案：C

17. **解析**：根据《面积计算规范》第 3.0.21 条，在主体结构内的阳台，应按其结构外围水平面积计算全面积；在主体结构外的阳台，应按其结构底板水平投影面积计算 1/2 面积。

答案：D

18. **解析**：根据《面积计算规范》第 3.0.27 条，骑楼、过街楼底层的开放公共空间和建筑物通道不应计算建筑面积。

答案：C

19. **解析**：各方案投资回收期均小于行业均值，项目均可行。应选择净现值最大的方案。

答案：B

20. **解析**：反映企业短期偿债能力主要有流动比率、速动比率等指标。

答案：B

21. **解析**：盈亏平衡点是项目盈利与亏损的分界点。盈亏平衡点越低，项目盈利可能性越大、抗风险能力越强。甲方案以产量表示的盈亏平衡点和以生产能力利用率表示的盈亏平衡点最低，故应选择甲方案。

答案：A

22. **解析**：设计图纸是编制工程量清单的依据之一，设计人员避免图纸的错误，有助于提高工程量编制的准确性。

答案：C

23. **解析**：在其他条件不变的情况下，多层建筑的造价随着层高的增加而增加，每±10cm 层高约增减造价 1.33%～1.5%。

答案：B

24. **解析**：功能均满足的前提下，应选择单方造价低的方案。

甲方案单方造价$=8000\times10^4/13000=6154$ 元/m^2

乙方案单方造价$=9000\times10^4/15000=6000$ 元/m^2

丙方案单方造价$=9200\times10^4/14500=6345$ 元/m^2

丁方案单方造价$=8600\times10^4/14800=5811$ 元/m^2

应选择单方造价最低的方案较为合理。

答案：D

25. **解析**：《砌体施工规范》第 2.0.1 条规定，砌体结构是由块体和砂浆砌筑而成的墙、柱作为建筑物主要受力构件的结构，是砖砌体、砌块砌体和石砌体结构的统称。第 2.0.2 条规定，配筋砌体由配置钢筋的砌体作为建筑物主要受力构件的结构，是网状配筋砌体柱、水平配筋砌体墙、砖砌体和钢筋混凝土面层或钢筋砂浆面层组合砌体柱（墙）、砖砌体和钢筋混凝土构造柱组合墙和配筋小砌块砌体剪力墙结构的统称。可见，砌体结构的主要材料不包括木块。故选 C。

答案：C

26. **解析：**《砌体施工验收规范》第3.0.6条规定，砌体的砌筑顺序应符合：基底标高不同时，应从低处砌起，并应由高处向低处搭砌；当设计无要求时，搭接长度L不应小于基础底的高差H，搭接长度范围内下层基础应扩大砌筑（见题26解图）。

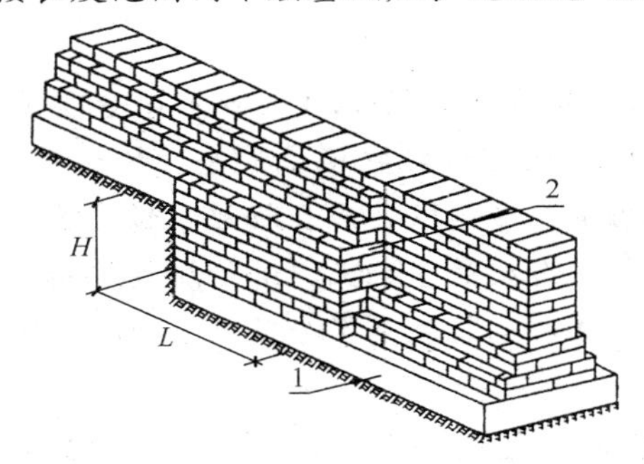

图26解图　基础标高不同时的搭砌示意图（条形基础）
1—混凝土垫层；2—基础扩大部分

答案：D

27. **解析：**《砌体施工验收规范》第3.0.8条规定：抗震设防烈度为9度地区建筑物的临时施工洞口位置，应会同设计单位确定，故A做法须征得设计同意。3.0.9第3款规定，不得在宽度小于1m的窗间墙设置脚手眼（即宽度大于1m的窗间墙上可以留设），故B做法允许且不必征得设计同意。第3.0.11条规定：设计要求的洞口、沟槽、管道应于砌筑时正确留出或预埋，未经设计同意，不得打凿墙体和在墙体上开凿水平沟槽。故C做法不允许，D做法应征得设计同意。选B。

答案：B

28. **解析：**湿拌砂浆就是可现场直接使用的成品砂浆，故A选项说法正确。《砌体施工验收规范》第4.0.11条规定：砌体结构工程使用的湿拌砂浆，除直接使用外必须储存在不吸水的专用容器内，并根据气候条件采取遮阳、保温、防雨雪等措施，砂浆在储存过程中严禁随意加水。可见，D选项说法错误。

答案：D

29. **解析：**《砌体施工验收规范》第5.1.4条规定，有冻胀环境和条件的地区，地面以下或防潮层以下的砌体，不应采用多孔砖。故A说法错误。第5.1.5条规定，不同品种的砖不得在同一楼层混砌。故B说法错误。第5.1.6条规定，砌筑烧结普通砖、烧结多孔砖、蒸压灰砂砖、蒸压粉煤灰砖砌体时，砖应提前1～2d适度湿润，严禁采用干砖或处于吸水饱和状态的砖砌筑，块体湿润程度宜符合下列规定：①烧结类块体的相对含水率60%～70%；②混凝土多孔砖及混凝土实心砖不需浇水湿润，但在气候干燥炎热的情况下，宜在砌筑前对其喷水湿润；其他非烧结类块体的相对含水率40%～50%。故C选项说法正确。第5.1.3条规定，砌体砌筑时，混凝土多孔砖、混凝土实心砖、蒸压灰砂砖、蒸压粉煤灰砖等块体的产品龄期不应小于28d。故D说法错误。

答案：C

30. **解析：**《砌体施工验收规范》第6.1.3条文说明：小砌块龄期达到28d之前，自身收缩速度较快，其后收缩速度减慢，且强度趋于稳定；为有效控制砌体收缩裂缝，检验小砌块的强度，规定砌体施工时所用的小砌块产品龄期不应少于 28d。可见，D 选项说法正确。

答案： D

31. **解析：**《混凝土施工验收规范》第 3.0.3 条规定：分项工程的质量验收应在所含检验批验收合格的基础上，进行质量验收记录检查。故选 A。需注意，第 3.0.2 条规定：混凝土结构子分部工程的质量验收，应在钢筋、预应力、混凝土、现浇结构和装配式结构等相关分项工程验收合格的基础上，进行质量控制资料检查、观感质量验收及结构实体检验。即子分部工程的验收是在分项工程验收合格的基础上进行，以此类推。

答案： A

32. **解析：**《混凝土施工验收规范》第 4.1.2 条规定：模板及支架应根据安装、使用和拆除工况进行设计，并应满足承载力、刚度和整体稳固性要求。可见，基本要求中不包括 C。

答案： C

33. **解析：**《混凝土施工验收规范》第 5.1.1 条规定，浇筑混凝土之前，应进行钢筋隐蔽工程验收。隐蔽工程验收应包括下列主要内容：1. 纵向受力钢筋的牌号、规格、数量、位置；……3. 箍筋、横向钢筋的牌号、规格、数量、间距、位置，箍筋弯钩的弯折角度及平直段长度。可见，对马凳等定位用钢筋无严格的牌号要求。故选 D。

答案： D

34. **解析：**《混凝土施工验收规范》第 8.1.1 条规定，现浇结构质量验收应符合下列规定：

1. 现浇结构质量验收应在拆模后、混凝土表面未作修整和装饰前进行，并应作出记录；

2. 已经隐蔽的不可直接观察和量测的内容，可检查隐蔽工程验收记录；

3. 修整或返工的结构构件或部位应有实施前后的文字及图像记录。

第 8.1.2 条规定：现浇结构的外观质量缺陷应由监理单位、施工单位等各方根据其对结构性能和使用功能影响的严重程度按表 8.1.2 确定。

可见，A 选项说法错误。

答案： A

35. **解析：**《混凝土施工验收规范》第 9.1.1 条规定，装配式结构连接部位及叠合构件浇筑混凝土之前，应进行隐蔽工程验收。隐蔽工程验收应包括下列主要内容：

1. 混凝土粗糙面的质量、键槽的尺寸、数量、位置；

2. 钢筋的牌号、规格、数量、位置、间距、箍筋弯钩的弯折角度及平直段长度；

3. 钢筋的连接方式、接头位置、接头数量、接头面积百分率、搭接长度、锚固方式及锚固长度；

4. 预埋件、预留管线的规格、数量、位置。

本题有一定难度。从规范所列需进行隐蔽工程验收的内容中不能直接找到答案。但用排除法可以否定 A、B、C 选项；再对 D 选项进行分析。实际上，预制构件的连接主要靠预埋套筒、预埋钢板、预埋螺栓、预埋钢筋或构件本身的钢筋等。可见，预埋件及钢筋均为“预留连接件”，它们的规格都是隐蔽工程验收所包括的内容。故应选D。

答案： D

36. **解析：** 依据《混凝土施工验收规范》第9.2.2条关于专业企业生产的预制构件进场时，预制构件结构性能检验的规定，梁板类简支受弯预制构件进场时应进行结构性能检验，并应符合下列规定：

(1) 结构性能检验应符合国家现行相关标准的有关规定及设计的要求，检验要求和试验方法应符合本规范附录B的规定。

(2) 钢筋混凝土构件和允许出现裂缝的预应力混凝土构件应进行承载力、挠度和裂缝宽度检验；不允许出现裂缝的预应力混凝土构件应进行承载力、挠度和抗裂检验。

(3) 对大型构件及有可靠应用经验的构件，可只进行裂缝宽度、抗裂和挠度检验。

(4) 对使用数量较少的构件，当能提供可靠依据时，可不进行结构性能检验。

由该条文第(3)款可知，可不进行检验的项目是承载力，故选A。

答案： A

37. **解析：**《地下防水验收规范》第3.0.1条规定，地下工程的防水等级标准应符合表3.0.1（题37解表）的规定。

地下工程防水等级标准 **题37解表**

防水等级	防　水　标　准
一级	不允许渗水，结构表面无湿渍
二级	不允许漏水，结构表面可有少量湿渍； 房屋建筑地下工程：总湿渍面积不大于总防水面积的1‰，任意100m²防水面积上的湿渍不超过2处，单个湿渍面积不大于0.1m²； 其他地下工程：湿渍总面积不大于总防水面积的2‰，任意100m²防水面积上的湿渍不超过3处，单个湿渍面积不大于0.2m²；……
三级	有少量漏水点，不得有线流和漏泥砂； 任意100m²防水面积上的漏水或湿渍点数不超过7处，单个漏水点的最大漏水量不大于2.5L/d，单个湿渍的面积不大于0.3m²
四级	有漏水点，不得有线流和漏泥砂； 整个工程平均漏水量不大于2L/(m²·d)，任意100m²防水面积上的平均漏水量不大于4L/(m²·d)

由表中可以看出，地下工程防水共分为四个等级。

答案： C

38. **解析：**《地下防水验收规范》第4.1.1条规定，防水混凝土适用于抗渗等级不小于P6的地下混凝土结构。不适用于环境温度高于80℃的地下工程。处于侵蚀性介质中，防水混凝土的耐侵蚀性要求应符合现行国家标准《工业建筑防腐蚀设计规范》GB 50046和《混凝土结构耐久性设计规范》GB 50476的有关规定。可见，A选项说法正确，B、C选项说法不正确。

又第4.1.4条规定，矿物掺合料的选择应符合下列规定：

1. 粉煤灰的级别不应低于Ⅱ级，烧失量不应大于5%；

2. 硅粉的比表面积不应小于15000m^2/kg，SiO_2含量不应小于85%；

3. 粒化高炉矿渣粉的品质要求应符合现行国家标准《用于水泥和混凝土中的粒化高炉矿渣粉》GB/T 18046 的有关规定。

第 4.1.7 条规定，防水混凝土的配合比应经试验确定，并应符合下列规定；

1. 试配要求的抗渗水压值应比设计值提高 0.2MPa；

2. 混凝土胶凝材料总量不宜小于 320kg/m^2，其中水泥用量不宜小于 260kg/m^3，粉煤灰掺量宜为胶凝材料总量的 20%～30%，硅粉的掺量宜为胶凝材料总量的 2%～5%；

3. 水胶比不得大于 0.50，有侵蚀性介质时水胶比不宜大于 0.45。

由该两条规定可知，防水混凝土中可掺用粉煤灰，且对其质量和掺量有明确的规定。故D选项说法不正确。

答案：A

39. **解析：**依据《地下防水验收规范》第 4.1.3 条，砂、石的选择应符合下列规定：

1. 砂宜选用中粗砂，含泥量不应大于 3.0%，泥块含量不宜大于 1.0%；

2. 不宜使用海砂，在没有使用河砂的条件时，应对海砂进行处理后才能使用，且控制氯离子含量不得大于 0.06%；

3. 碎石或卵石的粒径宜为 5～40mm，含泥量不应大于 1.0%，泥块含量不应大于 0.5%；

4. 对长期处于潮湿环境的重要结构混凝土用砂、石，应进行碱活性检验。

由第 2 款可知，配制防水混凝土不宜使用天然海砂。故选 C。

答案：C

40. **解析：**《地下防水验收规范》第 4.2.1 条规定，水泥砂浆防水层适用于地下工程主体结构的迎水面或背水面，不适用于受持续振动或环境温度高于 80℃的地下工程。故选 C。实际容易理解，砂浆属于刚性材料，持续振动易于造成开裂甚至空鼓脱落，难以保证防水效果。

答案：C

41. **解析：**《屋面验收规范》第 6.2.1 条规定，屋面坡度大于 25%时，卷材应采取满粘和钉压固定措施。

答案：D

42. **解析：**《屋面验收规范》第 6.2.2 条，卷材铺贴方向应符合下列规定：

1. 卷材宜平行屋脊铺贴；

2. 上下层卷材不得相互垂直铺贴。

可见 A、B 选项做法错误。

又第 6.2.3 条，卷材搭接缝应符合下列规定：

1. 平行屋脊的卷材搭接缝应顺流水方向，卷材搭接宽度应符合表 6.2.3 的规定；

2. 相邻两幅卷材短边搭接缝应错开，且不得小于 500mm；

3. 上下层卷材长边搭接缝应错开，且不得小于幅宽的 1/3。

可见，C 选项做法正确，D 选项做法错误。

答案： C

43. **解析：**《地下工程防水技术规范》GB 50108—2008 第 5.2.2 条规定，后浇带应在其两侧混凝土龄期达到 42d 后再施工，高层建筑的后浇带施工应按规定时间进行。

答案： A

44. **解析：**《装修验收标准》第 3.1.4 条规定：既有建筑装饰装修工程设计涉及主体和承重结构变动时，必须在施工前委托原结构设计单位或者具有相应资质条件的设计单位提出设计方案，或由检测鉴定单位对建筑结构的安全性进行鉴定。故 D 选项所述处理方式错误。

答案： D

45. **解析：**《装修验收标准》第 3.3.11 条规定：建筑装饰装修工程的电气安装应符合设计要求，不得直接埋设电线。故 A 说法错误。

第 3.3.12 条规定：隐蔽工程验收应有记录，记录应包含隐蔽部位照片；施工质量的检验批验收应有现场检查原始记录。故 B 说法错误。

第 3.3.15 条规定：建筑装饰装修工程验收前应将施工现场清理干净。故 C 说法正确。

第 3.3.8 条规定：建筑装饰装修工程施工前应有主要材料的样板或做样板间(件)，并应经有关各方确认。故 D 说法错误。

答案： C

46. **解析：**《装修验收标准》第 4.1.1 条规定，一般抹灰包括水泥砂浆、水泥混合砂浆、聚合物水泥砂浆和粉刷石膏等抹灰，保温层薄抹灰包括保温层外面聚合物砂浆薄抹灰，装饰抹灰包括水刷石、斩假石、干粘石和假面砖等装饰抹灰，清水砌体勾缝包括清水砌体砂浆勾缝和原浆勾缝。可见，A 选项所述不属于装饰抹灰。

答案： A

47. **解析：**《装修验收标准》第 5.3.6 条规定，涂膜防水层的厚度应符合设计要求。检验方法：针测法或割取 20mm×20mm 实样用卡尺测量。需注意，通过尺寸数据来判定质量状况者（如涂膜厚度）需进行实测，不宜用观察法检验，故选 A。

第 5.2.4 条规定：砂浆防水层与基层之间及防水层各层之间应粘结牢固，不得有空鼓。检验方法：观察，用小锤轻击检查。第 5.2.5 条规定：砂浆防水层表面应密实、平整，不得有裂纹、起砂和麻面等缺陷。检验方法：观察。第 5.3.4 条规定：涂膜防水层与基层之间应粘结牢固。检验方法：观察。需注意，通过感知能判定质量状况者，可采用观察法检验。

答案： A

48. **解析：**《装修验收标准》第 6.1.11 条规定：建筑外门窗安装必须牢固，在砌体上安装门窗严禁采用射钉固定。故选 B。

答案： B

49. **解析：**《装修验收标准》第 6.2.3 条规定：木门窗的防火、防腐、防虫处理应符合设计要求。

答案： D

50. **解析：**《装修验收标准》第 7.1.12 条规定：重型设备和有振动荷载的设备严禁安装在

吊顶工程的龙骨上。因A选项所述重量较大，B、C选项所述还具有振动荷载，故选D。

答案： D

51. **解析：**《装修验收标准》第8.1.4条规定，轻质隔墙工程应对下列隐蔽工程项目进行验收：

　　1. 骨架隔墙中设备管线的安装及水管试压；

　　2. 木龙骨防火和防腐处理；

　　3. 预埋件或拉结筋；

　　4. 龙骨安装；

　　5. 填充材料的设置。

　　而面板安装不属于隐蔽工程。故选C。

答案： C

52. **解析：**《装修验收标准》第8.3.5条规定，骨架隔墙的墙面板应安装牢固，无脱层、翘曲、折裂及缺损。检验方法：观察，手扳检查。

答案： A

53. **解析：**《装修验收标准》第8.5.1条规定，玻璃隔墙工程所用材料的品种、规格、图案、颜色和性能应符合设计要求，玻璃板隔墙应使用安全玻璃。故选C。

答案： C

54. **解析：**《装修验收标准》第11.1.3条规定，幕墙工程应对下列材料及其性能指标进行复验：

　　1. 铝塑复合板的剥离强度；

　　2. 石材、瓷板、陶板、微晶玻璃板、木纤维板、纤维水泥板和石材蜂窝板的抗弯强度，严寒、寒冷地区石材、瓷板、陶板、纤维水泥板和石材蜂窝板的抗冻性，室内用花岗石的放射性；

　　3. 幕墙用结构胶的邵氏硬度、标准条件拉伸粘结强度、相容性试验、剥离粘结性试验，石材用密封胶的污染性；

　　4. 中空玻璃的密封性能；

　　5. 防火、保温材料的燃烧性能；

　　6. 铝材、钢材主受力杆件的抗拉强度。

　　可见，石材的防腐性能无需进行复验。故选B。

答案： B

55. **解析：**《装修验收标准》第12.1.5条规定，涂饰工程的基层处理应符合下列规定：

　　1. 新建筑物的混凝土或抹灰基层在用腻子找平或直接涂饰涂料前应涂刷抗碱封闭底漆；

　　2. 既有建筑墙面在用腻子找平或直接涂饰涂料前应清除疏松的旧装修层，并涂刷界面剂；

　　3. 混凝土或抹灰基层在用溶剂型腻子找平或直接涂刷溶剂型涂料时，含水率不得大于8%，在用乳液型腻子找平或直接涂刷乳液型涂料时，含水率不得大于10%，木材基层的含水率不得大于12%；

4. 找平层应平整、坚实、牢固，无粉化、起皮和裂缝，内墙找平层的粘结强度应符合现行行业标准《建筑室内用腻子》JG/T 298 的规定；

5. 厨房、卫生间墙面的找平层应使用耐水腻子。

可见，C 选项说法错误，故选 C。

答案： C

56. **解析：**《地面施工验收规范》第 3.0.24 条规定，检验方法应符合下列规定：

1. 检查允许偏差应采用钢尺、1m 直尺、2m 直尺、3m 直尺、2m 靠尺、楔形塞尺、坡度尺、游标卡尺和水准仪；

2. 检查空鼓应采用敲击的方法；

3. 检查防水隔离层应采用蓄水方法；

4. 检查各类面层（含不需铺设部分或局部面层）表面的裂纹、脱皮、麻面和起砂等缺陷，应采用观感的方法。

本题 A 选项说法不够准确，应把“钢尺”改为“尺量”；但 D 选项说法显然错误。故选 D。

答案： D

57. **解析：**《地面施工验收规范》第 4.3.1 条规定：灰土垫层应采用熟化生石灰与黏土（或粉质黏土、粉土）和拌合料铺设，其厚度应不小于 100mm。第 4.3.2 条规定：熟化石灰粉可采用磨细生石灰，亦可用粉煤灰代替。可见，通常不用生石灰膏。故选 B。

答案： B

58. **解析：**《地面施工验收规范》第 4.6.1 条规定：三合土垫层应采用石灰、砂（可掺入少量黏土）与碎砖的拌合料铺设，其厚度不应小于 100mm；四合土垫层应采用水泥、石灰、砂（可掺入少量黏土）与碎砖的拌合料铺设，其厚度不应小于 80mm。可见，三合土较四合土缺少水泥，或者说四合土是在三合土中掺加了水泥而构成。故选 A。

答案： A

59. **解析：** 依据《地面施工验收规范》第 4.10.11 条关于厕浴间和有防水要求的建筑地面之规定，必须设置防水隔离层；楼层结构必须采用现浇混凝土或整块预制混凝土板，混凝土强度等级不应小于 C20；房间的楼板四周除门洞外应做混凝土翻边，高度不应小于 200mm，宽同墙厚，混凝土强度等级不应小于 C20；施工时结构层标高和预留孔洞位置应准确，严禁乱凿洞。可见 B 选项说法错误。

答案： B

60. **解析：**《地面施工验收规范》第 6.3.5 条规定：大理石、花岗岩面层所用板块产品进入施工现场时，应有放射性限量合格的检测报告。故选 A。还需注意的是，砖面层也需要。

答案： A

61. **解析：**《地面施工验收规范》第 4.12.3 条规定：有防水、防潮要求的地面，宜在防水、防潮隔离层施工完毕并验收合格后再铺设绝热层。

第 4.12.4 条规定：穿越地面进入非采暖保温区域金属管道应采取隔断热桥的措施。

第4.12.8条规定：绝热层的材料不应采用松散型材料或抹灰浆料。

第4.12.6条规定：有地下室的建筑，地上、地下交接部位楼板的绝热层应采用外保温做法，绝热层表面应设有外保护层，外保护层应安全、耐候，表面应平整，无裂纹。

可见，A、B、D选项说法正确，C选项说法错误，故选C。

答案： C

62. **解析：**《地面施工验收规范》第6.4.3条规定：水泥混凝土板块面层的缝隙中，应采用水泥浆（或砂浆）填缝；彩色混凝土板块、水磨石板块、人造石板块应用同色水泥浆（或砂浆）擦缝。可见。A、B、C选项所述应采用水泥砂浆填缝，非正确选项。

第6.5.3条规定：不导电的料石面层的石料应采用辉绿岩石加工制成。填缝材料亦采用辉绿岩石加工的砂嵌实。可见，D选项所述不能采用水泥砂浆填缝，故选D。

答案： D

63. **解析：** 住房城乡建设部2018年提出了《关于推进全过程工程咨询服务发展的指导意见》，指出：全过程工程咨询是对工程建设项目前期研究和决策以及工程项目实施和运行（或称运营）的全生命周期提供包含设计和规划在内的涉及组织、管理、经济和技术等各有关方面的工程咨询服务。工程咨询企业可根据企业自身的优势和特点积极延伸服务内容，提供项目建设可行性研究、项目实施总体策划、工程规划、工程勘察与设计、项目管理、工程监理、造价咨询及项目运行维护管理等全方位的全过程工程咨询服务。

咨询服务不是承包工程，不包含施工。

答案： C

64. **解析：** 住房城乡建设部2019年发布的《房屋建筑和市政基础设施项目工程总承包管理办法》第十一条规定：工程总承包单位不得是工程总承包项目的代建单位、项目管理单位、监理单位、造价咨询单位、招标代理单位。

答案： D

65. **解析：** 从《建筑法》第二至七章标题可以看出A是正确答案。

第二章　建筑许可

第三章　建筑工程发包与承包

第四章　建筑工程监理

第五章　建筑安全生产管理

第六章　建筑工程质量管理

第七章　法律责任

答案： A

66. **解析：**《建筑法》第八十三条，强险救灾及其他临时性房屋建筑和农民自建低层住宅的建筑活动不适用本法。第八十四条，军用房屋建筑工程建筑活动的具体管理办法，由国务院、中央军事委员会依据本法制定。

答案： B

67. **解析：**按照2007年公布的《工程设计资质标准》。乙级设计资质只能“承担本行业中、小型工程项目的主体工程及其配套的工程业务”，从附表中可以看出乙级资质不能承担四星酒店室内装修，所以B错；跨度大于12m的多层厂房，乙级也不能做，所以C选项错。大于1万m^2的地下空间乙级也不能做，所以D也不对。

建筑行业（建筑工程）建设项目设计规模划分表　　　　题67解表

<table>
<tr><th>序号</th><th>建设项目</th><th>工程等级特征</th><th>大　型</th><th>中　型</th><th>小　型</th></tr>
<tr><td rowspan="10">1</td><td rowspan="10">一般公共建筑</td><td>单体建筑面积</td><td>20000m² 以上</td><td>5000～20000m²</td><td>≤5000m²</td></tr>
<tr><td>建筑高度</td><td>＞50m</td><td>24～50m</td><td>≤24m</td></tr>
<tr><td rowspan="8">复杂程度</td><td>1. 大型公共建筑工程</td><td>1. 中型公共建筑工程</td><td>1. 功能单一、技术要求简单的小型公共建筑工程</td></tr>
<tr><td>2　技术要求复杂或具有经济、文化、历史等意义的省（市）级中小型公共建筑工程</td><td>2. 技术要求复杂或有地区性意义的小型公共建筑工程</td><td>2. 高度＜24m的一般公共建筑工程</td></tr>
<tr><td>3. 高度＞50m的公共建筑工程</td><td>3. 高度24～50m的一般公共建筑工程</td><td>3. 小型仓储建筑工程</td></tr>
<tr><td>4. 相当于四、五星级饭店标准的室内装修、特殊声学装修工程</td><td>4. 仿古建筑、一般标准的古建筑、保护性建筑以及地下建筑工程</td><td>4. 简单的设备用房及其他配套用房工程</td></tr>
<tr><td>5. 高标准的古建筑、保护性建筑和地下建筑工程</td><td>5. 大中型仓储建筑工程</td><td>5. 简单的建筑环境设计及室外工程</td></tr>
<tr><td>6. 高标准的建筑环境设计和室外工程</td><td>6. 一般标准的建筑环境设计和室外工程</td><td>6. 相当于一星级饭店及以下标准的室内装修工程</td></tr>
<tr><td>7. 技术要求复杂的工业厂房</td><td>7. 跨度小于30m、吊车吨位小于30t的单层厂房或仓库；跨度小于12m、6层以下的多层厂房或仓库</td><td>7. 跨度小于24m、吊车吨位小于10t的单层厂房或仓库；跨度小于6m、楼盖无动荷载的3层以下的多层厂房或仓库</td></tr>
<tr><td>8. 相当于二、三星级饭店标准的室内装修工程</td><td></td><td></td></tr>
<tr><td rowspan="2">2</td><td rowspan="2">住宅宿舍</td><td>层数</td><td>＞20层</td><td>12层～20层</td><td>≤12层（其中砌块建筑不得超过抗震规范层数限值要求）</td></tr>
<tr><td>复杂程度</td><td>20层以上居住建筑和20层及以下高标准居住建筑工程</td><td>20层及以下一般标准的居住建筑工程</td><td></td></tr>
</table>

续表

序号	建设项目	工程等级特征	大 型	中 型	小 型
3	住宅小区工厂生活区	总建筑面积	>30 万 m^2 规划设计	≤30 万 m^2 规划设计	单体建筑按上述住宅或公共建筑标准执行
4	地下工程	地下空间（总建筑面积）	>1 万 m^2	≤1 万 m^2	
		附建式人防（防护等级）	四级及以上	五级及以下	人防疏散干道、支干道及人防连接通道等人防配套工程

答案： A

68. **解析：**《建筑法》第二十七条规定，两个以上不同资质等级的单位实行联合共同承包的，应当按照资质等级低的单位的业务许可范围承揽工程。

答案： C

69. **解析：**《中华人民共和国招标投标法实施条例》第三十四条　与招标人存在利害关系可能影响招标公正性的法人、其他组织或者个人，不得参加投标。

单位负责人为同一人或者存在控股、管理关系的不同单位，不得参加同一标段投标或者未划分标段的同一招标项目投标。

答案： A

70. **解析：** 依据《中华人民共和国标准施工招标文件》中通用条款第 1.4 款关于合同文件优先顺序的规定，组成合同的各项文件应互相解释，互为说明；除专用条款另有约定外，解释合同文件的优先顺序如下：

①合同协议书—②中标通知书—③投标函及投标函附录—④专用合同条款—⑤通用合同条款—⑥技术标准和要求—⑦图纸—⑧已标价工程清单表—⑨其他合同文件

答案： A

71. **解析：** 依据《民法典》第七百八十八条，建设工程合同包括工程勘察、设计、施工合同。

答案： B

72. **解析：**《设计文件深度规定》4.3.5 立面图第 9 条规定：各个方向的立面应绘全，……

题中 C 选项说只画出具有代表性的立面是不合适的。

答案： C

73. **解析：**《建设工程消防设计审查验收管理暂行规定》第八条　建设单位依法对建设工程消防设计、施工质量负首要责任。设计、施工、工程监理、技术服务等单位依法对建设工程消防设计、施工质量负主体责任。（注：负首要责任的是建设单位，不是设计单位，所以 A 错）

第九条　建设单位应当履行下列消防设计、施工质量责任和义务……

（二）依法申请建设工程消防设计审查、消防验收，办理备案并接受抽查……（申请审查也是建设单位责任，故而 B 错）

第十条　设计单位应当履行下列消防设计、施工质量责任和义务：（一）按照建设工程法律法规和国家工程建设消防技术标准进行设计，编制符合要求的消防设计文件，不得违反国家工程建设消防技术标准强制性条文；（二）在设计文件中选用的消防产品和具有防火性能要求的建筑材料、建筑构配件和设备，应当注明规格、性能等技术指标，符合国家规定的标准；（三）参加建设单位组织的建设工程竣工验收，对建设工程消防设计实施情况签章确认，并对建设工程消防设计质量负责。所以答案应选 D。

答案：D

74. **解析**：《设计管理条例》第三十三条规定，施工图设计文件审查机构应当对房屋建筑工程、市政基础设施工程施工图设计文件中涉及公共利益、公众安全、工程建设强制性标准的内容进行审查。

答案：D

75. **解析**：据《强制性标准监督规定》第十条，强制性标准监督检查的内容包括：

（一）有关工程技术人员是否熟悉、掌握强制性标准；

（二）工程项目的规划、勘察、设计、施工、验收等是否符合强制性标准的规定；

（三）工程项目采用的材料、设备是否符合强制性标准的规定；

（四）工程项目的安全、质量是否符合强制性标准的规定；

（五）工程中采用的导则、指南、手册、计算机软件的内容是否符合强制性标准的规定。

（编者注：此题本来题目中 B 项是“监理单位工程技术人员是否熟悉、掌握强制性标准”，这个表述看不出有何错误，但是如果认为此项正确，那和下面 C 项“计算机软件的内容是否符合强制性标准的规定”之间就不好确定哪一条是正确答案了，为了避免歧义，编者把题面中的“监理”改为了“建设单位”。这样 B 明显是不对的，答案只能选 C）

答案：C

76. **解析**：《中华人民共和国标准化法》第十条规定，对于强制性国家标准的立项建议，国务院标准化行政主管部门认为需要立项的，会同国务院有关行政主管部门决定；强制性国家标准由国务院批准发布或者授权批准发布。故 A 错。第十二条规定，行业标准由国务院有关行政主管部门制定，报国务院标准化行政主管部门备案。故 C 错。第十三条规定，地方标准由省、自治区、直辖市人民政府标准化行政主管部门制定。故 B 错。应选 D。

答案：D

77. **解析**：《建筑法》第六条　国务院建设行政主管部门对全国的建筑活动实施统一监督管理。

答案：B

78. **解析**：《城乡规划法》第三十四条规定，城市、县、镇人民政府应当根据城市总体规划、镇总体规划、土地利用总体规划和年度计划以及国民经济和社会发展规划，制定近期建设规划，报总体规划审批机关备案。近期建设规划应当以重要基础设施、公共服务设施和中低收入居民住房建设以及生态环境保护为重点内容，明确近期建设的时序、发展方向和空间布局。近期建设规划的规划期限为五年。

答案：B

79. **解析**：城市、县、镇人民政府应当根据城市总体规划、镇总体规划、土地利用总体规划和年度计划以及国民经济和社会发展规划，制定近期建设规划。

答案：C

80. **解析：**《房地产管理法》第十四条规定，土地使用权出让最高年限由国务院规定。

答案： A

81. **解析：**《设计管理条例》第二十八条规定：建设工程勘察、设计文件内容需要作重大修改的，建设单位应当报经原审批机关批准后，方可修改。

答案： A

82. **解析：**《房地产管理法》第九条规定，城市规划区内的集体所有土地，经依法征收转为国有土地后，该幅国有土地的使用权方可有偿出让，但法律另有规定的除外。

答案： C

83. **解析：**《房地产管理法》第二十四条规定，下列建设用地的土地使用权，确属必需的，可以由县级以上人民政府依法批准划拨：

（一）国家机关用地和军事用地；

（二）城市基础设施用地和公益事业用地；

（三）国家重点扶持的能源、交通、水利等项目用地；

（四）法律、行政法规规定的其他用地。

答案： C

84. **解析：**《建筑法》第七十二条规定，建筑设计单位不按照建筑工程质量、安全标准进行设计的，责令改正，处以罚款；造成工程质量事故的，责令停业整顿，降低资质等级或者吊销资质证书，没收违法所得，并处罚款；造成损失的，承担赔偿责任；构成犯罪的，依法追究刑事责任。

答案： B

85. **解析：**《工程质量条例》第六十三条规定，违反本条例规定，有系列行为之一的，责令改正，处 10 万元以上 30 万元以下的罚款。

答案： D

2019年试题、解析及答案

2019年 试 题

1. 核定建设项目交付资产实际价值依据的是(　　)。

A 工程项目竣工结算价　　B 经修正的设计总概算
C 工程项目竣工决算价　　D 工程项目承发包合同价

2. 估算工程项目总投资时，预留的基本预备费可以用于哪些增加的费用?(　　)

A 局部地基处理　　B 汇率变化
C 材料价格上涨　　D 人工工资上涨

3. 编制投资估算时，成套设备费是(　　)。

A 设备原价+设备运杂费　　B 设备出厂价
C 进口设备原价+设备运杂费　　D 进口设备到岸价

4. 设计院收取的设计费一般应计入建设投资的哪项费用中?(　　)

A 建设单位管理费　　B 建筑安装工程费
C 工程建设其他费　　D 预备费

5. 政府投资建设项目造价控制的最高限额是(　　)。

A 承发包价格　　B 经批准的设计总概算
C 设计单位编制的初步概算　　D 经审查批准的施工图预算

6. 关于设计概算编制的说法，正确的是(　　)。

A 采用两阶段设计的建设项目，初步设计可以编制设计概算，也可以不编制设计概算
B 采用三阶段设计的建设项目，技术设计可以修正概算，也可以不修正概算
C 施工图设计突破总概算的建设项目，需要按规定程序报经审批
D 竣工决算超过了批准的设计概算，一定是设计概算编制的质量有问题

7. 编制施工图预算时，应依据的定额是(　　)。

A 预算定额　　B 投资估算指标
C 概算定额　　D 有代表性的企业定额

8. 根据《建设工程工程量清单计价规范》GB 50500—2013，工程量清单的编制阶段是在(　　)。

A 施工招标后　　B 设计方案确定前
C 施工图完成后　　D 初步设计审查前

9. 仅考虑围护墙与建筑面积比率的因素，下列平面形式的建筑中最经济的是(　　)。

A 长方形建筑　　B 正方形建筑
C L形建筑　　D 圆形建筑

10. 当初步设计内容不够深入，不能准确计算工程量时，若工程采用的技术比较成熟，又有类似概算指标可以运用，则编制概算适用的方法是(　　)。

A 概算指标法　　B 扩大单价法
C 综合单价法　　D 类似工程预算法

11. 工程量清单是由招标人负责提供的，但从设计人员的角度来说，为提高工程量清单编制质量应(　　)。

A 避免设计图纸中的错误　　　　　　B 仔细计算工程数量

C 设计时要考虑施工的难易程度　　　D 设计时尽量考虑业主的要求

12. 某专业的设计人员在设计方案初步完成后，发现超过了事先分配的设计限额，首先应采取的做法是(　　)。

A 向其他限额没有用完的专业人员申请借用限额

B 修改设计方案以达到限额设计的要求

C 如果不超过设计限额的10%，则不用修改

D 向项目经理要求提高限额

13. 关于初步设计阶段限额设计的说法正确的是(　　)。

A 限额的分配一般是根据类似工程的经验分配的，确保了分配的合理性

B 限额设计必须考虑项目全生命周期的成本，因此限额一般较高

C 限额设计应以批准的投资估算作为设计的总限额

D 若不能在分配的限额内完成设计，设计人员一般会采取降低技术标准的做法

14. 采用价值工程进行设计方案优化时，核心工作是(　　)。

A 功能分析　　　　　　　　　　　B 优化工期

C 质量分析　　　　　　　　　　　D 方案创新

15. 可以反映项目内部潜在的最大盈利能力的指标是(　　)。

A 内部收益率　　　　　　　　　　B 利润总额

C 投资回收期　　　　　　　　　　D 投资报酬率

16. 某设计院就同一项目给出四个设计方案见下表，在功能均满足要求前提下，从成本因素角度，应选择的最优方案是(　　)。

	甲	乙	丙	丁
设计概算（万元）	8400	9500	9600	10000
建筑面积（m^2）	12000	14800	13500	15000
单方造价（元/m^2）	7000	6419	7111	6667

A 甲　　　　　　　　　　　　　　B 乙

C 丙　　　　　　　　　　　　　　D 丁

17. 对于非盈利性项目，进行设计方案的经济效果比选时，可采用的指标是(　　)。

A 利润总额　　　　　　　　　　　B 财务净现值

C 费用效果比　　　　　　　　　　D 内部收益率

18. 某厂区设计方案中，厂区占地面积14000m^2。其中，厂房、办公楼占地面积8000m^2，原材料和燃料堆场2000m^2，厂区道路占地面积3000m^2，绿化占地面积1000m^2。则该厂区的建筑系数是(　　)。

A 57.14%　　　　　　　　　　　　B 71.43%

C 78.57%　　　　　　　　　　　　D 92.86%

19. 下列建设设计指标中，能全面反映工业建筑厂区用地是否经济合理的指标是(　　)。

A 容积率　　　　　　　　　　　　B 土地利用系数

C 绿化率　　D 建筑周长系数

20. 根据《建筑工程建筑面积计算规范》GB/T 50353—2013，建筑物外墙外保温层的建筑面积计算，正确的是(　　)。

A 应按其保温材料的水平截面积的1.1倍计算，并计入自然层建筑面积

B 应按其保温材料的水平截面积的2/3计算，并计入自然层建筑面积

C 应按其保温材料的水平截面积的1/2计算，并计入自然层建筑面积

D 应按其保温材料的水平截面积计算，并计入自然层建筑面积

21. 根据《建筑工程建筑面积计算规范》GB/T 50353—2013，对于形成建筑空间的坡屋顶，应计算全面积的部位是(　　)。

A 结构层高在2.10m及以上的部位　　B 结构层高在1.20m及以上的部位

C 结构净高在1.20m及以上的部位　　D 结构净高在2.10m及以上的部位

22. 根据《建筑工程建筑面积计算规范》GB/T 50353—2013，计算建筑面积时，对于向外倾斜的围护结构的楼层，计算其建筑面积应依据(　　)。

A 底板面的外墙外围水平面积和顶板面的外墙外围水平面积的平均值

B 底板面的外墙外围水平面积

C 顶板面的外墙外围水平面积

D 楼层层高2/3处的围护结构的外围水平面积

23. 反映工程项目造价控制效果的“两算对比”指的是哪两个指标的对比？(　　)

A 设计概算和投资估算　　B 施工图预算和设计概算

C 竣工结算和投资估算　　D 竣工决算和设计概算

24. 居住区的技术经济指标中，人口净密度是指(　　)。

A 居住总户数/居住区用地面积　　B 居住总人口/居住区用地面积

C 居住总户数/住宅用地面积　　D 居住总人口/住宅用地面积

25. 关于砌体结构工程的说法，错误的是(　　)。

A 砌体结构的标高、轴线应引自基准控制点

B 基底标高不同时，应由低处向高处搭砌

C 砌筑墙体应设置皮数杆

D 宽度超过300mm的洞口上部，应设置钢筋混凝土过梁

26. 关于砌体工程砌筑用砂浆试块强度验收合格标准的说法，正确的是(　　)。

A 在砌体砌筑部位随机取样制作砂浆试块

B 制作砂浆试块的砂浆稠度可以与配合比设计不一致

C 同一验收批砂浆试块强度平均值可等于设计强度等级值

D 同一验收批砂浆试块抗压强度的最小一组平均值可略低于设计强度等级值

27. 砌筑用水泥砂浆替代水泥混合砂浆使用时，针对M2.5的水泥混合砂浆，最适宜用来替换的水泥砂浆是(　　)。

A M2.5　　B M5

C M7.5　　D M10

28. 关于砌体工程冬期施工的说法，错误的是(　　)。

A 当室外日平均气温连续5d稳定低于5℃时，应采取冬期施工措施

B　砌体用块体不得遭水浸冻

C　已冻结的石灰膏经融化后也不能投入使用

D　砖砌体在0℃条件下砌筑时，砖可不浇水但必须增大砂浆稠度

29. 关于砖砌体工程施工的说法，错误的是(　　)。

A　砌筑烧结普通砖时，砖应提前1～2d适当湿润

B　非气候干燥炎热时，混凝土实心砖不需要浇水湿润

C　砖砌体挑出层的外皮砖，应整砖丁砌

D　有冻胀环境和条件的地区，地面以下可采用多孔砖

30. 砌筑墙体应设置皮杆数，关于其作用，下列哪项错误？(　　)

A　保证砌体灰缝的厚度均匀、平直　　B　控制砌体高度

C　控制砌体高度变化部位的位置　　D　控制砌体垂直平整度

31. 关于填充墙砌体工程的说法，正确的是(　　)。

A　下雨天运输蒸压加气混凝土砌块，可不采取任何遮挡措施

B　不同强度等级的轻骨料混凝土小型空心砌块可以混砌

C　烧结空心砖的堆置高度不宜超过2m

D　蒸压加气混凝土砌体可以与其他砌体混砌

32. 下列混凝土结构工程施工验收选项中，属于检验批的质量验收内容的是(　　)。

A　实物检查　　B　结构实体检验

C　观感质量验收　　D　质量控制资料检查

33. 在混凝土结构模板支架工程中，不属于模板及支架应当满足的要求是(　　)。

A　承载力要求　　B　刚度要求

C　耐候性要求　　D　整体稳固性要求

34. 现浇混凝土结构的外观质量缺陷中，混凝土表面缺少水泥浆而形成石子外露的现象被称为(　　)。

A　蜂窝　　B　爆浆

C　疏松　　D　夹渣

35. 在混凝土结构预应力分项工程验收的一般项目中，预应力成孔管道进场检验的内容不包括(　　)。

A　外观质量检查　　B　抗拉强度检验

C　径向刚度检验　　D　抗渗漏性能检验

36. 装配式结构分项工程中，允许出现裂缝的预应力混凝土构件应当进行的检验不包括(　　)。

A　承载力检验　　B　挠度检验

C　裂缝宽度检验　　D　抗裂检验

37. 下列混凝土结构工程施工质量检验项目中，结构实体检验内容一般不包括(　　)。

A　混凝土强度　　B　钢筋抗拉强度

C　钢筋保护层厚度　　D　结构位置与尺寸偏差

38. 关于屋面卷材防水层的说法，正确的是(　　)。

A　防水卷材，上下层卷材应垂直铺贴

B　相邻两幅卷材短边搭接缝应对齐

C　冷粘法铺贴卷材的接缝口应用密封材料封严

D　热熔型改性沥青胶结材料加热温度不应高于300℃

39. 女儿墙和山墙的压顶向内排水坡度不应小于(　　)。

A　5%　　　　B　3%　　　　C　10%　　　　D　8%

40. 关于屋面工程细部构造验收的说法，正确的是(　　)。

A　檐沟防水层应由沟底翻上至外侧顶部

B　女儿墙和山墙的涂膜应直接涂刷至压顶顶部

C　水落口周围直径300m范围内坡度不应小于5%

D　屋面出入口的泛水高度不应小于200mm

41. 关于地下工程渗排水及盲沟排水施工的说法，正确的是(　　)。

A　渗排水层与工程底板之间应设隔浆层

B　渗排水应在地基工程验收合格前进行施工

C　渗排水的集水管应设置在粗砂过滤层的上部

D　盲沟排水的集水管不宜采用硬质塑料管

42. 做建筑地下防水工程时，在砂卵石层中注浆宜采用(　　)。

A　电动硅化注浆法　　　　B　高压喷射注浆法

C　劈裂注浆法　　　　D　渗透注浆法

43. 关于长期处于潮湿环境的重要结构防水混凝土选择砂、石的说法，正确的是(　　)。

A　宜选用细砂　　　　B　可不进行碱活性检验

C　宜选用海砂　　　　D　宜选用中粗砂

44. 关于建筑装饰装修工程基本规定的说法，错误的是(　　)。

A　建筑装饰装修工程设计变动主体承重结构时，在施工前可委托原设计单位提出设计方案

B　材料来源稳定且连续三批均一次检验合格的产品，进场验收时检验批的容量可扩大两倍

C　在既有建筑装饰装修前，应该对基层进行处理

D　当管道必须与建筑装饰装修工程施工同步进行时，应在饰面层施工前完成调试

45. 抹灰工程验收时可不提供的文件和记录是(　　)。

A　抹灰工程施工图纸　　　　B　材料的进场验收记录

C　隐蔽工程验收记录　　　　D　施工组织设计文件

46. 关于抹灰工程的说法，错误的是(　　)。

A　抹灰层具有防潮要求时，应采用防水砂浆

B　抹灰总厚度大于或等于35mm时，应采取加强措施

C　抹灰层出现脱层、空鼓现象，会降低墙体的保护性能

D　抹灰工程立面垂直度检验应使用塞尺

47. 下列验收项目中，不属于轻质骨架隔墙工程隐蔽验收项目的(　　)。

A　木龙骨防火和防腐处理　　　　B　面板构造

C　龙骨安装　　　　D　填充材料的设置

48. 关于门窗工程施工的说法，正确的是(　　)。

A　门窗安装前对门窗相邻洞口的位置偏差可不进行检验

B　金属门窗安装应先安装后砌筑

C　在砌体上安装门窗宜采用射钉固定

D　推拉门窗扇必须安装防脱落装置

49. 金属门窗扇的安装质量检验方法不包括(　　)。

A　观察　　B　开启和关闭检验

C　手扳检查　　D　破坏性试验

50. 关于建筑装饰装修工程设计的说法，错误的是(　　)。

A　建筑装饰装修耐久性应满足使用要求

B　由施工单位进行装饰深化设计并自行确认

C　当吊顶内的管线可能产生结露时，应进行防结露设计

D　建筑装饰装修工程设计深度应满足施工要求

51. 关于饰面板工程中有关材料及其性能指标进行复验的说法，错误的是(　　)。

A　室内花岗石板的放射性　　B　水泥基粘结料的粘结强度

C　室内用人造木板的甲醛释放量　　D　内墙陶瓷板的吸水率

52. 关于内墙饰面砖粘贴工程的说法，错误的是(　　)。

A　内墙饰面砖粘贴应牢固

B　满粘法施工的内墙饰面砖所有部位均应无空鼓

C　内墙饰面砖表面与平整、洁净、色泽一致

D　内墙饰面砖接缝应平直、光滑，填嵌应连续、密实

53. 下列玻璃幕墙工程施工质量验收的项目中，不属于主控项目的是(　　)。

A　玻璃幕墙工程所用材料、构件和组件质量

B　玻璃幕墙连接安装质量

C　金属框架和连接件的防腐处理

D　玻璃幕墙表面质量

54. 下列涂料品种中，属于水性涂料的是(　　)。

A　无机涂料　　B　丙烯酸酯涂料

C　有机硅丙烯酸涂料　　D　聚氨酯丙烯酸涂料

55. 关于裱糊前基层处理的说法，错误的是(　　)。

A　新建筑物的混凝土抹灰基层墙面在刮腻子前不宜涂刷抗碱封闭底漆

B　粉化的旧墙面应先除去粉化层

C　抹灰基层含水率不得大于8%

D　基层腻子应平整、坚实、牢固，无粉化、起皮、空鼓、酥松、裂缝和泛碱

56. 门窗套制作与安装分项工程属于哪个子分部工程？(　　)

A　涂饰工程　　B　门窗工程

C　细部工程　　D　裱糊与软包工程

57. 关于建筑地面工程施工及其质量检验的说法，正确的是(　　)。

A　各类面层的铺设宜在室内装修工程基本完工之前完成

B 塑料板面层应在管道试压完工前进行

C 其分项工程施工质量检验仅有主控项目

D 建筑施工企业自检合格后，由监理单位或建设单位组织验收

58. 关于建筑地面隔声垫铺设的说法，正确的是(　　)。

A 在柱、墙面的上翻高度应超出踢脚线一定高度

B 包裹在管道四周时，上卷高度应超出柱、墙面踢脚线的高度

C 隔声垫上部应设置保护层

D 隔声垫保护膜之间应错缝搭接，不宜用胶带等封闭

59. 下列哪一种垫层不宜在冬期施工?(　　)

A 灰土垫层　　B 炉渣垫层

C 三合土垫层　　D 级配砂石垫层

60. 关于建筑地面水泥砂浆或水泥混凝土整体面层施工的说法，正确的是(　　)。

A 不同强度等级的水泥可以混用　　B 表面平整度的允许偏差为10mm

C 水泥混凝土面层铺设时应留施工缝　　D 水泥砂浆的体积比应符合设计要求

61. 建筑地面水泥砂浆整体面层施工后，允许上人行走时抗压强度最小应为(　　)。

A 1.2MPa　　B 10MPa　　C 5MPa　　D 15MPa

62. 关于建筑地面板块类地面的说法，错误的是(　　)。

A 大理石、花岗石面层应在结合层上铺设

B 活动地板面层应在结合层上铺设

C 塑料板面层应在水泥类基层上铺设

D 地面辐射供暖的板块面层应在填充层上铺设

63. 根据《建筑法》，关于建筑活动的说法，错误的是(　　)。

A 建筑活动包括各类房屋建筑及其附属设施的建造，以及与其配套的管线、设备的安装活动

B 从事建筑活动应当遵守法律、法规，不得损害他人的合法权益

C 任何单位和个人都不得妨碍和阻挠合法企业进行的建筑活动

D 建筑活动应当确保建筑工程质量和安全，符合国家的建筑工程安全标准

64. 某建筑师注册时，不要求提供继续教育证明的是(　　)。

A 重新注册　　B 延续注册

C 取得资格3年后申请初始注册　　D 取得资格后当年申请注册

65. 大学建筑系讲师通过了注册建筑师考试，他可以申请注册的单位是(　　)。

A 本地某国营设计院　　B 外地某国营设计院

C 所在大学建筑设计院　　D 某民营建筑设计院

66. 关于招标代理机构的说法，正确的是(　　)。

A 是从事招标代理业务的社会管理机构

B 应有技术方面的专家库

C 应具有能够组织评标的相应专业力量

D 应具备招标代理资质

67. 根据《建筑工程设计招标投标管理办法》，确定中标候选人或中标人的说法，错误的

是(　　)。

A 评标委员会应当推荐不超过3个中标候选人，并标明顺序

B 招标人应当公示中标候选人和未中标投标人

C 招标人根据评标委员会推荐的中标候选人确定中标人

D 招标人可以授权评标委员会直接确定中标人

68. 某一栋包含办公、商业和影院功能的综合楼项目，其中影院部分设在商业裙楼顶上部。根据《合同法》，下列行为错误的是(　　)。

A 发包人分别与勘察人、设计人、施工人订立该项目勘察、设计、施工承包合同后

B 发包人将该项目的办公商业和影院部分分别与二家设计人订立设计合同

C 设计承包人经发包人同意，将影院音效设计分包给另一家专业设计人

D 发包人与总承包人订立该项目设计，施工承包

69. 关于建筑工程合同承包人可以顺延工期的说法，错误的是(　　)。

A 发包人没有按通知时间及时检查承包人的隐蔽工程而致工程延期的

B 设计人未按时收到发包人应提供的资料而不能如期完成设计文件的

C 因施工原因致工程某部位有缺陷，发包人要求施工人返工而延期的

D 发包人未按照约定的时间提供场地的

70. 关于建设工程合同的说法，错误的是(　　)。

A 建设工程合同包括工程勘察、设计、施工监理合同

B 建设工程合同应当采用书面形式

C 建设工程合同是承包人进行工程建设，发包人支付价款的合同

D 建设工程当事人订立合同，采取要约、承诺方式

71. 对建设工程设计文件违反《建设工程勘察设计管理条例》规定的，责令限期改正；对逾期不改正的，处10万元以上、30万元以下罚款的行为不包括(　　)。

A 未依据项目批准文件编制设计文件的

B 未依据城乡规划及专业规划设计的

C 未依据国家规定的设计深度要求设计的

D 未依据专家评审意见进行设计的

72. 关于建设工程勘察设计文件编制与实施的说法，错误的是(　　)。

A 编制市政交通工程设计文件，应当以批准的城乡和专业规划的要求为依据

B 编制工程勘察文件应当真实、准确满足工程设计和施工的需要

C 设计文件中选用的材料、设备，其质量要求必须符合国家规定的标准

D 设计文件内容需要作重大修改的，设计单位应当报经原审图机构审查通过后方可修改

73. 根据《建设工程勘察设计管理条例》，民用建筑工程初步设计文件编制深度应满足(　　)。

A 设备材料采购的需要　　B 编制施工招标文件的需要

C 编制工程预算的需要　　D 非标准设备制作的需要

74. 设计单位在建设工程施工阶段应当(　　)。

A 在施工前向施工单位说明工程设计意图

B 在工程施工过程中进行施工技术交底

C 在工程施工中及时解决出现的施工问题

D 在施工前对工程施工技术提出合理的建议

75. 根据《实施工程强制性标准监督规定》，不属于强制性标准监督检查的内容是(　　)。

A 工程项目操作指南的内容是否符合强制性标准的规定

B 工程项目的验收是否符合强制性标准的规定

C 工程项目的质量管理体系是否符合强制性标准的规定

D 有关工程技术人员是否熟悉，掌握强制性标准

76. 关于工程建设强制性标准的说法，正确的是(　　)。

A 民营和社会资本投资项目的工程建设活动，可不执行工程建设强制性标准

B 工程建设强制性标准是指直接或间接涉及工程质量、安全等方面的工程建设标准强制性条文

C 各级建设主管部门应当将强制性标准监督检查结果在一定范围内公告

D 监理单位违反强制性标准规定，责令改正，处以罚款，降低资质等级或吊销资质证书

77. 施工图审查机构在施工图审查时可不审查的内容是(　　)。

A 对施工难易度与经济性的影响

B 地基基础和主体结构的安全性

C 注册执业人员是否按规定在施工图上加盖相应的图章和签字

D 是否符合民用建筑节能强制性标准

78. 关于城乡规划编制的说法错误的是(　　)。

A 国务院城乡规划主管部门会同各级建设主管部门组织编制全国城镇体系规划

B 全国城镇体系规划用于指导省域城镇体系规划、城市总体规划的编制

C 省级人民政府所在地的城市总体规划由省人民政府审查同意后报国务院审批

D 城市人民政府组织编制城市总体规划

79. 下列规划区范围内的城、镇总体规划内容，不属于强制性内容要求的是(　　)。

A 公共服务设施用地　　B 水源地和水系

C 农田发展用地　　D 基础设施用地

80. 按照规定的权限和程序可以修改省域城市总体规划的情形不包括(　　)。

A 因城市人民政府批准建设工程需要修改规划

B 行政区划调整确需修改规划的

C 经评估确需修改规划的

D 城乡规划的审批机关认为应当修改规划的

81. 根据《中华人民共和国城市房地产管理办法》，下列说法正确的是(　　)。

A 房屋抵押，是指抵押人以其持有的房产以转移占有的方式向抵押权人提供债务履行担保的行为

B 依法取得的房屋所有权连同该房屋占用范围内的土地使用权，可以设定抵押权

C 无论以划拨或出让方式取得的土地使用权，都可以设定抵押权

D 房地产抵押合同签订后，土地上新增的房屋自然属于抵押财产

82. 工程建设监理的工作内容不包括(　　)。

A　控制工程建设的投资　　　　　　B　控制建设工期计划和工程质量

C　进行工程建设合同管理　　　　　D　组织工程竣工验收

83. 工程监理人员发现工程设计不符合建筑工程质量标准时应当首先报告(　　)。

A　设计单位　　B　建设单位　　C　施工单位　　D　质量监督站

84. 根据《注册建筑师条例实施细则》，违反细则应承担相应的法律责任，但不处以罚款的行为是(　　)。

A　隐瞒有关情况或提供虚假材料申请注册的

B　未办理变更注册而继续执业的，责令限期改正而逾期未改正的

C　倒卖出借非法转让执业资格证书、注册证书和执业印章的

D　注册建筑师未按照要求提供其信用档案信息，责令限期改正而逾期未改正的

85. 根据《中华人民共和国城乡规划法》，编制单位超越资质等级许可的范围承揽城乡规划编制工作的，情节一般的由所在地城市人民政府城乡规划主管部门责令限期改正，并应(　　)。

A　处以罚款　　B　吊销资质证书　　C　责令停业整顿　　D　降低资质等级

2019 年试题解析及答案

1. **解析：** 工程项目通过竣工验收交付使用时，建设单位需编制竣工决算书，其中确定的竣工决算价是整个建设项目的实际工程造价。

　　竣工决算是核定建设项目资产实际价值的依据。反映建设项目建成后交付使用的固定资产和流动资产的实际价值。

答案： C

2. **解析：** 基本预备费是在项目实施中可能发生的、难以预料的支出，需要预留的费用，又称不可预见费。基本预备费包括：①在批准的初步设计范围内，技术设计、施工图设计及施工过程中所增工程费用；因设计变更、局部地基处理等增加的费用；②一般自然灾害造成的损失和预防灾害采取的措施费用；③竣工验收为鉴定工程质量，对隐蔽工程进行必要的挖掘和修复费用。

答案： A

3. **解析：** 设备购置费为设备原价与设备运杂费之和，即，设备购置费＝设备原价＋设备运杂费。

答案： A

4. **解析：** 工程建设其他费用包括土地使用费、与项目建设有关的其他费用、与未来生产经营有关的其他费用，勘察设计费属于工程建设其他费用中与项目建设有关的其他费用。

答案： C

5. **解析：** 对于政府投资建设项目，经批准的建设项目设计总概算的投资额，是该工程建设投资的最高限额。

答案： B

6. **解析**：设计单位必须按经批准的初步设计和总概算进行施工图设计，施工图预算不得突破设计概算。如确需突破，应按规定程序报经审批。

答案：C

7. **解析**：现行预算定额及单位估价表是编制施工图预算的依据之一。

答案：A

8. **解析**：根据《建设工程工程量清单计价规范》GB 50500—2013，招标工程量清单必须作为招标文件的组成部分，因此工程量清单应在施工图完成后、施工招标之前编制，并作为招标文件的组成部分。

答案：C

9. **解析**：一般情况下，建筑物周长与建筑面积的比率越低，设计越经济，该比率按圆形、正方形、T形、L形的次序依次增大。

答案：D

10. **解析**：当初步设计深度不够，不能准确计算工程量，但工程设计采用的技术比较成熟，又有类似概算指标可以利用时，可采用概算指标法编制概算。

答案：A

11. **解析**：从设计人员的角度来说，为提高工程量清单编制质量应避免设计图纸中的错误，因为设计图纸出现错误会导致工程量计算的错误。

答案：A

12. **解析**：设计方案的工程造价不应超过限额设计的要求，故应先修改设计方案。

答案：B

13. **解析**：批准的投资估算应作为工程造价的最高限额，不得任意突破。

答案：C

14. **解析**：价值工程，也可称为价值分析，是指以产品或作业的功能分析为核心，以提高产品或作业的价值为目的，力求以最低寿命周期成本实现产品或作业使用所要求的必要功能的一项有组织的创造性活动。

答案：A

15. **解析**：内部收益率是使项目在计算期内各年净现金流量的现值累计为零时的折现率。内部收益率的经济含义是项目投资占用的尚未回收资金的获利能力，取决于项目内部，反映了项目内部潜在的最大获利能力。

答案：A

16. **解析**：各设计方案功能均满足要求的前提下，从成本因素的角度应选择单方造价最低的方案。

答案：B

17. **解析**：费用效果分析也称为成本效果分析，是通过比较所达到的效果所付出的耗费，用以分析判断所付出的代价是否值得。利润总额、财务净现值、内部收益率都是计算项目盈利能力的参数或指标，对于非盈利项目，可采用费用效果比指标。

答案：C

18. **解析**：建筑系数＝（建筑物和构筑物的占地面积＋有固定装卸设备的堆场和露天堆场占地面积）÷厂区占地面积×100%＝（8000＋2000）÷14000×100%＝71.43%。

答案：B

19. **解析**：土地利用系数是指厂区的建筑物、构筑物、各种堆场、铁路、道路、管线等的占地面积之和与厂区占地面积之比，土地利用系数能全面反映厂区用地是否经济合理的情况。

答案：B

20. **解析**：根据《面积计算规范》第 3.0.24 条，建筑物的外墙外保温层，应按其保温材料的水平截面积计算，并计入自然层建筑面积。

答案：D

21. **解析**：根据《面积计算规范》第 3.0.3 条，形成建筑空间的坡屋顶，结构净高在 2.10m 及以上的部位应计算全面积；结构净高在 1.20m 及以上至 2.10m 以下的部位应计算 1/2 面积；结构净高在 1.20m 以下的部位不应计算建筑面积。

答案：D

22. **解析**：根据《面积计算规范》第 3.0.18 条，围护结构不垂直于水平面的楼层，应按其底板面的外墙外围水平面积计算。结构净高在 2.10m 及以上的部位，应计算全面积；结构净高在 1.20m 及以上至 2.10m 以下的部位，应计算 1/2 面积；结构净高在 1.20m 以下的部位，不应计算建筑面积。

答案：B

23. **解析**：通常所说的"两算对比"是指施工企业施工图预算与施工预算的对比，反映了施工企业成本控制的效果。对于反映工程项目造价控制效果的"两算对比"，应当是指竣工决算与设计概算的对比，设计概算是设计阶段确定的工程项目造价，反映了设计所确定的建设项目从筹建到竣工交付使用所需全部费用；竣工决算所确定的竣工决算价是整个建设项目的实际工程造价。通过竣工决算与设计概算的对比，可以反映工程项目的造价控制效果。

答案：D

24. **解析**：根据居住小区设计方案技术经济指标中关于人口净密度的定义：人口净密度=居住总人口÷住宅用地面积。

答案：D

25. **解析**：《砌体施工验收规范》第 3.0.3 条规定，砌体结构的标高、轴线应引自基准控制点。可见，A 选项说法正确。第 3.0.6 条第 1 款规定，基底标高不同时，应从低处砌起，并应由高处向低处搭砌。且搭砌长度不应小于基础底的高差，搭砌长度范围内下层基础应扩大砌筑，以保证基础的整体性和传递荷载。故 B 选项"应由低处向高处搭砌"的说法是错误的。第 3.0.7 条规定，砌筑墙体应设置皮数杆。故 C 选项说法正确。第 3.0.11 条规定，宽度超过 300mm 的洞口上部，应设置钢筋混凝土过梁。故 D 选项说法正确。

答案：B

26. **解析**：《砌体施工验收规范》第 4.0.12 条第 2 款"检验方法"中规定：在砂浆搅拌机出料口或湿拌砂浆的储存容器出料口随机取样制作砂浆试块，而不是在砌筑部位取样，故 A 选项说法不正确。第 2 款注 3 规定，制作砂浆试块的砂浆稠度应与配合比设计一致，故 B 选项说法不正确。该条第 1 款规定，同一验收批砂浆试块强度平均值应大于或等于设计强度等级值的 1.10 倍，故 C 选项说法不正确。第 2 款规定，同一验收批砂浆试块抗压强度的最小一组平均值应大于设计强度等级值的 85%，即“略低于设计强度等级值”。故 D 选项说法较符合题意。

答案： D

27. **解析：**《砌体施工验收规范》第 4.0.6 条规定，施工中不应采用强度等级小于 M5 水泥砂浆替代同强度等级水泥混合砂浆，如需替代，应将水泥砂浆提高一个强度等级。以免影响砌体强度。

答案： B

28. **解析：**《砌体施工验收规范》第 10.0.1 条规定，当室外日平均气温连续 5d 稳定低于 5℃时，砌体工程应采取冬期施工措施。故 A 说法正确。第 10.0.4 条第 3 款规定，砌体用块体不得遭水浸冻。故 B 说法正确。第 10.0.4 条第 1 款规定，石灰膏、电石膏等应防止受冻，如遭冻结，应经融化后使用。故 C 说法错误。第 10.0.7 条第 1 款规定，在气温低于、等于 0℃条件下砌筑时，可不浇水，但必须增大砂浆稠度。故 D 说法正确。

答案： C

29. **解析：**《砌体施工验收规范》第 5.1.6 条规定，砌筑烧结普通砖、烧结多孔砖、蒸压灰砂砖、蒸压粉煤灰砖砌体时，砖应提前 1～2d 适当湿润，严禁采用干砖或处于吸水饱和状态的砖砌筑。块材湿润程度宜符合：烧结类块体的相对含水率 60%～70%；混凝土多孔砖及混凝土实心砖不需浇水湿润，但在气候干燥炎热时，宜在砌筑前对其喷水湿润。可见 A、B 选项说法正确。第 5.1.8 条规定，240mm 厚承重墙的每层墙的最上一皮砖，砖砌体的阶台水平面上及挑出层的外皮砖，应整砖丁砌。可见 C 选项说法正确。第 5.1.4 条规定，有冻胀环境和条件的地区，地面以下或防潮层以下的砌体，不应采用多孔砖。第 5.1.4 条的条文解释提到，冻胀和潮湿环境对多孔砖的耐久性有不利影响，故 D 选项的说法错误。

答案： D

30. **解析：** 皮数杆是划有每皮砖和灰缝的厚度以及门窗洞口、过梁、楼板、预埋件等的标高位置的木制标杆，它是砌筑时控制砌体水平灰缝厚度和竖向尺寸位置的标志。它设置在墙的转角处、交接处，间距一般为 10～15m，通过抄平后固定。每段墙的两个端头盘角（或称砌头角）时均按皮数杆砌筑，再通过挂线砌墙面，就能保证砖皮水平、灰缝平直。而皮数杆没有控制砌体垂直平整度的功能，砌体的垂直平整度是通过盘角时“三皮一吊、五皮一靠”及挂线来控制的。故 D 选项的说法错误。

答案： D

31. **解析：**《砌体施工验收规范》第 9.1.3 条规定，烧结空心砖、蒸压加气混凝土砌块、轻骨料混凝土小型空心砌块等的运输、装卸过程中，严禁抛掷和倾倒。进场后应按品种、规格堆放整齐，堆置高度不宜超过 2m。蒸压加气混凝土砌块在运输及堆放中应防止雨淋。故 A 选项说法错误、C 选项说法正确。第 9.1.8 条规定，蒸压加气混凝土砌块、轻骨料混凝土小型空心砌块不应与其他块体混砌（窗台处、门窗固定处、与柱或梁板间的填塞处除外）。不同强度等级的同类块体也不得混砌。故 B、D 选项说法错误。可见，仅 C 选项说法正确。

答案：C

32. **解析**：《混凝土施工验收规范》第 3.0.4 条规定，检验批的质量验收应包括实物检查和资料检查。第 3.0.2 条规定，混凝土结构子分部工程的质量验收，应在钢筋、预应力、现浇结构和装配式结构等相关分项工程验收合格的基础上，进行质量控制资料检查、观感质量验收及结构实体检验。可见，"实物检查"属于检验批的质量验收内容；而其他三个选项所述，均为混凝土结构子分部工程的质量验收内容。

答案：A

33. **解析**：《混凝土施工验收规范》第 4.1.2 条规定，模板及支架应根据安装、使用和拆除工况进行设计，并应满足承载力、刚度和整体稳固性要求。即耐候性要求不属于模板及支架应当满足的要求。

答案：C

34. **解析**：据《混凝土施工验收规范》第 8.1.2 条表 8.1.2 规定（可见丛书辅导教材 5 分册表 26-18 第 2 行），"混凝土表面缺少水泥砂浆而形成石子外露"的外观质量缺陷应称为"蜂窝"。

答案：A

35. **解析**：《混凝土施工验收规范》第 6.2.8 条规定，预应力成孔管道进场时，应进行管道外观质量检查、径向刚度和抗渗漏性能检验。可见，抗拉强度不属于规定的管道进场检验内容。

答案：B

36. **解析**：《混凝土施工验收规范》第 9.2.2 条规定，专业企业生产的预制构件进场时，对梁板类简支受弯预制构件应进行结构性能检验。其中：钢筋混凝土构件和允许出现裂缝的预应力混凝土构件应进行承载力、挠度和裂缝宽度检验；不允许出现裂缝的预应力混凝土构件应进行承载力、挠度和抗裂检验。对大型构件及有可靠应用经验的构件，可只进行裂缝宽度、抗裂和挠度检验。对使用数量较少的构件，当能提供可靠依据时，可不进行结构性能检验。可见，对允许出现裂缝的预应力混凝土构件不需做抗裂检验。

答案：D

37. **解析**：《混凝土施工验收规范》第 10.1.1 条规定，对涉及混凝土结构安全的有代表性的部位应进行结构实体检验。结构实体检验应包括混凝土强度、钢筋保护层厚度、结构位置与尺寸偏差以及合同约定的项目；必要时可检验其他项目。可见，结构实体检验内容一般不包括钢筋抗拉强度。

答案：B

38. **解析**：《屋面验收规范》第 6.2.2 条规定，卷材宜平行屋脊铺贴，上下层卷材不得相互垂直铺贴。第 6.2.3 条规定，相邻两幅卷材短边搭接缝应错开，且不得小于 500mm。第 6.2.4 条规定，冷粘法铺贴卷材的接缝口应用密封材料封严，宽度不少于 10mm。第 6.2.5 条规定，采用热粘法铺贴卷材时，热熔型改性沥青胶结材料加热温度不应高于 200℃，使用温度不宜低于 180℃。可见，只有 C 选项说法正确。

答案：C

39. **解析**：《屋面验收规范》第 8.4.2 条规定，女儿墙和山墙的压顶向内排水坡度不应小于5%，压顶内侧下端应做成鹰嘴或滴水槽。故选A。

答案：A

40. **解析**：《屋面验收规范》第8.3.4条规定，檐沟防水层应由沟底翻上至外侧顶部。故A选项说法正确。第8.4.6条规定，女儿墙和山墙的涂膜应直接涂刷至压顶下。故B选项说法不正确。第8.5.4条规定，水落口周围直径500m范围内坡度不应小于5%。故C选项说法不正确。第8.8.5条规定，屋面出入口的泛水高度不应小于250mm。故D选项说法不正确。可见，说法正确的只有A选项。

答案：A

41. **解析**：《地下防水验收规范》第7.1.2条规定，工程底板与渗排水层之间应做隔浆层。可见，A选项说法正确。第7.1.4条规定，渗排水、盲沟排水均应在地基工程验收合格后进行施工。可见，B选项说法不正确。第7.1.2条还规定，集水管应设置在粗砂过滤层下部，坡度不宜小于1%，且不得有倒坡现象。集水管之间的距离宜为5～10m，并与集水井相通。可见，C选项说法不正确。第7.1.5条规定，集水管宜采用无砂混凝土管、硬质塑料管或软式透水管。可见，D选项说法不正确。

答案：A

42. **解析**：《地下防水验收规范》第8.1.3条规定，地下注浆防水工程，在砂卵石层中宜采用渗透注浆法；在黏土层中宜采用劈裂注浆法；在淤泥质软土中宜采用高压喷射注浆法。故选D。

答案：D

43. **解析**：《地下防水验收规范》第4.1.3条第1款规定，砂宜采用中粗砂，含泥量不应大于3%，泥块含量不宜大于1.0%。故A选项说法错误，D选项说法正确。第4.1.3条第4款规定，对长期处于潮湿环境的重要结构混凝土用砂、石，应进行碱活性检验。故B选项说法错误。第4.1.3条第2款规定，不宜使用海砂；在没有使用河砂的条件时，应对海砂进行处理后才能使用，且控制氯离子含量不得大于0.06%。故C选项说法错误。

答案：D

44. **解析**：《装修验收标准》第3.1.4条（属强制性条文）规定，既有建筑装饰装修工程设计涉及主体和承重结构变动时，必须在施工前委托原结构设计单位或者具有相应资质条件的设计单位提出设计方案，或由检测鉴定单位对建筑结构的安全性进行鉴定。故A选项说法正确。第3.2.5条规定，获得认证的产品或来源稳定且连续三批均一次检验合格的产品，进场验收时检验批的容量可扩大一倍，且仅可扩大一次。故B选项说法错误。第3.3.7条规定，对既有建筑进行装饰装修前，应对基层进行处理。故C选项说法正确。第3.3.10条规定，管道、设备安装及调试应在建筑装饰装修工程施工前完成；当必须同步进行时，应在饰面层施工前完成。故D选项说法正确。

答案：B

45. **解析**：《装修验收标准》第4.1.2条规定，抹灰工程验收时应检查下列文件和记录：①抹灰工程的施工图、设计说明及其他设计文件；②材料的产品合格证书、性能检验报告、进场验收记录和复验报告；③隐蔽工程验收记录；④施工记录。可见，可不提供的文件和记录是“施工组织设计文件”。

答案：D

46. **解析：**《装修验收标准》第 4.1.9 条规定，当要求抹灰层具有防水、防潮功能时，应采用防水砂浆。故 A 选项说法正确。第 4.2.3 条（一般抹灰）及 4.4.3 条（装饰抹灰）均规定，当抹灰总厚度大于或等于 35mm 时，应采取加强措施。故 B 选项说法正确。第 4.2.4 条条文解释提到，抹灰工程的质量关键是粘结牢固，无开裂、空鼓与脱落；如果粘结不牢，出现空鼓、开裂、脱落等缺陷，会降低对墙体的保护作用，且影响装饰效果。故 C 选项说法正确。第 4.2.10 条（一般抹灰）、第 4.3.10 条（保温层薄抹灰）、第 4.4.8 条（装饰抹灰）相应的抹灰允许偏差和检验方法表格中规定，立面垂直度检验方法均为"用 2m 垂直检测尺检查"。故 D 选项说法错误（检查平整度需用塞尺）。

答案：D

47. **解析：**《装修验收标准》第 8.1.4 条规定，轻质隔墙工程应对下列隐蔽工程项目进行验收：①骨架隔墙中设备管线的安装及水管试压；②木龙骨防火和防腐处理；③预埋件或拉结筋；④龙骨安装；⑤填充材料的设置。可见，不属于轻质骨架隔墙工程隐蔽验收项目的是"面板构造"。

答案：B

48. **解析：**《装修验收标准》第 6.1.7 条规定，门窗安装前，应对门窗洞口尺寸及相邻洞口的位置偏差进行检验。故 A 选项说法错误。第 6.1.8 条规定，金属门窗和塑料门窗安装应采用预留洞口的方法施工。故 B 选项说法错误。第 6.1.11 条（强制性条文）规定，建筑外门窗安装必须牢固。在砌体上安装门窗严禁采用射钉固定。故 C 选项说法错误。第 6.1.12 条（强制性条文）规定，推拉门窗扇必须牢固，必须安装防脱落装置。故 D 选项说法正确。

答案：D

49. **解析：**《装修验收标准》第 6.3.3 条规定，金属门窗扇应安装牢固、开关灵活、关闭严密、无倒翘。推拉门窗扇应安装防止扇脱落的装置。检验方法为：观察；开启和关闭检查；手扳检查。可见，检验方法不包括"破坏性试验"。

答案：D

50. **解析：**《装修验收标准》第 3.1.2 条规定，建筑装饰装修设计应符合城市规划、防火、环保、节能、减排等有关规定，建筑装饰装修耐久性应满足使用要求。可见，A 选项说法正确。第 3.1.3 条规定，承担建筑装饰装修工程设计的单位应对建筑物进行了解和实地勘察，设计深度应满足施工要求；由施工单位完成的深化设计应经建筑装饰装修设计单位确认。可见，B 选项说法错误，D 选项说法正确。第 3.1.6 条规定，当墙体或吊顶内的管线可能产生冰冻或结露时，应进行防冻或防结露设计。可见，C 选项说法正确。

答案：B

51. **解析：**《装修验收标准》第 9.1.3 条规定，饰面板工程应对下列材料及其性能指标进行复验：①室内用花岗石板的放射性、室内用人造木板的甲醛释放量；②水泥基粘结料的粘结强度；③外墙陶瓷板的吸水率；④严寒和寒冷地区外墙陶瓷板的抗冻性。可见，D 选项说法错误。

答案：D

52\. **解析：**《装修验收标准》第10.2.3条规定，内墙饰面砖粘贴应牢固。可见，A选项说法正确。第10.2.4条规定，满粘法施工的内墙饰面砖应无裂缝，大面和阳角应无空鼓。可见，B选项说法错误。第10.2.5条规定，内墙饰面砖表面应平整、洁净、色泽一致，应无裂痕和缺损。可见，C选项说法正确。第10.2.7条规定，内墙饰面砖接缝应平直、光滑，填嵌应连续、密实。可见，D选项说法正确。

答案：B

53\. **解析：**《装修验收标准》第11.2.1条规定，玻璃幕墙工程主控项目应包括下列项目：①玻璃幕墙工程所用材料、构件和组件质量；②玻璃幕墙的造型和立面分格；③玻璃幕墙主体结构上的埋件；④玻璃幕墙连接安装质量；⑤隐框或半隐框玻璃幕墙玻璃托条；⑥明框玻璃幕墙的玻璃安装质量；⑦吊挂在主体结构上的全玻璃幕墙吊夹具和玻璃接缝密封；⑧玻璃幕墙节点、各种变形缝、墙角的连接点；⑨玻璃幕墙的防火、保温、防潮材料的设置；⑩玻璃幕墙防水效果；⑪金属框架和连接件的防腐处理；⑫玻璃幕墙开启窗的配件安装质量；⑬玻璃幕墙防雷。可见，D选项所述不属于主控项目。

答案：D

54\. **解析：**《装修验收标准》第12.1.1条规定，水性涂料包括乳液型涂料、无机涂料、水溶性涂料等；溶剂型涂料包括丙烯酸酯涂料、聚氨酯丙烯酸涂料、有机硅丙烯酸涂料、交联型氟树脂涂料等；美术涂饰包括套色涂饰、滚花涂饰、仿花纹涂饰等。可见，无机涂料属于水性涂料。

答案：A

55\. **解析：**《装修验收标准》第13.1.4条规定，裱糊工程应对基层封闭底漆、腻子、封闭底胶及软包内衬材料进行隐蔽工程验收。裱糊前，基层处理应达到下列规定：

1）新建筑物的混凝土抹灰基层墙面在刮腻子前应涂刷抗碱封闭底漆；

2）粉化的旧墙面应先除去粉化层，并在刮涂腻子前涂刷一层界面处理剂；

3）混凝土或抹灰基层含水率不得大于8%；木材基层的含水率不得大于12%；

4）石膏板基层，接缝及裂缝处应贴加强网布后再刮腻子；

5）基层腻子应平整、坚实、牢固，无粉化、起皮、空鼓、酥松、裂缝和泛碱，腻子的粘结强度不得小于0.3MPa；

6）基层表面平整度、立面垂直度及阴阳角方正应达到高级抹灰的要求；

7）基层表面颜色应一致；

8）裱糊前应用封闭底胶涂刷基层。

可见，A选项说法错误。

答案：A

56\. **解析：**据《装修验收标准》第14.1.1条细部工程的一般规定，细部工程适用于固定橱柜制作与安装、窗帘盒和窗台板制作与安装、门窗套制作与安装、护栏和扶手制作与安装、花饰制作与安装等分项工程的质量验收。可见，门窗套制作与安装分项工程属于细部子分部工程。

答案：C

57. **解析：**《地面施工验收规范》第 3.0.20 条规定，各类面层的铺设宜在室内装饰工程基本完工后进行。木、竹面层、塑料板面层、活动地板面层、地毯面层的铺设，应待抹灰工程、管道试压等完工后进行。可见，A、B 选项说法均不正确。第 3.0.22 条规定，建筑地面工程的分项工程施工质量检验的主控项目，应达到本规范规定的质量标准，认定为合格；一般项目 80%以上的检查点（处）符合本规范规定的质量要求，其他检查点（处）不得有明显影响使用，且最大偏差值不超过允许偏差值的 50%为合格。可见，C 选项说法不正确。第 3.0.23 条规定，建筑地面工程的施工质量验收应在建筑施工企业自检合格的基础上，由监理单位或建设单位组织有关单位对分项工程、子分部工程进行检验。可见，D 选项说法正确。

答案：D

58. **解析：**《地面施工验收规范》第 4.11.4 条规定，有隔声要求的楼面，隔声垫在柱、墙面的上翻高度应超出楼面 20mm，且应收口于踢脚线内。地面上有竖向管道时，隔声垫应包裹管道四周，高度同卷向柱、墙面的高度。可见，A、B 说法均不正确。第 4.11.5 条规定，隔声垫上部应设置保护层，其构造做法应符合设计要求。当设计无要求时，混凝土保护层厚度不应小于 30mm，内配间距不大于 200mm×200mm 的 ϕ6mm 钢筋网片。可见，C 说法正确。第 4.11.4 条还规定，隔声垫保护膜之间应错缝搭接，搭接长度应大于 100mm，并用胶带等封闭。可见，D 说法不正确。

答案：C

59. **解析：**《地面施工验收规范》第 4.3.5 条规定，灰土垫层不宜在冬期施工。当必须在冬期施工时，应采取可靠措施。

答案：A

60. **解析：**《地面施工验收规范》第 5.3.2 条规定，水泥宜采用硅酸盐水泥、普通硅酸盐水泥，不同品种、不同强度等级的水泥不应混用。可见，A 选项说法不正确。第 5.1.7 条表 5.1.7 中规定，水泥砂浆或水泥混凝土整体面层的表面平整度的允许偏差分别为 4mm 和 5mm。故 B 选项说法不正确。第 5.2.2 条规定，水泥混凝土面层铺设不得留施工缝。当施工间隙超过允许时间规定时，应对接槎处进行处理。可见，C 选项说法不正确。第 5.3.4 条规定，水泥砂浆的体积比（强度等级）应符合设计要求，且体积比应为 1∶2，强度等级不应小于 M15。故 D 选项说法正确。

答案：D

61. **解析：**《地面施工验收规范》第 5.1.4 条规定，整体面层施工后，养护时间不应少于 7d；抗压强度应达到 5MPa 后方准上人行走；抗压强度应达到设计要求后，方可正常使用。故选 C。

答案：C

62. **解析：**《地面施工验收规范》第 6.3.1 条规定，大理石、花岗石面层采用天然大理石、花岗石（或碎拼大理石、碎拼花岗石）板材，应在结合层上铺设。可见，A 选项说法正确。第 6.7.1 条规定，活动地板面层应采用特制的平压刨花板为基材，表面可饰以装饰板，底层应用镀锌板经粘结胶合形成活动地板块，配以横梁、橡胶垫条和可供调节高度的金属支架组装成架空板，应在水泥类面层（或基层）上铺设。可见，活动地板面层并非在“结合层”上铺设，故 B 选项说法错误。第 6.6.1 条规定，塑料板面层应采用塑料板块材、塑料板焊接、塑料卷材以胶粘剂在水泥类基层上采用满粘或点粘法铺设。可见，C 选项说法正确。第 6.10.1 条规定，地面辐射供暖的板块面层宜采用缸砖、陶瓷地砖、花岗石、水磨石板块、人造石板块、塑料板等，应在填充层上铺设。可见，D 选项说法正确。

答案：B

63. **解析：**《建筑法》第二条规定，在中华人民共和国境内从事建筑活动，实施对建筑活动的监督管理，应当遵守该法。

该法所称建筑活动，是指各类房屋建筑及其附属设施的建造和与其配套的线路、管道、设备的安装活动。

第三条规定，建筑活动应当确保建筑工程质量和安全，符合国家的建筑工程安全标准。

第四条规定，国家扶持建筑业的发展，支持建筑科学技术研究，提高房屋建筑设计水平，鼓励节约能源和保护环境，提倡采用先进技术、先进设备、先进工艺、新型建筑材料和现代管理方式。

第五条规定，从事建筑活动应当遵守法律、法规，不得损害社会公共利益和他人的合法权益。任何单位和个人都不得妨碍和阻挠依法进行的建筑活动。

C 选项的表述和建筑法条文不太一致，合法的企业搞建筑活动也要依法进行，强调的是建筑活动要依法进行，而不是仅仅注意企业资质是否合法。合法企业搞违法建筑活动也不行。

答案：C

64. **解析：**《建筑师条例细则》第十八条规定，初始注册者可以自执业资格证书签发之日起三年内提出申请。逾期未申请者，须符合继续教育的要求后方可申请初始注册。

根据此条 C 选项应当提供继续教育的证明。

第十九条规定，注册建筑师每一注册有效期为二年。注册建筑师注册有效期满需继续执业的，应在注册有效期届满三十日前，按照本细则第十五条规定的程序申请延续注册。延续注册有效期为二年。

延续注册需要提交下列材料：

（一）延续注册申请表；

（二）与聘用单位签订的聘用劳动合同复印件；

（三）注册期内达到继续教育要求的证明材料。

按照此条选项 B 应当提供继续教育的证明。

第二十四条规定，被注销注册者或者不予注册者，重新具备注册条件的，可以按照本细则第十五条规定的程序重新申请注册。

取得资格后当年申请注册，不需要继续教育的证明。

故答案应选 D。

答案：D

65. **解析：**《建筑师条例细则》第二十五条规定，高等学校（院）从事教学、科研并具有注册建筑师资格的人员，只能受聘于本校（院）所属建筑设计单位从事建筑设计，不得受聘于其他建筑设计单位。在受聘于本校（院）所属建筑设计单位工作期间，允许申请注册。获准注册的人员，在本校（院）所属建筑设计单位连续工作不得少于二年。具体办法由国务院建设主管部门商教育主管部门规定。

答案：C

66. **解析**：2017 年 12 月 28 日起施行的《招投标法》中，第十三条规定，招标代理机构是依法设立、从事招标代理业务并提供相关服务的社会中介组织。招标代理机构应当具备下列条件：（一）有从事招标代理业务的营业场所和相应资金；（二）有能够编制招标文件和组织评标的相应专业力量。

招标代理机构是社会中介组织，不是社会管理机构，所以 A 选项是错的。新修改后的该法中已取消招标机构资质认证，所以 D 选项是错的。老的法律条款才有资质认证的规定。新条文也取消了关于招标代理机构内有关专家库的说法，所以 B 选项也不对。

按照十三条第（二）款的规定，C 选项是对的。

答案：C

67. **解析**：《建筑工程设计招标投标管理办法》第十九条规定，评标委员会应当在评标完成后，向招标人提出书面评标报告，推荐不超过 3 个中标候选人，并标明顺序。

第二十条规定，招标人应当公示中标候选人。采用设计团队招标的，招标人应当公示中标候选人投标文件中所列主要人员、业绩等内容。

第二十一条规定，招标人根据评标委员会的书面评标报告和推荐的中标候选人确定中标人。招标人也可以授权评标委员会直接确定中标人。

文件中只要求公示中标候选人，没要求公示未中标人，所以 B 的说法是错误的。

答案：B

68. **解析**：该办公楼影剧院和商业办公主体是一起的，主体设计不能肢解发包。所以 B 选项说法是错的。

《建筑法》第二十四条规定，提倡对建筑工程实行总承包，禁止将建筑工程肢解发包。

建筑工程的发包单位可以将建筑工程的勘察、设计、施工、设备采购一并发包给一个工程总承包单位，也可以将建筑工程勘察、设计、施工、设备采购的一项或者多项发包给一个工程总承包单位；但是，不得将应当由一个承包单位完成的建筑工程肢解成若干部分发包给几个承包单位。

按照上述条文，选项 A 和 D 是对的。

《设计管理条例》第十九条规定，除建设工程主体部分的勘察、设计外，经发包方书面同意，承包方可以将建设工程其他部分的勘察、设计再分包给其他具有相应资质等级的建设工程勘察、设计单位。

按照此条，音响设计可以分包，所以 C 对。

答案：B

69. **解析**：《民法典》第七百九十八条规定，隐蔽工程在隐蔽以前，承包人应当通知发包人检查。发包人没有及时检查的，承包人可以顺延工程日期，并有权要求赔偿停工、窝工等损失。所以 A 选项正确。

第八百零一条规定，因施工人的原因致使建设工程质量不符合约定的，发包人有权要求施工人在合理期限内无偿修理或者返工、改建。经过修理或者返工、改建后，造成逾期交付的，施工人应当承担违约责任。所以C的说法是错误的，施工方应承担责任。

答案： C

70. **解析：** 建筑工程合同不包括"监理合同"。

《民法典》第七百八十八条规定，建设工程合同包括工程勘察、设计、施工合同。

答案： A

71. **解析：**《设计管理条例》第二十五条规定，编制建设工程勘察、设计文件，应当以下列规定为依据：

（一）项目批准文件；

（二）城乡规划；

（三）工程建设强制性标准；

（四）国家规定的建设工程勘察、设计深度要求。

第四十条规定，违反本条例规定，勘察、设计单位未依据项目批准文件，城乡规划及专业规划，国家规定的建设工程勘察、设计深度要求编制建设工程勘察、设计文件的，责令限期改正；逾期不改正的，处10万元以上30万元以下的罚款。

根据上述条文，A、B、C都是对的。

答案： D

72. **解析：**《设计管理条例》第二十八条规定，建设工程勘察、设计文件内容需要作重大修改的，建设单位应当报经原审批机关批准后，方可修改。故应选D。

答案： D

73. **解析：**《设计文件深度规定》第1.0.5条规定，各阶段设计文件编制深度应按以下原则进行：

1　方案设计文件，应满足编制初步设计文件的需要，应满足方案审批或报批的需要。

2　初步设计文件，应满足编制施工图设计文件的需要，应满足初步设计审批的需要。

3　施工图设计文件，应满足设备材料采购、非标准设备制作和施工的需要。

设备材料采购、非标准设备制作和施工的需要是施工图阶段图纸的要求，所以选项A和D明显不对。另外，初设阶段编制的是概算，施工图阶段才可能编预算。所以C也不对。

通常编制招标文件是以施工图为依据的，但是也有些情况下使用初步设计文件招标，此时可以依据初步设计文件编制招标文件。

答案： B

74. **解析：**《设计管理条例》第三十条规定，建设工程勘察、设计单位应当在建设工程施工前，向施工单位和监理单位说明建设工程勘察、设计意图，解释建设工程勘察、设计文件。建设工程勘察、设计单位应当及时解决施工中出现的勘察、设计问题。

按照上述条文A选项是对的。

B选项的说法不准确，施工技术交底是施工方技术人的责任，不是设计人的责任。通常说的设计交底就是第三十条的表述。

另外设计单位要解决的是施工中出现的设计问题，而不是解决出现的所有施工方面问题。所以C也不对。

关于D选项所说的提建议，不是“应当”的责任，故也不对。

答案：A

75. **解析**：《强制性标准监督规定》第十条规定，强制性标准监督检查的内容包括：

（一）有关工程技术人员是否熟悉、掌握强制性标准；

（二）工程项目的规划、勘察、设计、施工、验收等是否符合强制性标准的规定；

（三）工程项目采用的材料、设备是否符合强制性标准的规定；

（四）工程项目的安全、质量是否符合强制性标准的规定；

（五）工程中采用的导则、指南、手册、计算机软件的内容是否符合强制性标准的规定。

答案：C

76. **解析**：《强制性标准监督规定》第二条规定，在中华人民共和国境内从事新建、扩建、改建等工程建设活动，必须执行工程建设强制性标准。据此条A错。

第三条规定，该规定所称工程建设强制性标准是指直接涉及工程质量、安全、卫生及环境保护等方面的工程建设标准强制性条文。题目中B条表述得不全面，还应包括卫生及环境保护等方面的强制性条文。

第十一条规定，工程建设标准批准部门应当将强制性标准监督检查结果在一定范围内公告。据此条C错，不是各级建设主管部门。

第十九条规定，工程监理单位违反强制性标准规定，将不合格的建设工程以及建筑材料、建筑构配件和设备按照合格签字的，责令改正，处50万元以上100万元以下的罚款，降低资质等级或者吊销资质证书；有违法所得的，予以没收；造成损失的，承担连带赔偿责任。故D正确。

答案：D

77. **解析**：《设计管理条例》第三十三条规定，施工图设计文件审查机构应当对房屋建筑工程、市政基础设施工程施工图设计文件中涉及公共利益、公众安全、工程建设强制性标准的内容进行审查。县级以上人民政府交通运输等有关部门应当按照职责对施工图设计文件中涉及公共利益、公众安全、工程建设强制性标准的内容进行审查。

《民用建筑节能条例》第十三条规定，施工图设计文件审查机构应当按照民用建筑节能强制性标准对施工图设计文件进行审查；经审查不符合民用建筑节能强制性标准的，县级以上地方人民政府建设主管部门不得颁发施工许可证。

住房城乡建设部2018年12月修改的《房屋建筑和市政基础设施工程施工图设计文件审查管理办法》第十一条规定，审查机构应当对施工图审查下列内容：

（一）是否符合工程建设强制性标准；

（二）地基基础和主体结构的安全性；

（三）消防安全性；

（四）人防工程（不含人防指挥工程）防护安全性；

（五）是否符合民用建筑节能强制性标准，对执行绿色建筑标准的项目，还应当审查是否符合绿色建筑标准；

（六）勘察设计企业和注册执业人员以及相关人员是否按规定在施工图上加盖相应的图章和签字；

（七）法律、法规、规章规定必须审查的其他内容。

答案： A

78. **解析：**《城乡规划法》第十二条规定，国务院城乡规划主管部门会同国务院有关部门组织编制全国城镇体系规划，用于指导省域城镇体系规划、城市总体规划的编制。据此条A错，不是会同各级建设主管部门，据此条后半段，B选项是对的。

第十四条规定，城市人民政府组织编制城市总体规划。直辖市的城市总体规划由直辖市人民政府报国务院审批。省、自治区人民政府所在地的城市以及国务院确定的城市的总体规划，由省、自治区人民政府审查同意后，报国务院审批。其他城市的总体规划，由城市人民政府报省、自治区人民政府审批。

据此条C和D对。

答案： A

79. **解析：**《城乡规划法》第十七条规定，规划区范围、规划区内建设用地规模、基础设施和公共服务设施用地、水源地和水系、基本农田和绿化用地、环境保护、自然与历史文化遗产保护以及防灾减灾等内容，应当作为城市总体规划、镇总体规划的强制性内容。可见不包括C。

答案： C

80. **解析：**《城乡规划法》第四十七条规定，有下列情形之一的，组织编制机关方可按照规定的权限和程序修改省域城镇体系规划、城市总体规划、镇总体规划：

（一）上级人民政府制定的城乡规划发生变更，提出修改规划要求的；

（二）行政区划调整确需修改规划的；

（三）因国务院批准重大建设工程确需修改规划的；

（四）经评估确需修改规划的；

（五）城乡规划的审批机关认为应当修改规划的其他情形。

答案： A

81. **解析：**《房地产管理法》第四十七条规定，房地产抵押，是指抵押人以其合法的房地产以不转移占有的方式向抵押权人提供债务履行担保的行为。据此条A错。

第四十八条规定，依法取得的房屋所有权连同该房屋占用范围内的土地使用权，可以设定抵押权。据此条B对。

第五十二条规定，房地产抵押合同签订后，土地上新增的房屋不属于抵押财产。据此条D错。

划拨土地办抵押是有条件的，故C错。

答案： B

82. **解析：** 监理方不是工程竣工验收组织者，建设方才是竣工验收的组织者。

《工程质量条例》第十六条规定，建设单位收到建设工程竣工报告后，应当组织设计、施工、工程监理等有关单位进行竣工验收。

答案： D

83. **解析:**《建筑法》第三十二条规定，建筑工程监理应当依照法律、行政法规及有关的技术标准、设计文件和建筑工程承包合同，对承包单位在施工质量、建设工期和建设资金使用等方面，代表建设单位实施监督。

工程监理人员认为工程施工不符合工程设计要求、施工技术标准和合同约定的，有权要求建筑施工企业改正。

工程监理人员发现工程设计不符合建筑工程质量标准或者合同约定的质量要求的，应当报告建设单位要求设计单位改正。

答案: B

84. **解析:**《建筑师条例细则》第四十条规定，隐瞒有关情况或者提供虚假材料申请注册的，注册机关不予受理，并由建设主管部门给予警告，申请人一年之内不得再次申请注册。

第四十三条规定，违反本细则，未办理变更注册而继续执业的，由县级以上人民政府建设主管部门责令限期改正；逾期未改正的，可处以 5000 元以下的罚款。

第四十四条规定，违反本细则，涂改、倒卖、出租、出借或者以其他形式非法转让执业资格证书、互认资格证书、注册证书和执业印章的，由县级以上人民政府建设主管部门责令改正，其中没有违法所得的，处以 1 万元以下罚款；有违法所得的处以违法所得 3 倍以下且不超过 3 万元的罚款。

第四十五条规定，违反本细则，注册建筑师或者其聘用单位未按照要求提供注册建筑师信用档案信息的，由县级以上人民政府建设主管部门责令限期改正；逾期未改正的，可处以 1000 元以上 1 万元以下的罚款。

答案: A

85. **解析:**《城乡规划法》第六十二条规定，城乡规划编制单位有下列行为之一的，由所在地城市、县人民政府城乡规划主管部门责令限期改正，处合同约定的规划编制费一倍以上二倍以下的罚款；情节严重的，责令停业整顿，由原发证机关降低资质等级或者吊销资质证书；造成损失的，依法承担赔偿责任：

（一）超越资质等级许可的范围承揽城乡规划编制工作的；

（二）违反国家有关标准编制城乡规划的。

所在地政府主管部门可以罚款，但 B、C、D 几项处罚只能由原发证机关实施，而不是由所在地政府主管部门实施。

答案: A

2017 年试题、解析及答案

2017 年 试 题

1. 编制概、预算的过程和顺序是(　　)。

　A　单项工程造价—单位工程造价—分部分项工程造价—建设项目总造价

　B　单位工程造价—单项工程造价—分部分项工程造价—建设项目总造价

　C　分部分项工程造价—单位工程造价—单项工程造价—建设项目总造价

　D　单位工程造价—分项工程造价—单项工程造价—建设项目总造价

2. 某项目建筑安装工程、设备及工具购置费合计为 7000 万元，分期投入 4000 万元和 3000 万元。建设期内预计平均价格总水平上浮为 5%，建设期贷款利息为 735 万元。工程建设其他费用为 400 万元。基本预备费率为 10%，流动资金为 800 万元，则该项目静态投资为(　　)万元。

　A　8948.50　　　　B　8140

　C　8940　　　　D　9748.50

3. 根据《建筑安装工程费用项目组成》(建标［2013］44 号) 文件的规定，工程施工中所使用的仪器仪表维修费应计入(　　)。

　A　施工机具使用费　　　　B　工具用具使用费

　C　固定资产使用费　　　　D　企业管理费

4. 施工现场设立的安全警示标志、现场围挡等所需要的费用应计入(　　)。

　A　分部分项工程费　　　　B　规费项目费

　C　措施项目费　　　　D　其他项目费

5. 关于国产设备运杂费估算的说法，正确的是(　　)。

　A　国产设备运杂费包括由设备制造厂交货地点运至工地仓库所发生的费用

　B　国产设备运至工地后发生的装卸费不应包括在运杂费中

　C　运杂费在计取时不区分沿海和内陆，统一按运输距离估算

　D　工程承包公司采购的相关费用不应计入运杂费

6. 建设投资中的勘察设计费属于(　　)。

　A　建设单位管理费　　　　B　工程建设其他费用

　C　开办费　　　　D　间接费

7. 核定建设项目资产实际价值的依据是(　　)。

　A　投资估算　　　　B　设计概算

　C　施工图预算　　　　D　竣工决算

8. 当初步设计达到一定深度，建筑结构比较明确，并能够较准确地计算出概算工程量时，编制概算可采用(　　)。

　A　概算定额法　　　　B　概算指标法

　C　类似工程预算法　　　　D　预算定额法

9. 设计概算审查时，对图纸不全的复杂建筑安装工程投资，通过向同类工程的建设、施

工企业征求意见判断其合理性，这种审查方法属于(   )。

A 对比分析法　　B 专业意见法

C 查询核实法　　D 联合会审法

10. 根据《建设工程工程量清单计价》GB 50500—2013，建设工程投标报价中，不得作为竞争性费用的是(   )。

A 总承包服务费　　B 夜间施工增加费

C 分部分项工程费　　D 规费

11. 根据《建设工程工程量清单计价》GB 50500—2013 编制分部分项清单时，编制人员须确定项目名称、计量单位、工程数量和(   )。

A 填报须知　　B 项目特征

C 项目总说明　　D 项目工程内容

12. 根据《建设工程工程量清单计价》GB 50500—2013，已标价工程量清单中没有适用也没有类似变更工程项目的，变更工程单价应由(   )提出。

A 承包人　　B 监理人

C 发包人　　D 设计人

13. 根据《建设工程工程量清单计价》GB 50500—2013，编制工程量清单时，计日工表中的人应按以下哪项列项目？(   )

A 工种　　B 职称

C 职务　　D 技术等级

14. 根据《建设工程工程量清单计价》GB 50500—2013，工程发包时，招标人要求压缩的工期天数超过定额工期(   )时，应在招标文件中明确增加赶工费用。

A 5%　　B 10%

C 15%　　D 20%

15. 某项目建设投资 3000 万元，全部流动资金 450 万元。项目投产期年息税前利润总额 500 万元，运营期正常年份的平均息税前利润总额 800 万元，则该项目的总投资收益率为(   )。

A 18.84%　　B 26.67%

C 23.19%　　D 25.25%

16. 关于财务内部收益率的说法，正确的是(   )。

A 财务内部收益率大于基准收益率时，技术方案在经济上可行

B 财务内部收益率是一个事先确定的基准折现率

C 财务内部收益率受项目外部参数的影响较大

D 独立方案用财务内部收益率评价与财务净现值评价，结论通常不一样

17. 下列工程经济效果评价指标中，属于盈利能力分析的动态指标的是(   )。

A 财务净现值　　B 投资收益率

C 借款偿还期　　D 流动比率

18. 以下工业厂区总平面设计方案的技术经济指标，能反映厂区用地是否经济合理情况的是(   )。

A 建筑密度指标　　B 土地利用系数

C　绿化系数　　　　　　　　　　　D　建筑容积率

19.（原题缺，后补题目）下列反映偿债能力指标的是（　　）。

A　投资回收期　　　　　　　　　B　流动比率

C　财务净现值　　　　　　　　　D　资本金利润率

20. 土建工程直接费中，材料费所占的比例为（　　）。

A　40%～50%　　　　　　　　　B　50%～60%

C　70%～80%　　　　　　　　　D　80%～90%

21. 下列各类建筑中，土建工程单方造价最高的是（　　）。

A　砖混结构车库　　　　　　　　B　砖混结构锅炉房

C　框架结构停车棚　　　　　　　D　钢筋混凝土结构地下车库

22. 根据《建筑工程建筑面积计算规范》，下列建筑物门厅建筑面积计算正确的是（　　）。

A　净高 3.0m 的门厅按一层计算建筑面积

B　门厅内回廊应按自然层面积计算建筑面积

C　门厅内回廊净高在 2.2m 及以上者应计算 1/2 面积

D　门厅内回廊净高不足 2.2m 者应不计算面积

23. 根据《建筑工程建筑面积计算规范》，结构净高 2.2m 的有顶采光井，如何计算面积？（　　）

A　按照自然层计算面积　　　　　B　应计算全面积

C　应计算 1/2 面积　　　　　　D　不计算建筑面积

24. 根据《建筑工程建筑面积计算规范》，建筑物阳台的建筑面积计算规则正确的是（　　）。

A　主体结构内的阳台，按其结构外围水平面积计算 1/2 面积

B　主体结构内的阳台，按其结构外围水平面积计算全面积

C　在主体结构外的阳台，按其结构底板水平投影面积计算面积

D　在主体结构外的阳台，按其结构底板水平投影面积计算 3/4 面积

25. 根据《建筑工程建筑面积计算规范》，关于变形缝建筑面积计算，下列（　　）错误。

A　与室内相通的变形缝，应按其自然层合并在建筑物建筑面积内计算

B　对于高低联跨的建筑物，当高低跨内部连通时，其变形缝应计算在高跨面积内

C　对于高低联跨的建筑物，当高低跨内部连通时，其变形缝应计算在低跨面积内

D　对于高低联跨的建筑物，当高低跨内部不连通时，其变形缝不应计算在建筑面积内

26. 根据《建筑工程建筑面积计算规范》，以下项目应计算建筑面积的是（　　）。

A　骑楼

B　室外专用消防钢楼梯

C　窗台与室内地面高差在 0.45m 及以上的凸（飘）窗

D　建筑物外墙外保温

27. 砌筑墙体应设置皮杆数，关于其作用，下列哪项错误？（　　）

A　保证砌体灰缝的厚度均匀、平直　　B　控制砌体高度

C　控制砌体高度变化部位的位置　　　D　控制砌体垂直平整度

28. 砌体施工在墙上留临时施工洞口时，下列哪项做法正确？（　　）

A 其侧边离交接处墙面不应小于300mm，洞口净宽度不应超过0.6m，抗震设防烈度为8度地区，应会同设计单位确定

B 其侧边离交接处墙面不应小于400mm，洞口净宽度不应超过0.8m，抗震设防烈度为8度地区，应会同设计单位确定

C 其侧边离交接处墙面不应小于500mm，洞口净宽度不应超过1.0m，抗震设防烈度为9度地区，应会同设计单位确定

D 其侧边离交接处墙面不应小于600mm，洞口净宽度不应超过1.2m，抗震设防烈度为9度地区，应会同设计单位确定

29. 下列部位不得设置脚手眼，错误的是(　　)。

A 过梁上与过梁成60°角的三角形范围及过梁净跨度1/2的高度范围内

B 宽度大于1m的窗间墙

C 窗洞口两侧石砌体300mm，其他砌体200mm范围内

D 转角处石砌体600mm，其他砌体450mm范围内

30. 砌体施工质量控制等级分为(　　)。

A 二级　　B 三级

C 四级　　D 五级

31. 正常施工条件下，砖砌体每日砌筑高度宜控制在(　　)。

A 1.0m　　B 1.2m

C 1.4m　　D 1.5m

32. 砌体工程中，关于单排孔小砌块搭接长度和多排孔小砌块搭接长度描述正确的是(　　)。

A 单排孔小砌块的搭接长度应为体块长度的1/3；多排孔小砌块的搭接长度可适当调整，但不宜小于小砌块长度的1/3，且不应小于70mm

B 单排孔小砌块的搭接长度应为体块长度的1/2；多排孔小砌块的搭接长度可适当调整，但不宜小于小砌块长度的1/2，且不应小于80mm

C 单排孔小砌块的搭接长度应为体块长度的1/2；多排孔小砌块的搭接长度可适当调整，但不宜小于小砌块长度的1/3，且不应小于90mm

D 单排孔小砌块的搭接长度应为体块长度的1/3；多排孔小砌块的搭接长度可适当调整，但不宜小于小砌块长度的1/2，且不应小于100mm

33. 下列模板工程的专项施工方案，应进行技术论证的是(　　)。

Ⅰ. 组合模板工程；Ⅱ. 滑模模板工程；Ⅲ. 爬模模板工程；Ⅳ. 高大模板支架工程

A Ⅱ、Ⅲ　　B Ⅰ、Ⅲ

C Ⅱ、Ⅲ、Ⅳ　　D Ⅰ、Ⅱ、Ⅲ、Ⅳ

34. 混凝土拌合物入模温度正确的是(　　)。

A 0～25℃　　B 5～30℃

C 5～35℃　　D 5～40℃

35. 关于施工缝或后浇带处浇筑混凝土做法，错误的是(　　)。

A 结合面应为光滑面，并应清除浮浆、松动石子、软弱混凝土层

B 结合面处应洒水湿润，但不得有积水

C　柱、墙水平施工缝水泥砂浆接浆层厚度不应大于 30mm

D　当设计无具体要求时，后浇带混凝土强度等级宜比两侧混凝土提高一级

36. 成型钢筋进场时，应抽取试件做哪几项检验？（　　）

Ⅰ. 屈服强度；Ⅱ. 抗拉强度；Ⅲ. 伸长率；Ⅳ. 重量偏差

A　Ⅱ、Ⅲ　　　　B　Ⅰ、Ⅲ

C　Ⅱ、Ⅲ、Ⅳ　　　　D　Ⅰ、Ⅱ、Ⅲ、Ⅳ

37. 预应力结构隐蔽工程验收，其中关于预应力钢筋的内容不包括（　　）。

A　品种　　　　B　外形

C　规格　　　　D　数量和位置

38. 混凝土表面缺少水泥砂浆而形成石子外露，这种外观质量缺陷称为（　　）。

A　疏松　　　　B　蜂窝

C　外形缺陷（夹渣）　　　　D　外表缺陷（连接部位缺陷）

39. 保温材料的导热系数与下列哪个选项相关？（　　）

A　表观密度　　　　B　抗压强度

C　压缩强度　　　　D　燃烧性能

40. 关于屋面防水卷材铺贴的规定，错误的是（　　）。

A　卷材宜平行屋脊铺贴

B　平行屋脊的卷材搭接缝应顺流水方向

C　上下层卷材宜垂直铺贴

D　下层卷材长边搭接缝应错开，且不得小于幅宽的 1/3

41. 关于沥青瓦铺装有关尺寸的规定，错误的是（　　）。

A　脊瓦在两坡面瓦上的搭盖宽度，每边不应小于 150mm

B　脊瓦与脊瓦的压盖面不应小于脊瓦面积的 1/3

C　沥青瓦挑出檐口的长度宜为 10～20mm

D　金属泛水板与沥青瓦的搭盖宽度不应小于 100mm

42. 关于地下防水工程中的水泥砂浆防水层的叙述错误的是（　　）。

A　水泥砂浆防水层应采用聚合物水泥防水砂浆、掺外加剂或掺合料的防水砂浆

B　水泥应采用硅酸盐水泥、特种水泥，不得使用普通硅酸盐水泥

C　砂宜采用中砂，含泥量不应大于 1.0%，硫化物及硅酸盐含量不应大于 1.0%

D　用于拌制水泥砂浆的水，应采用不含有害物质的洁净水

43. 规范规定抹灰工程应对水泥的凝结时间进行复验外，还应对其进行哪项复验？（　　）

A　强度　　B　质量　　C　安定性　　D　化学成分

44. 为防止抹灰层起鼓、脱落和开裂，抹灰层总厚度超过或等于下列何值时应采取加强网措施？（　　）

A　35mm　　B　25mm　　C　20mm　　D　15mm

45. 水泥砂浆抹灰施工中，下列哪项做法是错误的？（　　）

A　抹灰层面材料相同时，允许一遍成活

B　不同材料基层交接处抹灰时可采用加强网，加强网与各基层的搭接宽度不应小于 100mm

C　抹灰层应无脱层与空鼓现象

D　应对水泥的凝结时间和安定性进行现场抽样复验并合格

46. 因浪费水资源，并对环境有污染，装饰抹灰工程应尽量减少使用的是(　　)。

A　斩假石　　B　干粘石　　C　水刷石　　D　假面砖

47. 关于装饰抹灰工程中有排水要求部位的滴水线的说法，正确的是(　　)。

A　滴水线应外高内低，滴水槽的宽度和深度不应小于15mm

B　滴水线应内高外低，滴水槽的宽度和深度不应小于10mm

C　滴水线应外高内低，滴水槽的宽度和深度不应小于20mm

D　滴水线应内高外低，滴水槽的宽度和深度不应小于25mm

48. 关于门窗工程施工说法，错误的是(　　)。

A　建筑外窗应做水密性能复验

B　安装门窗所用的预埋件、锚固件应做隐蔽验收

C　在砌体上安装门窗可以采用射钉固定

D　在砌体上安装金属门窗不得采用边砌筑边安装的方法

49. 铝合金、塑料门窗施工后进行安装质量检验时，推拉门窗扇开关力检查采用的量测工具是(　　)。

A　压力表　　B　应力仪　　C　推力计　　D　测力计

50. 下列选项，哪个不属于特种门？(　　)

A　自动门　　B　不锈钢门　　C　全玻门　　D　旋转门

51. 关于玻璃安装，下列哪条是不正确的？(　　)

A　门窗玻璃不应直接接触型材

B　单面镀膜玻璃的镀膜层应朝向室内

C　磨砂玻璃的磨砂面应朝向室外

D　中空玻璃的单面镀膜玻璃应在最外层

52. 吊顶工程中，当吊杆距离主龙骨端部大于多少时，要增加吊杆？主要吊杆长度大于多少时，应设置反支撑？(　　)

A　0.3m；0.8m　　B　0.5m；1.0m

C　0.3m；1.2m　　D　0.3m；1.5m

53. 下列哪项不是轻质隔墙工程？(　　)

A　加气混凝土砌块墙　　B　板材隔墙

C　骨架隔墙　　D　玻璃隔墙

54. 目前我国的轻钢龙骨主要有两大系列，仿日本系列和仿欧美系列，关于它们的描述，错误的是(　　)。

A　仿日本龙骨系列要求安装贯通龙骨

B　仿日本龙骨系列要求在竖向龙骨竖向开口处安装支撑卡

C　仿欧美系列要求安装贯通龙骨并在竖向龙骨竖向开口处安装支撑卡

D　仿欧美系列不要求安装贯通龙骨并在竖向龙骨竖向开口处安装支撑卡

55. 室内饰面砖工程验收时应检查的文件和记录中，下列哪项表述是不正确的？(　　)

A　饰面砖工程的施工图、设计说明及其他设计文件

B　材料的产品合格证书、性能检测报告、进场验收记录和复检报告

C　隐蔽工程验收记录

D　饰面砖样板件的粘结强度检测报告

56. 关于玻璃幕墙工程中，下列说法不正确的是(　　)。(有改动)

A　幕墙及其连接件应具有足够的承载力、刚度和相对于主体结构的位移能力

B　幕墙构架立柱的连接金属角码与其他连接件采用螺栓连接时，应有防脱落措施

C　不同金属材料接触时应采用绝缘垫片分隔

D　幕墙变形缝的处理应保证缝的使用功能和饰面的完整性

57. 建筑地面工程施工及质量验收时，整体面层地面属于(　　)。

A　分部工程　　B　子分部工程

C　分项工程　　D　没有规定

58. 在建筑地面工程中，关于垫层的最小厚度叙述错误的是(　　)。

A　砂石、碎石、碎砖垫层最小厚度为100mm

B　砂垫层、水泥混凝土垫层最小厚度为60mm

C　炉渣垫层最小厚度为80mm

D　三合土垫层、四合土垫层最小厚度为80mm

59. 地面工程中，三合土垫层的拌和材料不包括下列哪项？(　　)

A　石灰　　B　砂，可掺入少量黏土

C　碎砖　　D　水泥

60. 地面工程中，四合土垫层的拌和材料不包括下列哪项？(　　)

A　石灰　　B　砂，可掺入少量黏土

C　碎石　　D　水泥

61. 建筑地面工程中的不发火（防爆）面层，在原材料选用和配制时，下列哪项不正确？(　　)

A　采用的碎石以金属或石料冲击时不发生火花

B　砂的粒径宜为3～5mm，含泥量不应大于5%

C　面层分格的嵌条应采用不发生火花的材料

D　水泥应采用普通硅酸盐水泥

62. 依法必须进行工程设计招标的项目，其评标委员会由招标人的代表和有关技术、经济等方面的专家组成，成员人数为(　　)。

A　3人以上单数　　B　5人以上单数

C　7人以上单数　　D　9人以上单数

63. 两个以上不同资质等级的单位实行联合共同承包，应当按照以下哪个单位的业务许可范围承揽工程？(　　)

A　资质等级低的　　B　资质等级高的

C　由双方协商决定　　D　资质等级高的或者低的均可

64. 设计公司给房地产开发公司寄送的公司业绩介绍及价目表属于(　　)。

A　合同　　B　要约邀请　　C　要约　　D　承诺

65. 修建性详细规划应当符合(　　)。

A 城镇总体规划　　B 城镇详细规划
C 城镇体系规划　　D 控制性详细规划

66. 根据《中华人民共和国城乡规划法》，近期规划建设的规划年限为(　　)。
A 1年　　B 3年　　C 5年　　D 10年

67. 按照国家规定需要有关部门批准或者核准的建设项目，以划拨方式提供国有土地使用权的，建设单位在报送有关部门批准或核准前，应当向城乡规划主管部门申请核发(　　)。
A 选址意见书　　B 建设用地规划许可证
C 建设用地建设许可证　　D 规划条件通知书

68. 建筑工程设计方案评标时，专家人数和比例以下正确的是(　　)。
A 3人以上单数，建筑专业专家不得少于技术和经济方面专家总数的1/4
B 5人以上单数，建筑专业专家不得少于技术和经济方面专家总数的2/3
C 7人以上单数，建筑专业专家不得少于技术和经济方面专家总数的1/2
D 9人以上单数，建筑专业专家不得少于技术和经济方面专家总数的3/4

69. 招标人采用邀请招标方式的，应保证有几个以上具备承担招标项目勘察设计的能力，并具有相应资质的特定法人或者其他组织参加投标?(　　)
A 2个　　B 3个　　C 4个　　D 5个

70. 以下哪个部门应当对施工图设计文件中设计公共利益、公众安全、工程建设强制性标准的内容进行审查?(　　)
A 县级以上规划审查和工程质量监督单位
B 市级以上规划审查和工程质量监督单位
C 县级以上人民政府建设行政主管部门或者交通、水利等有关部门
D 市级以上人民政府建设行政主管部门或者交通、水利等有关部门

71. 以下不适用于《建设工程勘察设计管理条例》的是(　　)。
Ⅰ. 抢险救灾；Ⅱ. 临时性建筑；Ⅲ. 农民自建两层以下住宅；Ⅳ. 军事建设工程
A Ⅱ、Ⅲ　　B Ⅰ、Ⅳ
C Ⅰ、Ⅱ、Ⅳ　　D Ⅰ、Ⅱ、Ⅲ、Ⅳ

72. 建设工程竣工验收应当具备下列条件中，错误的是(　　)。
A 完成建设工程设计和合同约定的各项内容
B 有完整的技术档案和施工管理资料
C 有工程使用的主要建筑材料、构配件和设备的进场试验报告
D 有勘察、设计/施工、工程监理单位签署的工程保修书

73. 工程建设中采用国际标准或者国外标准，且现行强制性标准未做规定的建设单位(　　)。
A 应当向国务院有关行政主管部门备案
B 应当向省级建设行政主管部门备案
C 应当向所在市建设行政主管部门备案
D 可直接采用，不必备案

74. 对工程项目执行强制性标准情况进行监督检查的单位为(　　)。

A 建设项目规划审查机构

B 工程建设标准批准部门

C 施工图设计文件审查单位

D 工程质量监督机构

75. 工程建设标准批准部门对工程项目执行强制性标准情况进行监督检查的下列内容中，哪一种不属于规定的内容？（　　）

A 工程项目的规划、勘察、设计、施工、验收等是否符合强制性标准的规定

B 工程项目采用的材料、设备是否符合强制性标准的规定

C 施工工人是否熟悉、掌握强制性标准

D 工程中采用的导则、指南的内容是否符合强制性标准的规定

76. 可满足非标准设备制作和施工需要的建设工程设计文件是（　　）。

A 可行性研究报告

B 方案设计文件

C 初步设计文件

D 施工图设计文件

77. 在初步设计文件中不列入总指标的是（　　）。

A 土石方工程量

B 反映建筑功能规模的技术指标

C 总用地面积

D 总建筑面积

78. 以下哪一条不属于注册建筑师的执业范围？（　　）

A 建筑设计

B 施工图审查

C 建筑物调查和鉴定

D 建筑设计技术咨询

79. 准许他人以本人名义执行业务的注册建筑师除受到责令停止违法活动、没收违法所得处罚外，还可以处以下哪项罚款？（　　）

A 10万元以下

B 违法所得5倍以下

C 违法所得的2～5倍

D 5万元

80. 注册建筑师有下列哪种情形时，其注册证书和执业印章继续有效？（　　）

A 聘用单位申请破产保护的

B 聘用单位被吊销营业执照的

C 聘用单位相应资质证书被吊销或者撤回的

D 与聘用单位解除聘用劳动关系的

81. 注册建筑师变更执业单位，变更注册后，注册有效期如何计算？（　　）

A 重新计算有效期2年

B 重新计算有效期3年

C 重新计算有效期5年

D 延续原注册有效期2年

82. 工程建设监理合同包括（　　）。

Ⅰ. 监理的范围和内容；Ⅱ. 双方的权利与义务；Ⅲ. 监理费的计取与给付；Ⅳ. 违约责任；Ⅴ. 双方约定的其他事项

A Ⅰ、Ⅱ

B Ⅰ、Ⅱ、Ⅲ

C Ⅰ、Ⅱ、Ⅲ、Ⅳ

D Ⅰ、Ⅱ、Ⅲ、Ⅳ、Ⅴ

83. 以下关于监理的规定，表述错误的是（　　）。

A 国外公司或社团组织在中国境内独立投资的工程项目建设，可委托国外监理单位独立承担建设监理业务

B 中国监理单位能够监理的中外合资的工程建设项目，应当委托中国监理单位监理。若有必要，可以委托与该工程项目建设有关的国外监理机构或者聘请监理顾问

C 国外贷款的工程项目建设，原则上应由中国监理单位负责建设监理。如果贷款方要求国外监理单位参加的，应当与中国监理单位进行合作监理

D 国外赠款、捐款建设的工程项目，一般由中国监理单位承担建设监理业务

84. 土地使用权出让的最高年限，由哪一级机构规定？(　　)

A 国务院　　B 国务院土地管理部门

C 所在地人民政府　　D 省、自治区、直辖市人民政府

85. 依照《中华人民共和国城市房地产管理法》规定以划拨方式取得土地使用权的，除法律、行政法规另有规定外，其使用期限为(　　)。

A 70年　　B 50年　　C 40年　　D 没有限制

2017年试题解析及答案

1. **解析：**编制设计概算和预算的编制过程和顺序应如下依次确定：分部分项工程造价→单位工程造价→单项工程造价→建设项目总造价。

答案：C

2. **解析：**基本预备费＝（建筑安装工程费＋设备及工器具购置费＋工程建设其他费用）×基本预备费率＝（7000＋400）×10％＝740万元。

建设项目静态投资＝建筑工程安装费＋设备及工具购置费＋工程建设其他费用＋基本预备费＝7000＋400＋740＝8140万元。

答案：B

3. **解析：**根据《建筑安装工程费用项目组成》（建标［2013］44号）的规定，施工机具使用费包括施工机械使用费和仪器仪表使用费，其中仪器仪表使用费是指工程施工所需使用的仪器仪表的摊销及维修费用。

答案：A

4. **解析：**措施项目费是指为完成建设工程施工，发生于该工程施工前和施工过程中的技术、生活、安全、环境保护方面的费用。包括安全文明施工费、夜间施工增加费等，施工现场设立的安全警示标志、现场围挡等所需要的费用应计入安全文明施工费，属于措施项目费。

答案：C

5. **解析：**设备运杂费的组成中，包括国产标准设备由设备制造厂交货地点起至工地仓库（或施工组织设计指定的需要安装设备的堆放地点）止所发生的运费和装卸费。

答案：A

6. **解析：**工程建设其他费用包括土地使用费、与项目建设有关的其他费用、与未来企业生产经营有关的其他费用。勘察设计费属于与项目建设有关的其他费用。

答案：B

7. **解析：**竣工决算是建设单位根据建设项目发生的实际费用编制的文件，竣工决算确定的竣工决算价是该工程项目的实际工程造价，竣工决算是核定建设项目实际价值的

依据。

答案：D

8. **解析**：当初步设计达到一定深度，建筑结构比较明确，并能够较准确地计算出概算工程量时，可以采用概算定额法（扩大单价法、扩大结构单价法）编制设计概算。由于可以较准确地算出概算工程量，套用概算定额计算出的建筑工程概算比较准确。

答案：A

9. **解析**：设计概算常用的审查方法有对比分析法、主要问题复核法、查询核实法、分类整理法、联合会审法，其中查询核实法是对一些关键设备和设施、重要装置以及图纸不全、难以核算的较大投资进行多方查询核对，逐项落实，对复杂的建筑安装工程向同类工程的建设、承包、施工单位征求意见。

答案：C

10. **解析**：《建设工程工程量清单计价规范》GB 50500—2013 第 3.1.6 条规定，规费和税金必须按国家或省级、行业建设主管部门的规定计算，不得作为竞争性费用。

答案：D

11. **解析**：根据《建设工程工程量清单计价规范》GB 50500—2013 第 4.2.1 条，分部分项工程项目清单应载明项目编码、项目名称、项目特征、计量单位和工程量。

答案：B

12. **解析**：根据《建设工程工程量清单计价规范》GB 50500—2013 第 9.3.1 条第 3 款，已标价工程量清单中没有适用也没有类似于变更工程项目的，应由承包人根据变更工程资料、计量规则和计价办法、工程造价管理机构发布的信息价格和承包人报价浮动率提出变更工程项目的单价，并应报发包人确认后调整。

答案：A

13. **解析**：根据《建设工程工程量清单计价规范》GB 50500—2013 第 9.7.2 条第 2 款，采用计日工计价的任何一项变更工作，在该项变更的实施过程中，承包人应按合同约定提交给发包人复核的报表和凭证包括：投入该工作所有人员的姓名、工种、级别和耗用工时等。

答案：A

14. **解析**：根据《建设工程工程量清单计价规范》GB 50500—2013 第 9.11.1 条，招标人应根据相关工程的工期定额合理计算工期，压缩的工期天数不得超过定额工期的 20%，超过者，应在招标文件中明示增加赶工费用。

答案：D

15. **解析**：建设项目总投资＝3000＋450＝3450 万元；

$$总投资收益率=\frac{正常年份的年息税前利润或运营期内年平均息税前利润}{项目总投资}\times 100\%$$

$$=\frac{800}{3450}\times 100\%=23.19\%。$$

答案：C

16. **解析**：技术方案在经济上可行的判定依据是其内部收益率是否大于或等于基准收益率。计算财务内部收益率不需要事先给定基准收益率（基准折现率），财务内部收益率可以反映投资过程的收益程度，不受外部参数的影响。对于独立方案，采用财务内部收益率指标和财务净现值指标的评价结论是相同的。

答案：A

17. **解析**：盈利能力分析中，如果考虑了资金的时间价值则属于动态指标。属于盈利能力分析的指标有财务净现值、财务净年值、财务内部收益率、投资收益率、项目资本金净利润率等指标，其中财务净现值、财务净年值、财务内部收益率等属于盈利能力分析的动态指标，总投资收益率、项目资本金净利润率等指标属于盈利能力分析的静态指标。借款偿还期、流动比率属于偿债能力分析指标。

答案：A

18. **解析**：土地利用系数是指厂区的建筑物、构筑物、各种堆场、铁路、道路、管线等的占地面积之和与厂区占地面积之比，土地利用系数能全面反映厂区用地是否经济合理。

答案：B

19. **解析**：在此题中流动比率是反映企业短期偿债能力的指标。

答案：B

20. **解析**：土建工程直接费中，材料费所占比例最大，约70%～80%。

答案：C

21. **解析**：钢筋混凝土结构单方造价一般高于砖混结构单方造价；相同结构材料的结构，一般地下部分单方造价高于地上部分单方造价。

答案：D

22. **解析**：根据《面积计算规范》第3.0.8条，建筑物的门厅、大厅应按一层计算建筑面积，门厅、大厅内设置的走廊应按走廊结构底板水平投影面积计算建筑面积。结构层高在2.20m及以上的，应计算全面积；结构层高在2.20m以下的，应计算1/2面积。

答案：A

23. **解析**：根据《面积计算规范》第3.0.19条，有顶盖的采光井应按一层计算面积，结构净高在2.10m及以上的，应计算全面积，结构净高在2.10m以下的，应计算1/2面积。

答案：B

24. **解析**：根据《面积计算规范》第3.0.21条，在主体结构内的阳台，应按其结构外围水平面积计算全面积；在主体结构外的阳台，应按其结构底板水平投影面积计算1/2面积。

答案：B

25. **解析**：根据《面积计算规范》第3.0.25条，与室内相通的变形缝，应按其自然层合并在建筑物建筑面积内计算。对于高低联跨的建筑物，当高低跨内部连通时，其变形缝应计算在低跨面积内。

答案：B

26. **解析**：根据《面积计算规范》第3.0.24条，建筑物的外墙外保温层，应按其保温材料的水平截面积计算，并计入自然层建筑面积。

答案：D

27. **解析**：皮数杆是划有每皮砖和灰缝的厚度以及门窗洞口、过梁、楼板、预埋件等的标高位置的木制标杆，它是砌筑时控制砌体水平灰缝厚度和竖向尺寸位置的标志。它设置在墙的转角处、交接处，间距一般为10～15m，通过抄平后固定。每段墙的两个端头盘角（或称砌头角）时均按皮数杆砌筑，再通过挂线砌墙面，就能保证砖皮水平、灰缝平直。而皮数杆没有控制砌体垂直平整度的功能，砌体的垂直平整度是通过盘角时"三皮一吊、五皮一靠"及挂线来控制的。故D选项的说法错误。

答案：D

28. **解析**：《砌体施工验收规范》第3.0.8条规定，在墙上留置临时施工洞口时，其侧边离交接处墙面不应小于500mm，洞口的净宽不应超过1m。抗震设防烈度为9度地区建筑物的临时施工洞口位置，应会同设计单位确定。可见，C选项做法正确。

答案：C

29. **解析**：《砌体施工验收规范》第3.0.9条规定，不得在下列墙体或部位设置脚手眼：

1）120mm厚墙、清水墙、料石墙、独立柱和附墙柱；

2）过梁上与过梁成60°角的三角形范围及过梁净跨度1/2的高度范围内；

3）宽度小于1m的窗间墙；

4）门窗洞口两侧石砌体为300mm，其他砌体200mm范围内；转角处石砌体600mm，其他砌体450mm范围内；

5）梁或梁垫下及其左右500mm范围内；

6）设计不允许留设脚手眼的部位；

7）轻质墙体；

8）夹芯复合墙的外叶墙。

可见，B选项"宽度大于1m的窗间墙不得设置脚手眼"的说法错误。

答案：B

30. **解析**：《砌体施工验收规范》第3.0.15条规定，砌体施工质量控制分为三个等级。其划分见3.0.15条表3.0.15（或本教材表26-2）。

答案：B

31. **解析**：《砌体施工验收规范》第3.0.19条规定，正常施工条件下，砖砌体、小砌块砌体每日砌筑高度宜控制在1.5m或一步脚手架高度内；石砌体不宜超过1.2m。

答案：D

32. **解析**：《砌体施工验收规范》第6.1.9条规定，小砌块墙体应孔对孔、肋对肋错缝搭砌。单排孔小砌块的搭接长度应为块体长度的1/2；多排孔小砌块的搭接长度可适当调整，但不宜小于小砌块长度的1/3，且不应小于90mm。墙体的个别部位不能满足上述要求时，应在灰缝中设置拉结钢筋或钢筋网片，但竖向通缝（不满足搭砌长度者）仍不得超过两皮小砌块。可见，C选项表述正确。

答案：C

33. **解析**：《混凝土施工验收规范》第4.1.1条规定，模板工程应编制施工方案。爬升式模板工程、工具式模板工程及高大模板支架工程的施工方案，应按有关规定进行技术论证。《混凝土施工规范》第4.1.1条规定，模板工程应编制专项施工方案。滑模、爬模等工具式模板工程及高大模板支架工程的专项施工方案，应进行技术论证。可见，Ⅱ、Ⅲ、Ⅳ所列模板工程的施工专项方案应进行技术论证。

答案：C

34. **解析**：《混凝土施工规范》第 8.1.2 条规定，混凝土拌合物入模温度不应低于 5℃，且不应高于 35℃。

答案：C

35. **解析**：《混凝土施工规范》第 8.3.10 条规定，施工缝或后浇带处浇筑混凝土，应符合下列规定：

1）结合面应为粗糙面，并应清除浮浆、松动石子、软弱混凝土层；

2）结合面应洒水湿润，但不得有积水；

3）施工缝处已浇混凝土强度不应低于 1.2MPa；

4）柱、墙水平施工缝水泥砂浆接浆层厚度不应大于 30mm，接浆层水泥砂浆应与混凝土浆液成分相同；

5）后浇带混凝土强度等级及性能应符合设计要求；当设计无具体要求时，后浇带混凝土强度等级宜比两侧混凝土提高一级，并应采用减少收缩的技术措施。

可见，B、C、D 选项正确，而 A 选项中“结合面应为光滑面”的做法错误，故选 A。

答案：A

36. **解析**：《混凝土施工验收规范》第 5.2.2 条规定，成型钢筋进场时，应抽取试件作屈服强度、抗拉强度、伸长率和重量偏差检验，检验结果应符合国家现行有关标准的规定。可见，题干所列四项内容均需检验。

答案：D

37. **解析**：《混凝土施工验收规范》第 6.1.1 条规定，预应力结构隐蔽工程验收中，关于预应力钢筋的验收内容包括：预应力筋的品种、规格、级别、数量和位置。可见，不包括预应力筋的外形。

答案：B

38. **解析**：据《混凝土施工验收规范》第 8.1.2 条表 8.1.2 现浇结构外观质量缺陷的规定可知：

混凝土中局部不密实，称疏松。故 A 选项错误。

混凝土表面缺少水泥砂浆而形成石子外露，称为蜂窝。故 B 选项正确。

缺棱掉角、棱角不直、翘曲不平、飞边凸肋等，称外形缺陷；混凝土中夹有杂物且深度超过保护层厚度，称夹渣。故 C 选项错误。

构件表面麻面、掉皮、起砂、沾污等，称外表缺陷；构件连接处混凝土有缺陷及连接钢筋、连接件松动，称为连接部位缺陷。故 D 选项错误。

答案：B

39. **解析**：导热系数是指在稳定传热条件下，1m 厚的材料，两侧表面的温差为 1 度（K 或℃），在一定时间内，通过 $1m^2$ 面积传递的热量，单位为 W/(m·K)，此处的 K 可用℃代替。国家标准规定，凡平均温度不高于 350℃时导热系数不大于 0.12W/(m·K) 的材料称为保温材料。材料的导热系数数值主要取决于物质的种类、物质结构与物理状态，此外温度、密度、湿度等因素对导热系数也有较大的影响。一般说来，材料的孔隙率越大（或密度越小），导热系数就越小。即保温材料的导热系数与抗压强度、压缩强度、燃烧性能无关，故选 A。

答案： A

40. **解析：**《屋面验收规范》第 6.2.2 条规定，卷材宜平行屋脊铺贴，上下层卷材不得相互垂直铺贴。第 6.2.3 条规定，平行屋脊的卷材搭接缝应顺流水方向；相邻两幅卷材短边搭接缝应错开，且不得小于 500mm；上下层卷材长边搭接缝应错开，且不得小于幅宽的 1/3。可见，选项 C 所述的规定是错误的。

答案： C

41. **解析：**《屋面验收规范》第 7.3.5 条规定，脊瓦在两坡面瓦上的搭盖宽度，每边不应小于 150mm；脊瓦与脊瓦的压盖面不应小于脊瓦面积的 1/2；沥青瓦挑出檐口的长度宜为 10～20mm；金属泛水板与沥青瓦的搭盖宽度不应小于 100mm。可见，B 选项所述规定是错误的。

答案： B

42. **解析：**《地下防水验收规范》第 4.2.2 条规定，水泥砂浆防水层应采用聚合物水泥防水砂浆、掺外加剂或掺合料的防水砂浆。第 4.2.3 条规定，水泥砂浆防水层所用材料中，水泥应使用普通硅酸盐水泥、硅酸盐水泥或特种水泥，不得使用过期或受潮结块的水泥。砂宜采用中砂，含泥量不应大于 1.0%，硫化物及硫酸盐含量不应大于 1%。用于拌制水泥砂浆的水，应采用不含有害物质的洁净水。可见，叙述错误的是 B 选项。

答案： B

43. **解析：** 在 2018 年 8 月 31 日前所执行《建筑装饰装修工程质量验收规范》GB 50210—2001 第 4.1.3 条规定，“抹灰工程应对水泥的凝结时间和安定性进行复验”。故该题 C 为正确选项。

需要注意的是：在新版规范《建筑装饰装修工程质量验收标准》GB 50210—2018（2018 年 9 月 1 日起执行）第 4.1.3 条中，已经取消了原规范仅对“水泥”这一种材料的性能进行复验的规定，而改为要求对“砂浆的拉伸粘结强度”“聚合物砂浆的保水率”这两种材料及其性能进行复验。

答案： C

44. **解析：**《装修验收标准》第 4.2.3 条规定，当抹灰总厚度大于或等于 35mm 时，应采取加强措施。条文解释第 4.2.3 条说，抹灰厚度过大时，容易产生起鼓、脱落等质量问题。故选 A。

答案： A

45. **解析：**《装修验收标准》第 4.2.3 条规定，抹灰工程应分层进行，故 A 选项做法错误。第 4.2.3 条还规定，不同材料基体交接处表面的抹灰，应采取防止开裂的加强措施，当采用加强网时，加强网与各基体的搭接宽度不应小于 100mm。第 4.2.4 条规定，抹灰层与基层之间及各抹灰层之间应粘结牢固，抹灰层应无脱层和空鼓，面层应无爆灰和裂缝。故 B、C 选项做法正确。2001 版《装修验收规范》第 4.1.3 条曾规定，抹灰工程应对水泥的凝结时间和安定性进行复验，故 D 选项做法正确；需注意，现行《装修验收标准》不再有此规定，第 4.1.3 条规定对抹灰材料及其性能指标应进行复验的是：砂浆的拉伸粘结强度、聚合物砂浆的保水率。

答案：A

46. **解析：**据《装修验收标准》第 4.1.1 条的条文说明解释：根据国内装饰抹灰的实际情况，本标准保留了水刷石、斩假石、干粘石、假面砖等项目，但水刷石浪费水资源，并对环境有污染，应尽量减少使用。故应选 C。

答案：C

47. **解析：**《装修验收标准》第 4.2.9 条规定，有排水要求的部位应做滴水线（槽）。滴水线（槽）应整齐顺直，滴水线应内高外低，滴水槽的宽度和深度应满足设计要求，且均不应小于 10mm。可见，说法正确的是 B 选项。

答案：B

48. **解析：**《装修验收标准》第 6.1.3 条规定，门窗工程应对下列材料及其性能指标进行复验：①人造木板门的甲醛释放量；②建筑外窗的气密性能、水密性能和抗风压性能。故 A 选项说法正确。第 6.1.4 条规定，门窗工程应对下列隐蔽工程项目进行验收：①预埋件和锚固件；②隐蔽部位的防腐和填嵌处理；③高层金属窗防雷连接节点。故 B 选项说法正确。第 6.1.11 条规定，建筑外门窗安装必须牢固。在砌体上安装门窗严禁采用射钉固定。故 C 选项说法错误。第 6.1.8 条规定，金属门窗和塑料门窗安装应采用预留洞口的方法施工。故 D 选项说法正确。

答案：C

49. **解析：**《装修验收标准》第 6.3.6 条规定，金属门窗推拉门窗扇开关力不应大于 50N。检验方法：用测力计检查。第 6.4.10 条规定，塑料平开门窗扇平铰链的开关力不应大于 80N，滑撑铰链的开关力不应大于 80N 且不应小于 30N；塑料推拉门窗扇的开关力不应大于 100N。检验方法：观察；用测力计检查。故选 D。

答案：D

50. **解析：**《装修验收标准》第 6.1.1 条规定，金属门窗包括钢门窗、铝合金门窗和涂色镀锌钢板门窗等；特种门包括自动门、全玻门和旋转门等。故选 B。

答案：B

51. **解析：**《装修验收标准》第 6.6.7 条规定，门窗玻璃不应直接接触型材。故 A 选项说法正确。第 6.6.1 条规定："玻璃的层数、品种、规格、尺寸、色彩、图案和涂膜朝向应符合设计要求"，在该条的条文说明中说："除设计上有特殊要求，为保护镀膜玻璃上的镀膜层及发挥镀膜层的作用，单面镀膜玻璃的镀膜层应朝向室内。双层玻璃的单面镀膜玻璃应在最外层，镀膜层应朝向室内。磨砂玻璃朝向室内是为了防止磨砂层被污染并易于清洁。"可见 C 选项说法不正确。

答案：C

52. **解析：**《装修验收标准》第 7.1.11 条规定，吊杆距主龙骨端部距离不得大于 300mm。当吊杆长度大于 1500mm 时，应设置反支撑。故选 D。

答案：D

53. **解析：**《装修验收标准》第 8.1.1 条规定，轻质隔墙工程适用于板材隔墙、骨架隔墙、活动隔墙和玻璃隔墙等分项工程的质量验收。板材隔墙包括复合轻质墙板、石膏空心板、增强水泥板和混凝土轻质板等隔墙；骨架隔墙包括以轻钢龙骨、木龙骨等为骨架，以纸面石膏板、人造木板、水泥纤维板等为墙面板的隔墙；玻璃隔墙包括玻璃板、玻璃砖隔墙。可见，轻质隔墙工程未包括加气混凝土砌块墙。

答案： A

54. **解析：**《装修验收标准》条文说明第 8.3.3 条解释，目前我国的轻钢龙骨主要有两大系列，一种是仿日本系列，一种是仿欧美系列。这两种系列的构造不同，仿日本龙骨系列要求安装贯通龙骨并在竖向龙骨竖向开口处安装支撑卡，以增强龙骨的整体性和刚度，而仿欧美系列则没有这项要求。可见，C 选项描述错误。

答案： C

55. **解析：**《装修验收标准》第 10.1.2 条规定，饰面砖工程验收时应检查下列文件和记录：

1）饰面砖工程的施工图、设计说明及其他设计文件；

2）材料的产品合格证书、性能检验报告、进场验收记录和复验报告；

3）外墙饰面砖施工前粘贴样板和外墙饰面砖粘贴工程饰面砖粘结强度检验报告；

4）隐蔽工程验收记录；

5）施工记录。

可见，“饰面砖粘贴样板和粘结强度检验报告”仅是对“外墙”饰面砖工程的要求，而对“室内”饰面砖工程无此要求，故选 D。

答案： D

56. **解析：**《装修验收标准》第 11.1.7 条规定，幕墙及其连接件应具有足够的承载力、刚度和相对于主体结构的位移能力，故 A 选项说法正确。

第 11.1.7 条还规定，当幕墙构架立柱的连接金属角码与其他连接件采用螺栓连接时，应有防松动措施。故 B 选项“有防脱落措施”的说法不正确。

第 11.1.9 条规定，“不同金属材料接触时应采用绝缘垫片分隔”，其目的是避免电化学腐蚀。故 C 选项说法正确。

第 11.1.12 条规定，幕墙的变形缝等部位处理应保证缝的使用功能和饰面的完整性。故 D 选项说法正确。

答案： B

57. **解析：** 由《地面施工验收规范》第 3.0.1 条表 3.0.1（本教材表 26-50）规定可知，在建筑装饰装修分部工程中包含建筑地面子分部工程，而建筑地面子分部工程又分为三个子分部工程：整体面层子分部工程、板块面层子分部工程和木、竹面层子分部工程。即整体面层地面属于地面子分部工程下的子分部工程。

答案： B

58. **解析：**《地面施工验收规范》第 4.3.1 条规定，灰土垫层应采用熟化石灰与黏土（或粉质黏土、粉土）的拌和料铺设，其厚度不应小于 100mm。第 4.4.1 条规定，砂垫层厚度不应小于 60mm；砂石垫层厚度不应小于 100mm。第 4.5.1 条规定，碎石垫层和碎砖垫层厚度不应小于 100mm。第 4.6.1 条规定，三合土垫层应采用石灰、砂（可掺入少量黏土）与碎砖的拌和料铺设，其厚度不应小于 100mm；四合土垫层应采用水泥、石灰、砂（可掺少量黏土）与碎砖的拌和料铺设，其厚度不应小于 80mm。第 4.7.1 条规定，炉渣垫层应采用炉渣或水泥与炉渣或水泥、石灰与炉渣的拌和料铺设，其厚度不应小于 80mm。第 4.8.2 条规定，水泥混凝土垫层的厚度不应小于 60mm；陶粒混凝土垫层的厚度不应小于 80mm。可见，三合土垫层应不小于 100mm；而掺入水泥而形成的四合土垫层，其厚度则不小于 80mm。故 D 选项所述应属错误。

答案： D

59. **解析：**《地面施工验收规范》第 4.6.1 条规定，三合土垫层应采用石灰、砂（可掺入少量黏土）与碎砖的拌和料铺设，其厚度不应小于 100mm。故选 D。

需要注意：四合土垫层应采用水泥、石灰、砂（可掺少量黏土）与碎砖的拌和料铺设，其厚度不应小于 80mm。即四合土较三合土增加了水泥，且垫层厚度减至 80mm。

答案： D

60. **解析：**《地面施工验收规范》第 4.6.1 条规定，三合土垫层应采用石灰、砂（可掺入少量黏土）与碎砖的拌和料铺设，其厚度不应小于 100mm。四合土垫层应采用水泥、石灰、砂（可掺少量黏土）与碎砖的拌和料铺设，其厚度不应小于 80mm。可见，四合土是在三合土中增加了水泥，即四合土垫层的拌和材料不包括碎石。

答案： C

61. **解析：**《地面施工验收规范》第 2.0.13 条规定，不发火（防爆）面层是指面层采用的材料和硬化后的试件，与金属或石块等坚硬物体发生摩擦、冲击或冲擦等机械作用时，不会产生火花（或火星），不会致使易燃物引起发火或爆炸的建筑地面。第 5.7.4 条规定，不发火（防爆）面层中碎石的不发火性必须合格。可见，A 选项所述正确。第 5.7.4 条又规定，不发火（防爆）面层中砂应质地坚硬、表面粗糙，其粒径应为 0.15～5mm，含泥量不应大于 3%，有机物含量不应大于 0.5%；可见，B 选项所述砂的粒径及含泥量均不正确。第 5.7.4 条还规定，水泥应采用硅酸盐水泥、普通硅酸盐水泥；面层分格的嵌条应采用不发生火花的材料配制。可见，C、D 选项所述均正确。

答案： B

62. **解析：**《招投标法》第三十七条规定，评标由招标人依法组建的评标委员会负责。依法必须进行招标的项目，其评标委员会由招标人的代表和有关技术、经济等方面的专家组成，成员人数为五人以上单数，其中技术、经济等方面的专家不得少于成员总数的三分之二。

答案： B

63. **解析：**《建筑法》第二十七条规定，大型建筑工程或者结构复杂的建筑工程，可以由两个以上的承包单位联合共同承包。共同承包的各方对承包合同的履行承担连带责任。两个以上不同资质等级的单位实行联合共同承包的，应当按照资质等级低的单位的业务许可范围承揽工程。

答案： A

64. **解析：**《民法典》第四百七十三条规定，要约邀请是希望他人向自己发出要约的意思表示。拍卖公告、招标公告、招股说明书、商业广告、寄送的价目表等为要约邀请。商业广告的内容符合要约规定的，视为要约。

答案： B

65. **解析：**《城乡规划法》第二十一条规定，城市、县人民政府城乡规划主管部门和镇人民政府可以组织编制重要地块的修建性详细规划。修建性详细规划应当符合控制性详细规划。

答案：D

66. **解析：**《城乡规划法》第三十四条规定，城市、县、镇人民政府应当根据城市总体规划、镇总体规划、土地利用总体规划和年度计划以及国民经济和社会发展规划，制定近期建设规划，报总体规划审批机关备案。近期建设规划应当以重要基础设施、公共服务设施和中低收入居民住房建设以及生态环境保护为重点内容，明确近期建设的时序、发展方向和空间布局。近期建设规划的规划期限为五年。

答案：C

67. **解析：**《城乡规划法》第三十六条规定，按照国家规定需要有关部门批准或者核准的建设项目，以划拨方式提供国有土地使用权的，建设单位在报送有关部门批准或者核准前，应当向城乡规划主管部门申请核发选址意见书。前款规定以外的建设项目不需要申请选址意见书。

答案：A

68. **解析：**《建筑工程设计招标投标管理办法》第十六条规定，评标由评标委员会负责。评标委员会由招标人代表和有关专家组成。评标委员会人数为5人以上单数，其中技术和经济方面的专家不得少于成员总数的2/3。建筑工程设计方案评标时，建筑专业专家不得少于技术和经济方面专家总数的2/3。

答案：B

69. **解析：**《招投标法》第十七条规定，招标人采用邀请招标方式的，应当向三个以上具备承担招标项目的能力、资信良好的特定的法人或者其他组织发出投标邀请书。投标邀请书应当载明本法第十六条第二款规定的事项。

答案：B

70. **解析：**此题按照老的《建设工程质量管理条例》第十一条规定，选项C应为正确答案。原条款为“建设单位应当将施工图设计文件报县级以上人民政府建设行政主管部门或者其他有关部门审查。施工图设计文件审查的具体办法，由国务院建设行政主管部门会同国务院其他有关部门制定”。但是2019年《建设工程质量管理条例》第十一条做了修改，修改为：“施工图设计文件审查的具体办法，由国务院建设行政主管部门、国务院其他有关部门制定。”其指导思想是逐步推行以政府购买服务方式开展施工图设计文件审查。具体审图不再是政府主管部门的职责。

答案：C

71. **解析：**《设计管理条例》第四十四条规定，抢险救灾及其他临时性建筑和农民自建两层以下住宅的勘察、设计活动，不适用本条例。

第四十五条规定，军事建设工程勘察、设计的管理，按照中央军事委员会的有关规定执行。

答案：D

72. **解析：**《工程质量条例》第十六条规定，建设单位收到建设工程竣工报告后，应当组织设计、施工、工程监理等有关单位进行竣工验收。建设工程竣工验收应当具备下列条件：

（一）完成建设工程设计和合同约定的各项内容；

（二）有完整的技术档案和施工管理资料；

（三）有工程使用的主要建筑材料、建筑构配件和设备的进场试验报告；

（四）有勘察、设计、施工、工程监理等单位分别签署的质量合格文件；

（五）有施工单位签署的工程保修书。建设工程经验收合格的，方可交付使用。

从上面的条文中可以看出：工程保修书不需要设计和监理的签字，所以D的表述是不对的。

答案：D

73. **解析：**《强制性标准监督规定》第五条规定，工程建设中采用国际标准或者国外标准，现行强制性标准未作规定的，建设单位应当向国务院建设行政主管部门或者国务院有关行政主管部门备案。

答案：A

74. **解析：**《强制性标准监督规定》第九条规定，工程建设标准批准部门应当对工程项目执行强制性标准情况进行监督检查。监督检查可以采取重点检查、抽查和专项检查的方式。

答案：B

75. **解析：**《强制性标准监督规定》第十条规定，强制性标准监督检查的内容包括：

（一）有关工程技术人员是否熟悉、掌握强制性标准；

（二）工程项目的规划、勘察、设计、施工、验收等是否符合强制性标准的规定；

（三）工程项目采用的材料、设备是否符合强制性标准的规定；

（四）工程项目的安全、质量是否符合强制性标准的规定；

（五）工程中采用的导则、指南、手册、计算机软件的内容是否符合强制性标准的规定。

文件中并不包括对施工工人的检查。

答案：C

76. **解析：**《设计文件深度规定》第1.0.5条规定，各阶段设计文件编制深度应按以下原则进行（具体应执行第2、3、4章条款）：

1　方案设计文件，应满足编制初步设计文件的需要，应满足方案审批或报批的需要。

注：本规定仅适用于报批方案设计文件编制深度。对于投标方案设计文件的编制深度，应执行住房和城乡建设部颁发的相关规定。

2　初步设计文件，应满足编制施工图设计文件的需要，应满足初步设计审批的需要。

3　施工图设计文件，应满足设备材料采购、非标准设备制作和施工的需要。

答案：D

77. **解析：**《设计文件深度规定》第3.2.3条规定，总指标包括：

1　总用地面积、总建筑面积和反映建筑功能规模的技术指标；

2　其他有关的技术经济指标。

答案： A

78. **解析：**《注册建筑师条例》第二十条规定，注册建筑师的执业范围：

（一）建筑设计；

（二）建筑设计技术咨询；

（三）建筑物调查与鉴定；

（四）对本人主持设计的项目进行施工指导和监督；

（五）国务院建设行政主管部门规定的其他业务。

文件中不包括施工图审查。

答案： B

79. **解析：**《注册建筑师条例》第三十一条规定，注册建筑师违反本条例规定，有下列行为之一的，由县级以上人民政府建设行政主管部门停止违法活动，没收违法所得，并可以处以违法所得5倍以下的罚款；情节严重的，可以责令停止执行业务或者由全国注册建筑师管理委员会或者省、自治区、直辖市注册建筑师管理委员会吊销注册建筑师证书：

（一）以个人名义承接注册建筑师业务、收取费用的；

（二）同时受聘于二人以上建筑设计单位执行业务的；

（三）在建筑设计或者相关业务中侵犯他人合法权益的；

（四）准许他人以本人名义执行业务的；

（五）二级注册建筑师以一级注册建筑师的名义执行业务或者超越国家规定的执业范围执行业务的。

答案： B

80. **解析：**《建筑师条例细则》第二十二条规定，注册建筑师有下列情形之一的，其注册证书和执业印章失效：

（一）聘用单位破产的；

（二）聘用单位被吊销营业执照的；

（三）聘用单位相应资质证书被吊销或者撤回的；

（四）已与聘用单位解除聘用劳动关系的；

（五）注册有效期满且未延续注册的；

（六）死亡或者丧失民事行为能力的。

其中第一条聘用单位破产和聘用单位申请破产保护的不是一回事，申请破产保护期间，单位仍可以继续营业。

答案： A

81. **解析：**《建筑师条例细则》第二十条规定，注册建筑师变更执业单位，应当与原聘用单位解除劳动关系，并按照本细则第十五条规定的程序办理变更注册手续。变更注册后，仍延续原注册有效期。

答案： D

82. **解析：**《民法典》第四百七十条规定，合同的内容由当事人约定，一般包括以下条款：

（一）当事人的名称或者姓名和住所；

（二）标的；

（三）数量；

（四）质量；

（五）价款或者报酬；

（六）履行期限、地点和方式；

（七）违约责任；

（八）解决争议的方法。

当事人可以参照各类合同的示范文本订立合同。

答案： D

83. **解析：** 按照《建筑法》第十三条的规定，从事建筑活动的建筑施工企业、勘察单位、设计单位和工程监理单位，按照其拥有的注册资本、专业技术人员、技术装备和已完成的建筑工程业绩等资质条件，划分为不同的资质等级，经资质审查合格，取得相应等级的资质证书后，方可在其资质等级许可的范围内从事建筑活动。

第十四条　从事建筑活动的专业技术人员，应当依法取得相应的执业资格证书，并在执业资格证书许可的范围内从事建筑活动。

国外监理单位如果没有在中国的相应资质，不能在中国从事监理活动。一般国外的监理人员或叫咨询工程师的服务范围和内容和中国差别很大。如果一个国外的单位完全满足中国的资质要求，并在中国注册，那就是国内监理单位了。

所以A选项的表述是错的。

答案： A

84. **解析：**《房地产管理法》第十四条规定，土地使用权出让最高年限由国务院规定。

答案： A

85. **解析：**《房地产管理法》第二十三条规定，土地使用权划拨，是指县级以上人民政府依法批准，在土地使用者缴纳补偿、安置等费用后将该幅土地交付其使用，或者将土地使用权无偿交付给土地使用者使用的行为。

依照本法规定以划拨方式取得土地使用权的，除法律、行政法规另有规定外，没有使用期限的限制。

答案： D

2013年试题、解析、答案及考点

2013年 试 题

1. 属于工程建设其他费用的是(　　)。

A 环境影响评价费
B 设备及工器具购置费
C 措施费
D 安装工程费

2. 不属于建设工程固定资产投资的是(　　)。

A 设备及工器具购置费
B 建筑安装工程费
C 建设期贷款利息
D 铺底流动资金

3. 属于动态投资部分的费用是(　　)。

A 建筑安装工程费
B 基本预备费
C 建设期贷款利息
D 设备及工器具购置费

4. 某项目建筑安装工程成本为4100万，措施费为100万，利润和税金为800万，设备及工器具购置费为2000万，工程建设其他费用为1000万，贷款利息为1000万，基本预备费率为5%，则该项目的基本预备费为(　　)。

A 450万
B 410万
C 400万
D 350万

5. 为验证结构的安全性，业主委托某科研单位对模拟结构进行破坏性试验，由此产生的费用属于(　　)。

A 建设单位管理费
B 建筑安装工程费用
C 工程建设其他费用中的研究试验费
D 工程建设其他费用中的咨询费

6. 下列与建设项目各阶段相对应的投资测算，哪项是正确的?(　　)

A 在可行性研究阶段编制投资估算
B 在项目建议书阶段编制设计概算
C 在施工图设计阶段编制竣工决算
D 在方案深化阶段编制工程量清单

7. 概算费用包括(　　)。

A 从筹建到装修完成的费用
B 从开工到竣工验收的费用
C 从筹建到竣工交付使用的费用
D 从立项到施工保修期满的费用

8. 关于施工图预算的说法，正确的是(　　)。

A 施工图预算是申报项目投资额的依据
B 施工图预算必须由设计单位编制
C 施工图预算是控制施工阶段造价的依据
D 施工图预算加现场签证等于结算价

9. 工程量清单的作用是(　　)。

A 编制投资估算的依据
B 编制设计概算的依据
C 编制施工图预算的依据
D 招标时为投标人提供统一的工程量

10. 现浇混凝土楼板综合单价中包含的费用是(　　)。

A 钢筋制作费　　B 混凝土制作费
C 模板制作费　　D 钢筋绑扎费

11. 某大学新校区建设项目中属于分部工程费用的是(　　)。
A 土方开挖、运输与回填的费用　　B 屋面防水工程费用
C 教学楼土建工程费用　　D 教学楼基础工程费用

12. 不属于工程量清单编制依据的是(　　)。
A 工程设计图纸及相关资料　　B 施工招标范围
C 地质勘探报告　　D 施工占地范围

13. 关于施工承包招标控制价说法正确的是(　　)。
A 必须保密　　B 开标前应予以公布
C 开标前由招标方确定是否上调或下浮　　D 不可作为评标的依据

14. 下列保温材料，单位体积价格最高的是(　　)。
A 挤塑聚苯板　　B 泡沫玻璃板
C 岩棉保温板　　D 酚醛树脂板

15. 某住宅地下二层车库，地上十八层，下列选项中单位体积钢筋混凝土价格最高的是(　　)。
A 地上结构钢筋混凝土内墙　　B 地下室钢筋混凝土内墙
C 地下室钢筋混凝土底板　　D 地上结构钢筋混凝土楼板

16. 一般情况下，多层砖混结构房屋建筑随层数的增加，土建单方造价（元/m^2）出现的变化是(　　)。
A 增加　　B 不变　　C 减少　　D 二者无关系

17. 居住区的技术经济指标中，人口毛密度是指(　　)。
A 居住总户数/住宅建筑基底面积　　B 居住总人数/住宅建筑基底面积
C 居住总人数/居住区用地面积　　D 居住总人数/住宅用地面积

18. 根据《建筑工程建筑面积计算规范》，利用坡屋顶空间计算建筑面积时，正确的是(　　)。
A 净高超过 2.2m 的部位应计算全面积
B 净高超过 2.1m 的部位应计算全面积
C 净高在 1.2 至 2.1m 的部位应计算全面积
D 净高不足 1.2m 的部位应计算 1/2 建筑面积

19. 根据《建筑工程建筑面积计算规范》，坡地的建筑物吊脚架空层建筑面积计算方法正确的是(　　)。
A 有围护结构且净高在 2.2m 及以上的部分应计算全面积
B 无围护结构且净高在 2.2m 及以上的部分应计算全面积
C 无围护结构应按利用部位水平面积的 1/2 计算
D 无围护结构层高不足 2.2m 的，不计算建筑面积

20. 根据《建筑工程建筑面积计算规范》，下列建筑物门厅建筑面积计算正确的是(　　)。
A 净高 9.6m 的门厅按一层计算建筑面积
B 门厅内回廊应按自然层面积计算建筑面积
C 门厅内回廊净高在 2.2m 及以上者应计算 1/2 面积
D 门厅内回廊净高不足 2.2m 者应不计算面积

21. 根据《建筑工程建筑面积计算规范》，下列雨篷建筑面积计算正确的是(　　)。

A　雨篷结构外边线至外墙结构外边线的宽度小于2.1m的，不计入建筑面积

B　雨篷结构外边线至外墙结构外边线的宽度超过2.1m的，超过部分的雨篷结构板水平投影面积计入建筑面积

C　雨篷结构外边线至外墙结构外边线的宽度超过2.1m的，超过部分的雨篷结构板水平投影面积的1/2计入建筑面积

D　雨篷结构外边线至外墙结构外边线的宽度超过2.1m的，按雨篷栏板的内净面积计算雨篷的建筑面积

22. 两栋多层建筑物之间在第四层和第五层设两层架空走廊，其中第五层走廊有围护结构，第四层走廊无围护结构；两层走廊层高均为3.9m，结构底板面积均为30m^2，则两层走廊的建筑面积应为(　　)。

A　30m^2　　B　45m^2　　C　60m^2　　D　75m^2

23. 在投资方案财务评价中，获利能力较差的方案是(　　)。

A　内部收益率小于基准收益率，净现值小于零

B　内部收益率小于基准收益率，净现值大于零

C　内部收益率大于基准收益率，净现值小于零

D　内部收益率大于基准收益率，净现值大于零

24. 用于评价项目财务盈利能力的指标是(　　)。

A　借款偿还期　　B　流动比率

C　基准收益率　　D　财务净现值

25. 在项目财务评价指标中，反映项目盈利能力的静态评价指标是(　　)。

A　投资收益率　　B　借款偿还期

C　财务净现值　　D　财务内部收益率

26. 建设项目投资费用主要包括(　　)。

A　建筑工程费、工程建设其他费用和预备费

B　工程费用、工程建设其他费用和预备费

C　建筑工程费、设备及工器具购置费、安装工程费

D　建筑工程费、设备及工器具购置费、工程建设其他费用

27. 在有冻胀环境的地区，建筑物地面或防潮层以下，不应采用的砌体材料是(　　)。

A　标准砖　　B　多孔砖　　C　毛石　　D　配筋砌体

28. 砖砌体砌筑施工工艺顺序正确的是(　　)。

A　抄平、放线、摆砖样、立皮数杆、盘角、挂线、砌筑、清理与勾缝

B　抄平、放线、立皮数杆、摆砖样、盘角、挂线、砌筑、清理与勾缝

C　抄平、放线、摆砖样、盘角、挂线、立皮数杆、砌筑、清理与勾缝

D　抄平、放线、摆砖样、立皮数杆、挂线、砌筑、盘角、清理与勾缝

29. 构造柱与墙体的连接处应砌成马牙槎，其表述错误的是(　　)。

A　每个马牙槎的高度不应超过300mm

B　马牙槎凹凸尺寸不宜小于60mm

C　马牙槎先进后退

D　马牙槎应对称砌筑

30. 下列砌块砌筑的说法中，错误的是(　　)。

A　砌块砌体的砌筑形式只有全顺式一种

B　普通混凝土砌块砌体水平灰缝的灰浆饱满度不得低于砌块净面积的80%

C　普通混凝土砌块砌体竖向灰缝的灰浆饱满度不得低于砌块净面积的80%

D　加气混凝土砌块搭接长度不应小于砌块长度的1/3

31. 关于砌筑砂浆的说法，错误的是(　　)。

A　施工中不可以用强度等级小于M5的水泥砂浆代替同强度等级的水泥混合砂浆

B　配置水泥石灰砂浆时，不得采用脱水硬化的石灰膏

C　砂浆现场拌制时，各组分材料应采用体积计量

D　砂浆应随拌随用，气温超过30℃时应在拌成后2h内用完

32. 关于石砌体工程的说法，错误的是(　　)。

A　料石砌体采用坐浆法砌筑

B　石砌体每天的砌筑高度不宜超过1.2m

C　石砌体勾缝一般采用1∶1水泥砂浆

D　料石基础的第一皮石块应采用丁砌层坐浆法砌筑

33. 模板是混凝土构件成形的模型与支架，高层建筑核心筒模板应优先选用(　　)。

A　大模板　　B　滑升模板　　C　组合模板　　D　爬升模板

34. 混凝土工程中，下列构件施工时不需要采用底部模板的是(　　)。

A　雨篷　　B　升板结构的楼板

C　框架梁　　D　钢混结构叠合楼板

35. 采用焊条作业连接钢筋接头的方法称为(　　)。

A　闪光对焊　　B　电渣压力焊

C　电弧焊　　D　套筒挤压连接

36. 纵向钢筋加工不包括(　　)。

A　钢筋绑扎　　B　钢筋调直

C　钢筋除锈　　D　钢筋剪切与弯曲

37. 混凝土浇筑时，其自由落下高度不应超过2m，其原因是(　　)。

A　减少混凝土对模板的冲击力　　B　防止混凝土离析

C　加快浇筑速度　　D　防止出现施工缝

38. 关于大体积混凝土施工的说法，错误的是(　　)。

A　混凝土中可掺入适量的粉煤灰

B　尽量选用水化热低的水泥

C　可在混凝土内部埋设冷却水管

D　混凝土内外温差宜超过30℃，以利散热

39. 关于地下防水工程施工的说法，正确的是(　　)。

A　主要施工人员应持有施工企业颁发的执业资格证书或防水专业岗位证书

B　设计单位应编制防水工程专项施工方案

C　防水材料必须经具备相应资质的检测单位进行抽样检验

D 防水材料的品种、规格、性能等必须符合监理单位的要求

40. 下列防水材料施工环境温度可以低于5℃的是(　　)。

A 采用冷粘法的合成高分子防水卷材

B 溶剂型有机防水涂料

C 防水砂浆

D 采用自粘法的高聚物改性沥青防水卷材

41. 设置防水混凝土变形缝需要考虑的因素中不包括(　　)。

A 结构沉降变形　　B 结构伸缩变形

C 结构渗漏水　　D 结构配筋率

42. 关于屋面细石混凝土找平层的说法，错误的是(　　)。

A 必须使用火山灰质水泥　　B 厚度为30～50mm

C 分隔缝间距不宜大于6m　　D 内部不必配置双向钢筋网片

43. 关于屋面天沟、檐沟的细部防水构造的说法，错误的是(　　)。

A 应根据天沟、檐沟的形状要求设置防水附加层

B 在天沟、檐沟与屋面交接处的防水附加层宜空铺

C 防水层需从沟底做起至外檐的顶部

D 天沟、檐沟与屋面细石混凝土防水层的连接处应预留凹槽，用密封材料填严密

44. 关于抹灰工程的底层的说法，错误的是(　　)。

A 主要作用有初步找平及与基层的粘结

B 砖墙面抹灰的底层宜采用水泥石灰混合砂浆

C 混凝土面的底层宜采用水泥砂浆

D 底层一般分数遍进行

45. 关于装饰装修工程的说法，正确的是(　　)。

A 因装饰装修工程设计原因造成的工程变更责任应由业主承担

B 对装饰材料的质量发生争议时，应有监理工程师调解并判定责任

C 在主体结构或基体、基层完成后便可进行装饰装修工程施工

D 装饰装修工程施工前应有主要材料的样板或做样板间，并经有关各方确认

46. 关于抹灰工程的说法，错误的是(　　)。

A 墙面与墙护角的抹灰砂浆材料配比相同

B 水泥砂浆不得抹在石灰砂浆层上

C 罩面石膏不得抹在水泥砂浆层上

D 抹灰前基层表面应洒水湿润

47. 将彩色石子直接抛到砂浆层，并使它们粘结在一起的施工方法是(　　)。

A 水刷石　　B 斩假石　　C 干粘石　　D 弹涂

48. 关于门窗工程施工说法，错误的是(　　)。

A 在砌体上安装门窗严禁用射钉固定

B 外墙金属门窗应做雨水渗透性能复验

C 安装门窗所用的预埋件、锚固件应做隐蔽验收

D 在砌体上安装金属门窗应采用边砌筑边安装的方法

49. 关于饰面板安装工程的说法，正确的是(　　)。
A　对深色花岗石需做放射性复验
B　预埋件、连接件的规格、连接方式必须符合设计要求
C　饰面板的嵌缝材料需进行耐候性复验
D　饰面板与基体之间的灌注材料应有吸水率的复验报告

50. 不属于幕墙工程隐蔽验收的内容是(　　)。(有改动)
A　防雷连接节点　　B　防火节点
C　硅酮结构胶　　D　构件连接节点

51. 不符合玻璃幕墙安装规定的是(　　)。
A　玻璃幕墙的造型和立面分格应符合设计要求
B　玻璃幕墙的防雷装置必须与主体结构的防雷装置可靠连接
C　所有幕墙玻璃不得进行边缘处理
D　明框玻璃幕墙的玻璃与构件不得直接接触

52. 关于石材幕墙要求的说法，正确的是(　　)。
A　石材幕墙与玻璃幕墙、金属幕墙安装的垂直度允许偏差值不相等
B　应进行石材用密封胶的耐污染性指标复验
C　应进行石材的抗压强度复验
D　所有挂件采用不锈钢材料或镀锌铁件

53. 关于涂饰工程施工的说法，正确的是(　　)。
A　旧墙面在涂饰前应涂刷抗碱界面处理剂
B　厨房墙面涂饰必须采用耐水腻子
C　室内水性涂料涂饰施工的环境温度应为0～35℃
D　用厚涂料的高级涂饰质量标准允许有少量轻微的泛碱、咬色

54. 在涂饰工程中，不属于溶剂型涂料的是(　　)。
A　合成树脂乳液涂料　　B　丙烯酸酯涂料
C　聚氨酯丙烯酸涂料　　D　有机硅丙烯酸涂料

55. 关于裱糊工程施工的说法，错误的是(　　)。
A　壁纸的接缝允许在墙的阴角处
B　基层应保持干燥
C　旧墙面的裱糊前应清除疏松的旧装饰层，并涂刷界面剂
D　新建筑物混凝土基层应涂刷抗碱封闭底漆

56. 下列楼地面施工做法的叙述中，错误的是(　　)。
A　有防水要求的地面工程应对立管、套管、地漏与节点之间进行密封处理，并应进行隐蔽验收
B　有防静电要求的整体地面工程，应对导电地网系统与接地引下线的连接进行隐蔽验收
C　找平层采用碎石或卵石的粒径不应大于其厚度的2/3
D　预制板相邻板缝应采用水泥砂浆嵌填

57. 在面层中不得敷设管线的整体楼地面面层是(　　)。

A 硬化耐磨面层　　B 防油渗混凝土面层
C 水泥混凝土面层　　D 自流平面层

58. 下列关于大理石、花岗石楼地面面层施工的说法中，错误的是(　　)。
A 面层应铺设在结合层上
B 板材的放射性限量合格检测报告是质量验收的主控项目
C 在板材的背面、侧面应进行防碱处理
D 整块面层与碎拼面层的表面平整度允许偏差值相等

59. 下列活动地板施工质量要求的说法中，错误的是(　　)。
A 面层应排列整齐、接缝均匀、周边顺直
B 与柱、墙面接缝处的处理应符合设计要求
C 面层应采用标准地板，不得镶拼
D 在门口或预留洞口处应按构造要求做加强处理

60. 下列实木复合地板的说法中，正确的是(　　)。
A 大面积铺设时应连续铺设
B 相邻板材接头位置应错开，间距不小于300mm
C 不应采用粘贴法铺设
D 不应采用无龙骨空铺法铺设

61. 骨架隔墙工程施工中，龙骨安装时应首先(　　)。
A 固定竖向边框龙骨　　B 安装洞口边竖向龙骨
C 固定沿顶棚、沿地面龙骨　　D 安装加强龙骨

62. 下面(　　)是国务院条例规定的一级注册建筑师考试报考条件。
A 取得建筑学硕士以上学位或相近专业工学博士学位，并从事建筑设计或者相关业务3年以上的
B 取得建筑学学士以上学位或相近专业工学硕士学位，并从事建筑设计或者相关业务4年以上的
C 具有建筑学专业大学本科毕业学历并从事建筑设计或者相关业务5年以上的
D 具有建筑学相近专业大学本科毕业学历并从事建筑设计或者相关业务5年以上的

63. 建筑师初始注册者自执业资格证书签发之日起(　　)年内提出申请，无须符合继续教育的要求。
A 3年　　B 4年　　C 5年　　D 6年

64. 因设计质量造成经济损失，承担赔偿责任的是(　　)。
A 建筑设计单位，与签字的注册建筑师无关
B 签字的注册建筑师，与建筑设计单位无关
C 签字的注册建筑师和建筑设计单位各承担一半
D 建筑设计单位，该单位有权向签字的注册建筑师追偿

65. 关于注册建筑师应当履行的义务，错误的是(　　)。
A 保证建筑设计质量，并在其设计的图纸上签字
B 保守在执业中知悉的单位和个人秘密
C 不得准许他人以本人名义执行业务

D 可以同时受聘于两个建筑设计单位执行业务

66. 建筑工程方案招标评标结束后，建设工程主管部门应公示相关内容，其中无需公示的是(　　)。

A 中标方案　　B 招标评标过程介绍

C 评标专家名单　　D 评标专家意见

67. 经有关部门批准，不经过招标程序可直接设计发包的建筑工程有(　　)。(有改动)

A 国有企业投资的大型项目　　B 保障性住房项目

C 政府投资的大型公建项目　　D 采用特定专利技术、专有技术的项目

68. 工程设计收费实行政府指导价的建设项目，其总投资估算额应至少应为(　　)。

A 300万元　　B 500万元

C 800万元　　D 1000万元

69. 实行政府指导价的工程设计收费，其基准价浮动幅度为上下(　　)。

A 10%　　B 15%　　C 20%　　D 25%

70. 关于订立合同的说法，正确的是(　　)。

A 当事人采用合同书形式订立合同的，只要一方当事人签字或盖章，合同便成立

B 当事人采用信件、数据电文等形式订立合同的，可以在合同成立之前要求签订确认书，但签订确认书时，合同不成立

C 采用信件、数据电文等形式订立合同的，发件人的主营地点为合同成立地点

D 当事人采用书面形式订立合同的，在签字盖章之前，当事人一方已经履行主要义务且被对方接受的，该合同成立

71. 执行政府定价或者政府指导价的，在合同约定的交付期限内政府价格调整时，应(　　)计价。

A 按照原合同定的价格　　B 按照重新协商的价格

C 按照"就高不就低"的原则　　D 按照交付时的价格

72. 某工程设计采用新工艺而提高了建设项目的经济效益。按规定，设计机构可以在政府指导价的基础上上浮(　　)幅度内和甲方洽商收费额。

A 15%　　B 20%　　C 25%　　D 30%

73. 下列方案设计文件扉页的签署人员正确的是(　　)。

A 编制单位的法定代表人、项目总负责人、主要设计人

B 编制单位的法定代表人、技术总负责人、主要设计人

C 编制单位的法定代表人、技术总负责人、项目总负责人

D 编制单位技术总负责人、项目总负责人、主要设计人

74. 初步设计总说明应包括(　　)。

Ⅰ. 工程设计依据；Ⅱ. 工程建设规模和设计范围；Ⅲ. 总指标；Ⅳ. 工程估算书；Ⅴ. 提请在设计审批时需解决或确定的主要问题

A Ⅰ、Ⅱ、Ⅲ、Ⅳ　　B Ⅰ、Ⅱ、Ⅲ、Ⅴ

C Ⅰ、Ⅲ、Ⅳ、Ⅴ　　D Ⅱ、Ⅲ、Ⅳ、Ⅴ

75. 工程建设中拟采用的新技术、新工艺、新材料，不符合强制性标准规定的，应当(　　)。

A 通过本地建设主管部门批准后实施

B 由拟采用单位组织专家论证，报本单位上级主管部门批准实施

C 由拟采用单位组织专家技术论证，报批准标准的建设行政主管部门审定

D 由建设单位组织专家技术论证，报国务院有关行政主管部门审定

76. 对设计阶段执行强制性标准的情况实施监督的是(　　)。

A 规划审查单位　　B 建筑安全监督单位

C 工程质量监督单位　　D 施工图设计文件审查单位

77. 根据《中华人民共和国城乡规划法》，近期规划建设的规划年限为(　　)。

A 1年　　B 3年

C 5年　　D 10年

78. 城乡规划报送审批前，组织编制机关应当依法将城乡规划草案予以公告，公示时间不得少于(　　)。

A 15天　　B 20天

C 25天　　D 30天

79. 已经依法审定的修建性详细规划如需修改，需由(　　)机构组织听证会等形式，并听取利害关系人的意见后方可修改。

A 建设单位　　B 规划编制单位

C 建设主管部门　　D 城乡规划主管部门

80. 2000年取得土地使用权后于2004年建成并投入使用的商铺，由某客户于2010年购得。该客户最晚应于(　　)为该商铺续交土地出让金。

A 2040年　　B 2044年　　C 2050年　　D 2054年

81. 下列不属于工程监理的主要内容的是(　　)。

A 控制工程建设的投资　　B 进行工程建设合同管理

C 协调有关单位间的工作关系　　D 负责开工证的办理

82. 由外国捐款建设的工程项目，其监理业务(　　)。

A 必须由国外监理单位承担　　B 必须由中外监理单位合作共同承担

C 一般由捐赠国指定监理单位承担　　D 一般由中国监理单位承担

83. 勘察、设计单位违反工程建设强制性标准进行勘察、设计的，责令改正并处以(　　)。

A 5万以下罚款　　B 5万元以上10万以下罚款

C 10万元以上30万元以下罚款　　D 30万元以上罚款

84. 对未经注册擅自以个人名义从事注册建筑师业务并收取费用的，县级以上人民政府建设行政主管部门可以处以违法所得(　　)的罚款。

A 5倍以下　　B 6倍以下

C 8倍以下　　D 10倍以下

85. 工程监理人员发现工程设计不符合建筑工程质量标准或合同约定的质量要求的(　　)。

A 直接要求施工单位改正　　B 直接要求设计单位改正

C 通过施工企业通知设计单位改正　　D 通过建设单位通知设计单位改正

2013年试题解析、答案及考点

1. **解析**：环境影响评价费属于与项目建设有关的其他费用。

   答案：A

   考点：与项目建设有关的其他费用的内容。

2. **解析**：流动资金投资形成流动资产，不属于建设工程固定资产投资。

   答案：D

   考点：投资形成的固定资产、流动资产。

3. **解析**：涨价预备费、建设期贷款利息和固定资产投资方向调节税（暂停征收）属于动态投资部分。

   答案：C

   考点：属于动态投资的费用。

4. **解析**：此题命题有误，基本预备费以设备及工器具购置费用、建筑安装工程费用和工程建设其他费用三部分之和为计算基础（计算基础中不含建设期贷款利息），乘以基本预备费率计算：

   基本预备费＝(设备及工器具购置费用＋建筑安装工程费用＋工程建设其他费用)×基本预备费率

   或：　基本预备费＝(工程费用＋工程建设其他费用)×基本预备费率

   （式中“工程费用”包括建筑工程费、安装工程费、设备及工器具购置费）

   建筑安装工程成本不同于建筑安装工程费，工程成本包括从建造合同签订开始至合同完成为止所发生的、与执行合同有关的直接费用和间接费用。措施费应属于工程成本，工程成本应该包含措施费而不包括利润和税金。

   答案：此题无正确答案

   考点：基本预备费的计算。

5. **解析**：研究试验费是指为本建设项目提供或验证设计参数、数据资料等进行必要的研究试验以及设计规定在施工中必须进行的试验、验证所需的费用。研究试验费属于与项目建设有关的其他费用。

   答案：C

   考点：与项目建设有关的其他费用。

6. **解析**：与可行性研究阶段相对应的应为投资估算。

   答案：A

   考点：建设项目各阶段对应的投资测算。

7. **解析**：设计概算是在设计阶段对建设项目投资额度的概略计算，设计概算投资应包括建设项目从立项、可行性研究、设计、施工、试运行到竣工验收等的全部建设资金。

   答案：C

   考点：设计概算包括的费用。

8. **解析：**施工图预算依据施工图编制，是控制施工阶段造价的依据。

答案：C

考点：施工图预算的作用。

9. **解析：**根据《建设工程工程量清单计价规范》GB 50500—2013，工程量清单是载明建设工程分部分项工程项目、措施项目、其他项目的名称和相应数量以及规费、税金项目等内容的明细清单。招标时为投标人提供了统一的工程量。

答案：D

考点：工程量清单的作用。

10. **解析：**现浇混凝土楼板分项工程的工作内容包括混凝土制作，相应费用包含在综合单价中。钢筋相应费用包含在钢筋工程综合单价中；如招标人在措施项目清单中编列了现浇混凝土模板项目清单，则模板制作费用包含在措施费中（见《房屋建筑与装饰工程工程量计算规范》GB 50854—2013 第 4.2.7 条）。

答案：B

考点：现浇混凝土楼板综合单价中包含的费用。

11. **解析：**基础工程属于分部工程，相应的费用属于分部工程费用。

答案：D

考点：分部工程及分部工程的费用。

12. **解析：**参见《建设工程工程量清单计价规范》第 4.1.5 条。施工占地范围由承包商根据本企业的施工方案和施工实际需要确定。

答案：D

考点：工程量清单的编制依据。

13. **解析：**根据《建设工程工程量清单计价规范》第 5.1.6 条，招标人应在发布招标文件时公布招标控制价。

答案：B

考点：招标控制价的概念。

14. **解析：**根据市场价格，泡沫玻璃板的单位体积价格最高。

答案：B

考点：保温材料的价格。

15. **解析：**对于单位体积钢筋混凝土价格，一般地下工程高于地上，底板高于墙体。

答案：C

考点：钢筋混凝土的单价。

16. **解析：**多层砖混结构房屋建筑具有降低造价和使用费用、节约用地的优点，一般随层数增加单方造价减少。

答案：C

考点：不同层数的多层砖混结构房屋的土建单方造价。

17. **解析：**根据人口毛密度的定义，人口毛密度＝居住总人数/居住区用地面积。

答案：C

考点：人口毛密度的概念。

18. **解析：**根据《面积计算规范》第 3.0.3 条：形成建筑空间的坡屋顶，结构净高在

2.10m 及以上的部位应计算全面积；结构净高在 1.20m 及以上至 2.10m 以下的部位应计算 1/2 面积；结构净高在 1.20m 以下的部位不应计算建筑面积。

答案： B

考点： 坡屋顶的建筑面积计算规则。

19. **解析：** 此题依据 2005 版《面积计算规范》命题，第 3.0.6 条：设计加以利用、无围护结构的建筑吊脚架空层，应按其利用部位水平面积的 1/2 计算。

根据现行（2013 版）《面积计算规范》第 3.0.7 条：建筑物架空层及坡地建筑物吊脚架空层，应按其顶板水平投影计算建筑面积。结构层高在 2.20m 及以上的，应计算全面积；结构层高在 2.20m 以下的，应计算 1/2 面积。

答案： C（按 2005 版规范作答）

考点： 吊脚架空层建筑面积计算规则。

20. **解析：** 根据《面积计算规范》第 3.0.8 条：建筑物的门厅、大厅应按一层计算建筑面积，门厅、大厅内设置的走廊应按走廊结构底板水平投影面积计算建筑面积。结构层高在 2.20m 及以上的，应计算全面积；结构层高在 2.20m 以下的，应计算 1/2 面积。

答案： A

考点： 门厅及门厅内回廊建筑面积计算规则。

21. **解析：** 根据《面积计算规范》第 3.0.27 条第 6 款：挑出宽度在 2.10m 以下的无柱雨篷和顶盖高度达到或超过两个楼层的无柱雨篷，不应计算建筑面积。

答案： A

考点： 雨篷建筑面积计算规则。

22. **解析：** 根据《面积计算规范》第 3.0.9 条：建筑物间的架空走廊，有顶盖和围护结构的，应按其围护结构外围水平面积计算全面积；无围护结构、有围护设施的，应按其结构底板水平投影面积计算 1/2 面积。两层走廊的建筑面积＝30＋30/2＝45m^2。

答案： B

考点： 架空走廊的建筑面积计算。

23. **解析：** 投资方案财务评价中，对盈利能力的要求是：内部收益率大于等于基准收益率，净现值大于等于零。内部收益率越小，净现值越小，方案的获利能力较差。

答案： A

考点： 依据内部收益率和净现值指标评价项目盈利能力的标准。

24. **解析：** 财务净现值是评价项目财务盈利能力的指标之一。

答案： D

考点： 评价项目财务盈利能力的指标。

25. **解析：** 投资收益率、财务净现值、财务内部收益率是反映项目盈利能力的指标，其中投资收益率是静态指标，财务净现值和财务内部收益率是动态指标。借款偿还期是反映项目偿债能力的指标。

答案： A

考点： 反映项目盈利能力的静态评价指标。

26. **解析：** 根据《建设项目经济评价方法与参数》第三版，建设投资由工程费用（建筑工程费、设备购置费、安装工程费）、工程建设其他费用和预备费（基本预备费和涨价预备费）组成。根据《建设项目投资估算编审规程》CECA-GC1—2007 第 4.0.2 条：建设投资是用于建设项目的工程费用、工程建设其他费用及预备费用之和。

答案： B

考点： 建设项目投资的费用组成。

27. **解析：**《砌体施工验收规范》第 5.1.4 条规定：有冻胀环境和条件的地区，地面以下或防潮层以下的砌体，不应采用多孔砖。因为潮湿和冻胀，对多孔砖砌体的耐久性有不利影响。同理，对防潮层以下的混凝土空心砌块砌体必须用混凝土灌孔，以提高耐久性和整体性。

答案： B

考点： 砌筑材料。

28. **解析：** 砖砌体施工顺序应该是抄平、放线、摆砖样、立皮数杆、盘角、挂线、砌筑和清理与勾缝。

答案： A

考点： 砖砌体砌筑工艺。

29. **解析：**《砌体施工验收规范》第 8.2.3 条规定："墙体应砌成马牙槎。马牙槎凹凸尺寸不宜小于 60mm，高度不应超过 300mm，马牙槎应先退后进，对称砌筑"。马牙槎先退后进，可使构造柱柱根增大，且与地梁的连接面积大，构造合理。

答案： C

考点： 构造柱施工要求。

30. **解析：** 砖墙砌体的组砌方式，除全顺外，还有一顺一丁、梅花丁、全丁、三顺一丁等多种方式，其中抗震结构常采用一顺一丁或梅花丁的组砌方式。砌块砌体常采用全顺形式，但不是唯一的。需要说明的是，题中其他选项均是对填充墙砌体的要求。而普通混凝土砌块砌体的水平灰缝、竖向灰缝的砂浆饱满度均不得低于砌块净截面面积的 90%。

答案： A

考点： 砌块砌体施工。

31. **解析：**《砌体施工验收规范》第 4.0.8 条规定："配制砌筑砂浆时，各组分材料应采用质量计量"，即砌筑砂浆的配合比为质量比。

答案： C

考点： 砌筑砂浆。

32. **解析：** 该题用词不够准确。施工规范规定：石砌体应采用铺浆法砌筑，基础采用坐浆砌筑，没有"坐浆法"一词。质量验收规范规定：石砌体每天砌筑高度不宜超过 1.2m，料石基础的第一皮石块应用丁砌层坐浆砌筑。而石墙的勾缝砂浆之种类及配比，各规范均无明确规定，应按设计要求。原《砌体施工验收规范》GB 50203—2002 曾要求用 1∶1.5 的水泥砂浆，或水泥混合砂浆，或掺麻刀、纸筋的石灰砂浆。

答案： C

考点： 砌体施工。

33. **解析：** 核心筒由多道墙体组成，大模板、滑升模板、爬升模板均可使用且效率较高。其中爬升模板施工质量更好、速度更快、机械化程度更高、技术先进，高层、超高层建筑的核心筒施工应优先选用。

答案： D

考点： 模板的特点与适用范围。

34. **解析：** 几种混凝土模板工艺中，只有升板结构的楼板施工时不需要底模，只需在地面或下层楼板上设置隔离层即可浇筑成型，混凝土达到强度后，再提升到设计位置。

答案： B

考点： 混凝土结构的施工方法。

35. **解析：** 闪光对焊是在对焊机上，将两接触的钢筋通以低电压的强电流，闪光熔化后，轴向加压顶锻使两钢筋连接的压焊方法，用于粗钢筋下料前的接长或制作闭口箍筋。电渣压力焊是利用强电流将埋在焊药中的两钢筋端头熔化，然后施加压力使其熔合，用于柱、墙等竖向钢筋的接长。电弧焊是利用弧焊机使焊条与焊件之间产生高温电弧，熔化焊条和焊件金属，待其凝固后便形成焊缝或接头，广泛用于各种钢筋接头、焊制钢筋骨架、钢筋与钢板的焊接及结构安装的焊接。套筒挤压连接也称冷挤压连接，它是将两根待连接的钢筋插入套筒，再利用千斤顶挤压，使套筒变形而与钢筋咬合将两钢筋连接在一起的机械连接方法，用于直径 16mm 以上带肋钢筋的连接。由此可知，只有“电弧焊”是“采用焊条作业连接钢筋接头的方法”。

答案： C

考点： 钢筋连接方法。

36. **解析：** 钢筋加工包括调直、除锈、焊接接长、切断、弯曲成型等内容。钢筋绑扎属于钢筋安装的方法，不属于钢筋加工。

答案： A

考点： 钢筋加工与安装。

37. **解析：** 混凝土浇筑时，落差太大混凝土会产生石子与砂浆分离，即混凝土离析，使混凝土不均匀；所以，要限制混凝土浇筑时的下落高度。故 B 选项正确。但需要补充的是，现行规范中不再规定自由下落高度，而在《混凝土结构施工规范》GB 50666—2011 表 8.3.6 中规定了柱、墙模板内混凝土浇筑倾落高度限值，当“粗骨料粒径小于等于 25mm 时不得超过 6m，粗骨料粒径大于 25mm 时不得超过 3m；不能满足要求时，应加设串筒、溜管、溜槽等装置”，以防下落动能大的粗骨料积聚在结构底部，造成混凝土分层离析。

答案： B

考点： 混凝土浇筑。

38. **解析：** 大体积混凝土施工，易因水泥水化热作用而产生两种温度裂缝。其一是在升温过程中，由于内外温差而造成混凝土表面开裂；其二是在降温过程中，由于混凝土结构收缩受到内外阻力而在体形的中部拉裂甚至拉断。因此为了避免温度裂缝，应采取减少水化热、减缓升温速度或推迟降温时间、在混凝土内部降温和外部保温等措施。为了避免表面开裂常采取的具体措施包括：选用低水化热的水泥、在混凝土中掺入粉煤灰以减少水泥用量、用冰水拌制混凝土以降低入模温度、在混凝土内部埋设冷却水管以带出内部热量、进行外部保温或升温等，以控制混凝土的内外温差不超过 25℃，方可避免大体积混凝土表面开裂。可见，只有 D 选项的说法是错误的。

答案：D

考点：大体积混凝土施工。

39. 解析：《地下防水验收规范》的基本规定：防水材料的品种、规格、性能必须经具备相应资质的检测单位进行抽样检验。故C选项说法正确。防水主要施工人员应持有行政主管部门颁发的执业资格证书或防水专业岗位证书，而不是施工企业颁发的。防水材料的品种、规格、性能必须符合国家或行业产品标准和设计要求，而不是监理单位的要求。防水施工方案应由施工单位编制，而不是设计单位。

答案：C

考点：防水工程的基本规定。

40. 解析：见《地下防水验收规范》第3.0.11条表3.0.11：采用冷粘法的合成高分子防水卷材施工时气温不低于5℃，溶剂型有机防水涂料施工时气温应为－5～35℃，防水砂浆施工时气温为5～35℃，采用自粘法的高聚物改性沥青防水卷材施工时气温不低于5℃。

答案：B

考点：防水材料施工环境气温条件。

41. 解析：设置防水混凝土变形缝时，应考虑的因素包括基础的沉降、结构的伸缩和渗漏水，与结构配筋无关。

答案：D

考点：细部构造防水。

42. 解析：在《屋面验收规范》GB 50207—2012和《屋面工程技术规范》GB 50345—2012中，对屋面细石混凝土找平层所用材料均没有明确规定，而两者都规定细石混凝土的强度等级不低于C20。后者尚规定找平层厚度为30～35mm；分格缝缝宽宜为5～20mm，间距不宜大于6m；一般不需要配筋，但基层为装配式混凝土板时宜加钢筋网片。B、C、D选项均为规范的规定，而A选项不在规范规定范围内，故选A。实际上，火山灰质水泥不宜用于干燥环境的混凝土，因此在屋面找平层中不宜使用。

答案：A

考点：屋面找平层施工要求。

43. 解析：据《屋面工程技术规范》GB 50345—2012第4.11.11规定，檐沟、天沟的防水层下应增设附加层，其伸入屋面的宽度不应小于250mm。该规范及《屋面工程质量验收规范》GB 50207—2012均规定：檐沟防水层应由沟底翻上至外侧顶部，卷材收头应用金属压条钉压固定，并应用密封材料封严；涂膜收头应用防水涂料多遍涂刷。另据《建筑施工手册》第五版第4册第381页，天沟、檐沟“卷材附加层应顺沟铺贴，以减少卷材在沟内的搭接缝。屋面与天沟交角和双天沟上部宜采取空铺法，沟底则采用满粘法铺贴”。D选项符合2002版规范要求，但需注意，2012版规范已淘汰了屋面细石混凝土防水层。由于规范要求“檐沟、天沟的防水层下应增设附加层”，即必须设置，而与“天沟、檐沟的形状”无关。

答案：A

考点：屋面细部施工要求。

44. 解析：底层是抹灰与基层的结合层，只抹一遍即可完成。故D选项说法错误。

答案：D

考点：抹灰的构造组成。

45. 解析：《装修验收标准》规定：由于设计原因造成的质量问题应由设计单位负责（2018年9月前执行的规范有此规定）；对材料的质量发生争议时，应进行见证检测；建筑装饰装修工程应在基体或基层的质量验收合格后施工；装饰装修工程施工前应有主要材料的样板或做样板间（件），并经有关各方确认。故D选项说法正确。

答案：D

考点：装饰装修工程的基本规定。

46. 解析：《装修验收标准》第4.1.8条规定："室内墙面、柱面和门窗洞口的阳角做法应符合设计要求；设计无要求时，应采用不低于M20水泥砂浆做护角，其高度不低于2m，每侧宽度不应小于50mm。"即墙面与护角的材料配比不同，护角要求砂浆强度高，以防碰撞损坏。

答案：A

考点：抹灰的一般规定与施工要求。

47. 解析：将彩色石子直接抛到粘结砂浆层上，使它们粘结在一起（并压入一半粒径的深度）的施工方法叫干粘石。而水刷石、斩假石则是抹水泥石渣浆后再做表面处理，弹涂是将聚合物砂浆用专用工具弹到墙面上。故选C。

答案：C

考点：装饰抹灰施工工艺。

48. 解析：《装修验收标准》第6.1.8条规定："金属门窗和塑料门窗安装应采用预留洞口的方法施工"，不得采用边安装边砌口或先安装后砌口的方法施工。

答案：D

考点：门窗安装工程的一般规定。

49. 解析：《装修验收标准》规定：预埋件、连接件的规格、连接方式必须符合设计要求，对室内用花岗石材必须做放射性复验。C、D选项的要求不存在。

答案：B

考点：饰面板工程的一般规定。

50. 解析：《装修验收标准》第11.1.4条规定，幕墙工程隐蔽验收的工程项目包括：预埋件或后置埋件、锚栓及连接件；构件的连接节点；幕墙四周、幕墙内表面与主体结构之间的封堵；变形缝及墙面转角节点；隐框玻璃板块的固定；防雷连接节点；防火、防烟节点；单元式幕墙的封口节点等8项。可见，幕墙工程隐蔽验收不包括硅酮结构胶。

答案：C

考点：幕墙工程隐蔽验收。

51. 解析：原《装修验收规范》第9.2.4条6款规定：所有幕墙玻璃均应进行边缘处理。故C选项不符合安装规定。

答案：C

考点：玻璃幕墙安装要求。

52. 解析：各种幕墙垂直度允许偏差都相同，即：当幕墙高度≤30m时为10mm，当幕墙高>30m，且≤60m时为15mm，当幕墙高度>60m且≤90m时为20mm，当幕墙高度＞90m 时为 25mm。石材幕墙应进行抗弯强度复验而不是抗压强度复验。挂件应为不锈钢或铝合金材料，而不能采用镀锌铁件等耐腐性差的材料制作。石材用密封胶要做耐污染性指标复验，故 B 选项说法正确。

答案：B

考点：石材幕墙安装要求。

53. **解析：**《装修验收标准》规定，石材幕墙安装要求新建筑的混凝土或抹灰表面应涂刷抗碱封闭底漆；旧墙面清理干净并刷界面剂。水性涂料施工的环境温度应为 5～35℃。任何涂料的高级涂饰都不允许有泛碱、咬色。厨房、卫生间墙面必须使用耐水腻子。故 B 选项的说法正确。

答案：B

考点：涂饰工程的一般规定与施工要求。

54. **解析：**《装修验收标准》第 12.1.1 规定，涂饰工程包括水性涂料涂饰、溶剂型涂料涂饰、美术涂饰等分项工程。其中水性涂料包括乳液型涂料、无机涂料、水溶性涂料等；溶剂型涂料包括丙烯酸酯涂料、聚氨酯丙烯酸涂料、有机硅丙烯酸涂料、交联型氟树脂涂料等；美术涂饰包括套色涂饰、滚花涂饰、仿花纹涂饰等。题目选项所列涂料中，仅 A 选项“合成树脂乳液涂料”（也称乳胶漆）不属于溶剂型涂料，其他几种都是溶剂型涂料。

答案：A

考点：涂饰工程的一般规定。

55. **解析：**《装修验收标准》13.1.4 条规定，裱糊工程施工前，基层为混凝土或抹灰时，其含水率不得大于 8%；基层为木材时，其含水率不得大于 12%；可见，对基层含水率有明确要求，应保持干燥的说法是不严谨的。

答案：B

考点：裱糊工程的基层处理与施工要求。

56. **解析：**《地面施工验收规范》第 4.9.4 条规定：在预制钢筋混凝土楼板上铺设找平层前，相邻板缝应该用不低于 C20 的细石混凝土嵌填，而不是水泥砂浆。故选项 D 的做法错误。

答案：D

考点：地面找平层施工。

57. **解析：**防油渗混凝土面层中敷设管线会影响防渗效果，且存在管线被腐蚀的可能。所以，《地面施工验收规范》第 5.6.5 条规定，整体面层的“防油渗混凝土面层内不得敷设管线”。

答案：B

考点：地面整体面层施工。

58. **解析：**《地面施工验收规范》表 6.1.8 规定，大理石、花岗石整块面层的平整度允许偏差是 1.0mm，碎拼面层的平整度允许偏差是 3.0mm。

答案：D

考点：地面板块面层铺设一般规定。

59. **解析：**《地面施工验收规范》第 6.7.7 条规定，活动地板不符合标准模数时，其不足部分可在现场根据实际尺寸将板块切割并对切割边进行处理后镶补，并应配装相应的支撑和横梁。

答案：C

考点：活动底板铺设。

60. **解析：**《地面施工验收规范》第 7.3.2 条规定，实木复合地板面层应采用空铺法或粘贴法铺设。第 7.3.4 条规定，铺设时，相邻板材接头位置应错开，间距不应小于 300mm。第 7.3.5 条规定，大面积铺设面层时，应分段铺设，分段缝按设计要求处理。故仅 B 选项正确。

答案：B

考点：实木复合木地板铺设。

61. **解析：**轻质隔墙龙骨安装时，应先在地面、顶棚弹出隔墙位置线，再固定沿地面、顶棚龙骨与线重合，其他龙骨才随后安装。其中竖向龙骨安装在沿地、顶棚龙骨槽中，故后安。

答案：C

考点：装饰装修工程轻质隔墙施工工艺。

62. **解析：**《注册建筑师条例》第八条规定：符合下列条件之一的，可以申请参加一级注册建筑师考试：

（一）取得建筑学硕士以上学位或者相近专业工学博士学位，并从事建筑设计或者相关业务 2 年以上的；

（二）取得建筑学学士学位或者相近专业工学硕士学位，并从事建筑设计或者相关业务 3 年以上的；

（三）具有建筑学专业大学本科毕业学历并从事建筑设计或者相关业务 5 年以上的，或者具有建筑学相近专业大学本科毕业学历并从事建筑设计或者相关业务 7 年以上的。

答案：C

考点：报考条件，A、B 选项时间不对。

63. **解析：**《建筑师条例实施细则》第十八条规定：初始注册者可以自执业资格证书签发之日起三年内提出申请。逾期未申请者，须符合继续教育的要求后方可申请初始注册。

答案：A

考点：申请执业条件、年限。

64. **解析：**《注册建筑师条例》第二十四条规定：因设计质量造成的经济损失，由建筑设计单位承担赔偿责任；建筑设计单位有权向签字的注册建筑师追偿。

答案：D

考点：质量责任追究。

65. **解析：**《注册建筑师条例》第二十八条规定：注册建筑师应当履行下列义务：

（一）遵守法律、法规和职业道德，维护社会公共利益；

（二）保证建筑设计的质量，并在其负责的设计图纸上签字；

（三）保守在执业中知悉的单位和个人的秘密；

（四）不得同时受聘于两个以上建筑设计单位执行业务；

（五）不得准许他人以本人名义执行业务。

答案：D

考点：注册建筑师义务，不能受聘于两个单位。

66. **解析**：《建筑工程方案设计招标投标管理办法》第三十四条规定：各级建设主管部门应在评标结束后15天内在指定媒介上公开排名顺序，并对推荐中标方案、评标专家名单及各位专家的评审意见进行公示，公示期为5个工作日。

答案：B

考点：中标公示的内容。

67. **解析**：《中华人民共和国招标投标法实施条例》第九条规定：除招标投标法第六十六条规定的可以不进行招标的特殊情况外，有下列情形之一的，可以不进行招标：（一）需要采用不可替代的专利或者专有技术。

答案：D

考点：直接发包的内容。

68. **解析**：《工程勘察设计收费管理规定》第五条规定：建设项目总投资估算额500万元及以上的工程勘察和工程设计收费实行政府指导价。

答案：B

考点：设计收费规定。

69. **解析**：《工程勘察设计收费管理规定》第六条规定：实行政府指导价的工程勘察和设计收费，其基准价根据《工程设计收费标准》计算，除本规定第七条另有规定者外，浮动幅度为上下限20%。

答案：C

考点：设计收费内容。

70. **解析**：《民法典》第四百九十条规定：采用合同书形式订立合同，在签字或者盖章之前，当事人一方已经履行主要义务，对方接受的，该合同成立。

答案：D

考点：合同订立。

71. **解析**：《民法典》第五百一十三条规定：执行政府定价或者政府指导价的，在合同约定的交付期限内政府价格调整时，按照交付时的价格计价。

答案：D

考点：合同履行。

72. **解析**：《工程勘察设计收费管理规定》第七条规定：工程勘察和工程设计收费，应当体现优质优价的原则。工程勘察和工程设计收费实行政府指导价的，凡在工程勘察设计中采用新技术、新工艺、新材料，有利于提高建设项目的经济效益、环境效益和社会效益的，发包人和勘察人、设计人可以在上下浮动25%的幅度内协商确定收费额。

答案：C

考点：设计收费规定。

73. **解析**：《设计文件深度规定》第2.1.2条方案设计文件的编排顺序：

1 封面：写明项目名称、编制单位、编制年月；

2 扉页：写明编制单位法定代表人、技术总负责人、项目总负责人的姓名，并经上述人员签署或授权盖章。

答案：C

考点：设计文件编制深度规定，设计人不必在扉页上签字。

74. **解析**：投资估算是在方案阶段的工作，初设阶段应当是概算，所以答案中凡是包含Ⅳ的都是不对的，故正确答案应当是B。

答案：B

考点："初设"内容。

75. **解析**：《强制性标准规定》第五条规定：工程建设中拟采用的新技术、新工艺、新材料，不符合现行强制性标准规定的，应当由拟采用单位提请建设单位组织专家技术论证，报批准标准的建设行政主管部门或者国务院有关主管部门审定。

答案：D

考点：强制性标准。

76. **解析**：《强制性标准规定》第六条规定：建设项目规划审查机构应当对工程建设规划阶段执行强制性标准的情况实施监督。施工图设计文件审查单位应当对工程建设勘察、设计阶段执行强制性标准的情况实施监督。

答案：D

考点：设计阶段执行强制性标准监督审查的机构。

77. **解析**：《城乡规划法》第三十四条规定：城市、县、镇人民政府应当根据城市总体规划、镇总体规划、土地利用总体规划和年度计划以及国民经济和社会发展规划，制定近期建设规划，报总体规划审批机关备案。

近期建设规划应当以重要基础设施、公共服务设施和中低收入居民住房建设以及生态环境保护为重点内容，明确近期建设的时序、发展方向和空间布局。近期建设规划的规划期限为五年。

答案：C

考点：规划法对近期规划的期限规定。

78. **解析**：《城乡规划法》第二十六条规定：城乡规划报送审批前，组织编制机关应当依法将城乡规划草案予以公告，并采取论证会、听证会或者其他方式征求专家和公众的意见。公告的时间不得少于三十日。

答案：D

考点：规划公示时间。

79. **解析**：《城乡规划法》第五十条规定：经依法审定的修建性详细规划、建设工程设计方案的总平面图不得随意修改。确需修改的，城乡规划主管部门应当采取听证会等形式，听取利害关系人的意见；因修改给利害关系人的合法权益造成损失的，应当依法给予补偿。

答案：D

考点：规划修改的规定。

80. **解析**：《中华人民共和国城镇国有土地使用权出让和转让暂行条例》第十二条规定：土地使用权出让最高年限按下列用途确定：

（一）居住用地七十年；

（二）工业用地五十年；

（三）教育、科技、文化、卫生、体育用地五十年；

（四）商业、旅游、娱乐用地四十年。

答案： A

考点： 土地使用年限的规定，商业用地使用年限为 40 年。

81. **解析：** 开工证是建设方办理，参见《建筑法》第七条规定：建筑工程开工前，建设单位应当按照国家有关规定向工程所在地县级以上人民政府建设行政主管部门申请领取施工许可证。

答案： D

考点： 监理的内容。

82. **解析：** 1996 年 1 月 1 日开始执行的建设部文件《工程建设监理规定》第二十七条规定：国外赠款、捐款建设的工程项目，一般由中国监理单位承担建设监理业务。（注：此题按旧法规作答）

答案： D

考点： 监理相关规定。

83. **解析：**《工程质量条例》第六十三条规定：违反本条例规定，有下列行为之一的，责令改正，处 10 万元以上 30 万元以下的罚款：

（一）勘察单位未按照工程建设强制性标准进行勘察的；

（二）设计单位未根据勘察成果文件进行工程设计的；

（三）设计单位指定建筑材料、建筑构配件的生产厂、供应商的；

（四）设计单位未按照工程建设强制性标准进行设计的。

答案： C

考点： 质量管理条例的相关规定。

84. **解析：**《注册建筑师条例》第三十一条规定：注册建筑师违反本条例规定，有下列行为之一的，由县级以上人民政府建设行政主管部门责令停止违法活动，没收违法所得，并可以处以违法所得 5 倍以下的罚款；情节严重的，可以责令停止执行业务或者由全国注册建筑师管理委员会或者省、自治区、直辖市注册建筑师管理委员会吊销注册建筑师证书：（一）以个人名义承接注册建筑师业务、收取费用的。

答案： A

考点： 注册建筑师不能以个人名义承接建筑师业务。

85. **解析：**《建筑法》第三十二条规定：建筑工程监理应当依照法律、行政法规及有关的技术标准、设计文件和建筑工程承包合同，对承包单位在施工质量、建设工期和建设资金使用等方面，代表建设单位实施监督。

工程监理人员认为工程施工不符合工程设计要求、施工技术标准和合同约定的，有权要求建筑施工企业改正。

工程监理人员发现工程设计不符合建筑工程质量标准或者合同约定的质量要求的，应当报告建设单位要求设计单位改正。

答案： D

考点：《建筑法》对监理工程师的规定。

2012年试题、解析、答案及考点

2012年 试 题

《建筑工程建筑面积计算规范》GB/T 50353—2013 已于2014年7月1日起实行。本套题中的19、20题与新规范不符，已按新规范改题并作答。请读者注意。

1. 下列费用中，不属于工程造价构成的是(　　)。

A　土地费用　　B　建设单位管理费

C　流动资金　　D　勘察设计费

2. 根据初步设计图纸计算工程量，套用概算定额编制的费用是(　　)。

A　工程建设其他费用　　B　建筑安装工程费

C　不可预见费　　D　设备及工器具购置费

3. 基本预备费的计算应以下列哪一项为基数?(　　)

A　工程费用+工程建设其他费　　B　土建工程费+安装工程费

C　工程费用+价差预备费　　D　工程直接费+设备购置费

4. 下列各项费用中，不属于工程建设其他费的是(　　)。

A　勘察设计费　　B　可行性研究费

C　环境影响评价费　　D　二次搬运费

5. 基本预备费不包括(　　)。

A　技术设计、施工图设计及施工过程中增加的费用

B　设计变更费用

C　利率、汇率调整等增加的费用

D　对隐蔽工程进行必要的挖掘和修复产生的费用

6. 下列关于设计文件编制阶段的说法中哪一项是正确的?(　　)

A　在可行性研究阶段需编制投资估算　　B　在方案设计阶段需编制预算

C　在初步设计阶段需编制工程量清单　　D　在施工图设计阶段需编制设计概算

7. 下列费用中，不属于施工措施费的是(　　)。

A　安全、文明施工费　　B　已完工程及设备保护费

C　二次搬运费　　D　工程排污费

8. 建设项目投资估算的作用之一是(　　)。

A　作为向银行借款的依据　　B　作为招投标的依据

C　作为编制施工图预算的依据　　D　作为工程结算的依据

9. 竣工结算应依据的文件是(　　)。

A　施工合同　　B　初步设计图纸

C　承包方申请的签证　　D　投资估算

10. 工程量清单的编制阶段是在（　　）。

A　设计方案确定后　　B　初步设计完成后

C　施工图完成后　　　　　　　　D　施工招标后

11. 下列各类建筑中，土建工程单方造价最高的是（　　）。

A　砖混结构车库　　　　　　　　B　砖混结构锅炉房

C　框架结构停车棚　　　　　　　D　钢筋混凝土结构地下车库

12. 投标人在工程量清单报价投标中，风险费用应在下列哪项中考虑?（　　）

A　其他项目清单计价表　　　　　B　分部分项工程量清单计价表

C　零星工作费用表　　　　　　　D　措施项目清单计价表

13. 某住宅小区建造大型地下车库，在符合规范的前提下，控制造价的重点在于（　　）。

A　混凝土的用量　　　　　　　　B　保温材料的厚度

C　钢筋的用量　　　　　　　　　D　木材的用量

14. 下列地坪材料价格最高的是（　　）。

A　环氧树脂地坪　　　　　　　　B　地砖地坪

C　花岗岩地坪　　　　　　　　　D　普通水磨石地坪

15. 下列技术经济指标中，属于公共建筑设计方案节地经济指标的是（　　）。

A　体形系数　　　　　　　　　　B　建筑使用系数

C　容积率　　　　　　　　　　　D　结构面积系数

16. 以下钢筋混凝土楼板每平方米造价最高的是(　　)。

A　120mm 厚现浇楼板　　　　　　B　120mm 厚短向预应力多孔板

C　300mm 厚预制槽形板　　　　　D　压型钢板上浇 100mm 现浇楼板

17. 以下哪一项的面积不应计算建筑面积?（　　）

A　电梯井　　　　B　管道井　　　　C　独立烟囱、烟道　　D　沉降缝

18. 根据《建筑工程建筑面积计算规范》，下列关于建筑面积的计算，正确的是(　　)。

A　建筑物凹阳台按其水平投影面积计算

B　有永久性顶盖的室外楼梯，按自然层水平投影面积计算

C　建筑物顶部有围护结构的楼梯间，层高超过 2.1m 的部分计算全面积

D　雨篷外挑宽度超过 2.1m 时，按雨篷结构板的水平投影面积的 1/2 计算

19. 某建筑物的飘窗，窗台与室内楼地面高差为 0.40m、结构净高为 2.10m，其建筑面积应按下列何种方式计算?（　　）

A　不计算

B　按窗台板水平投影面积计算 1/2 面积

C　按其围护结构外围水平面积计算全面积

D　按其围护结构外围水平面积计算 1/2 面积

20. 根据《建筑工程建筑面积计算规范》，不应计算建筑面积的是(　　)。

A　建筑物外墙外侧保温隔热层　　B　建筑物内的变形缝

C　无围护结构的观光电梯　　　　D　有围护结构的屋顶水箱间

21. 有永久性顶盖无围护结构的场馆看台建筑面积应(　　)。

A　按其顶盖水平投影面积的 1/2 计算　B　按其顶盖水平投影面积计算

C　按其顶盖面积计算　　　　　　　　D　按其顶盖面积的 1/2 计算

22. 某楼室内楼梯建筑面积 30m²，有永久性顶盖的室外楼梯建筑面积 50m²，则楼梯的建

筑面积是(　　)。

A　$80m^2$　　B　$65m^2$　　C　$55m^2$　　D　$30m^2$

23. 在投资方案财务评价中，获利能力较好的方案是(　　)。

A　内部收益率小于基准收益率，净现值大于零

B　内部收益率小于基准收益率，净现值小于零

C　内部收益率大于基准收益率，净现值大于零

D　内部收益率大于基准收益率，净现值小于零

24. 在项目财务评价指标中，属于反映项目盈利能力的动态评价指标的是(　　)。

A　借款偿还期　　B　财务净现值

C　总投资收益率　　D　资本金利润率

25. 砌体施工在墙上留置临时施工洞口时，下述哪项做法不正确？(　　)

A　洞口两侧应留斜槎

B　其侧边离交界处墙面不应小于500mm

C　洞口净宽度不应超过1000mm

D　宽度超过300mm的洞口顶部应设过梁

26. 砌体施工中，必须按设计要求正确预留或预埋的部位中不包括(　　)。

A　脚手架拉结件　　B　洞口　　C　管道　　D　沟槽

27. 下列砌体施工质量控制等级的最低质量控制要求中，哪项不属于B级？(　　)

A　砂浆、混凝土强度试块按规定制作　　B　强度满足验收规定，离散性较小

C　砂浆拌合方式为机械拌合　　D　砂浆配合比计量控制严格

28. 砌体施工时，为避免楼面和屋面堆载超过楼板的允许荷载值，楼板下宜采取临时加撑措施的部位是(　　)。

A　无梁板　　B　预制板

C　墙体砌筑部位两侧　　D　施工层进料口

29. 砌体工程中，水泥进场使用前应分批进行复验，其检验批的确定是(　　)。

A　袋装水泥以50t为一批

B　散装水泥以每罐为一批

C　以同一生产厂家、同一天进场的为一批

D　以同一生产厂家、同一批号连续进场的为一批

30. 砌体施工时，在砂浆中掺入以下何种添加剂时，应有砌体强度的型式检验报告？(　　)

A　有机塑化剂　　B　早强剂

C　缓凝剂　　D　防冻剂

31. 砌体施工时，下述对砌筑砂浆的要求哪项不正确？(　　)

A　不得直接采用消石灰粉

B　应通过试配确定配合比

C　现场拌制时各种材料应采用体积比计量

D　应随拌随用

32. 混凝土结构施工过程中，前一工序的质量未得到监理单位（建设单位）的检查认可，不应进行后续工序的施工，其主要目的是（　　）。

A　确保结构通过验收　　　　　　　　　　B　对合格品进行工程计量
C　明确各方质量责任　　　　　　　　　　D　避免质量缺陷累积

33. 混凝土结构工程中，侧模拆除时混凝土强度必须保证混凝土结构(　　)。
A　表面及棱角不受损伤　　　　　　　　　B　不出现侧向弯曲变形
C　不出现裂缝　　　　　　　　　　　　　D　试件强度达到抗压强度标准值

34. 混凝土结构施工时，后浇带模板的支顶和拆除应按(　　)。
A　施工图设计要求执行　　　　　　　　　B　施工组织设计执行
C　施工技术方案执行　　　　　　　　　　D　监理工程师的指令执行

35. 下列钢筋隐蔽工程验收内容的表述，哪项要求不完整？(　　)
A　纵向受力钢筋的品种、规格、数量、位置
B　钢筋的连接方式、接头位置
C　箍筋、横向钢筋的品种、规格、数量、间距
D　预埋件的规格、数量、位置

36. 下列对预应力筋张拉机具设备及仪表的技术要求，哪项不正确？(　　)
A　应定期维护和校验
B　张拉设备应配套使用，且分别标定
C　张拉设备的标定期限不应超过半年
D　使用过程中千斤顶检修后应重新标定

37. 混凝土结构施工时，对混凝土配合比的要求，下述哪项是不准确的？(　　)
A　混凝土应根据实际采用的原材料进行配合比设计并进行试配
B　首次使用的混凝土配合比应进行开盘鉴定
C　混凝土拌制前应根据砂石含水率测试结果提出施工配合比
D　进行混凝土配合比设计的目的完全是为了保证混凝土强度等级

38. 某地下建筑防水工程的防水标准为："不允许漏水，结构表面可有少量湿渍"，可判断其防水等级为(　　)。
A　一级　　　　B　二级　　　　C　三级　　　　D　四级

39. 按规范规定，下述何种气象条件时仍可以进行某些种类的防水层施工？(　　)
A　雨天　　　　B　雪天　　　　C　风级达五级及以上　　D　气温−10～−5℃

40. 防水工程施工中，防水细部构造的施工质量检验数量是(　　)。
A　按总防水面积每 $10m^2$ 一处　　　　B　按防水施工面积每 $10m^2$ 一处
C　按防水细部构造数量的 50%　　　　D　按防水细部构造数量的 100%

41. 地下防水工程施工中，防水混凝土结构表面的裂缝不得贯通，且最大裂缝宽度不应大于(　　)。
A　0.10mm　　　B　0.20mm　　　C　0.25mm　　　D　0.30mm

42. 地下防水工程施工中，下述水泥砂浆防水层的做法，哪项要求是不正确的？(　　)
A　可采用聚合物水泥砂浆　　　　　　　B　可采用掺外加剂的水泥砂浆
C　防水砂浆施工应分层铺抹或喷涂　　　D　水泥砂浆初凝后应及时养护

43. 地下防水工程施工中，要求防水混凝土的结构厚度不得小于(　　)。
A　100mm　　　B　150mm　　　C　200mm　　　D　250mm

44. 下述对建筑装饰装修工程设计的要求，哪项表述是不准确的？（　　）

A　承担建筑装饰装修工程设计的单位应具备相应设计资质

B　建筑装饰装修工程应具有经批准的装饰装修方案设计文件

C　建筑装饰装修设计应符合城市规划、消防、环保、节能等有关规定

D　建筑装饰装修工程设计深度应满足施工要求

45. 抹灰工程中罩面用的磨细石灰粉，其熟化期不应少于（　　）。

A　3d　　B　7d　　C　14d　　D　15d

46. 抹灰工程施工中，下述哪项做法是准确的？（　　）

A　水泥砂浆不得抹在石灰砂浆层上，罩面石膏灰应抹在水泥砂浆层上

B　水泥砂浆不得抹在混合砂浆层上，罩面石膏灰应抹在水泥砂浆层上

C　水泥砂浆不得抹在石灰砂浆层上，罩面石膏灰不得抹在水泥砂浆层上

D　水泥砂浆不得抹在混合砂浆层上，罩面石膏灰不得抹在水泥砂浆层上

47. 建筑外墙金属窗、塑料窗施工前，应进行的性能指标复验不包括下列哪一项？（　　）

A　抗风性能　　B　空气渗透性能

C　保温隔热性能　　D　雨水渗漏性能

48. 制作胶合板门、纤维板门时，下述哪项做法是不正确的？（　　）

A　边框和横楞应在同一平面上

B　面层、边框及横楞应加压胶结

C　横楞上不得钻孔

D　上、下冒头应各钻两个以上的透气孔

49. 铝合金、塑料门窗施工前进行安装质量检验时，推拉门窗扇开关力检查采用的量测工具是（　　）。

A　压力表　　B　应力仪　　C　推力计　　D　弹簧秤

50. 吊顶工程安装饰面板前必须完成的工作是（　　）。

A　吊顶龙骨已调整完毕

B　重型灯具、电扇等设备的吊杆布置完毕

C　管道和设备调试及验收完毕

D　内部装修处理完毕

51. 吊顶工程中，吊顶标高及起拱高度应符合（　　）。

A　设计要求　　B　施工规范要求

C　施工技术方案要求　　D　材料产品说明要求

52. 暗龙骨石膏板吊顶工程中，石膏板的接缝应按其施工工艺标准进行（　　）。

A　板缝密封处理　　B　板缝防裂处理

C　接缝加强处理　　D　接缝防火处理

53. 明龙骨吊顶工程的饰面材料与龙骨的搭接宽度应大于龙骨受力面宽度的（　　）。

A　2/3　　B　1/2　　C　1/3　　D　1/4

54. 室内饰面砖工程验收时应检查的文件和记录中，下列哪项表述是不准确的？（　　）

A　饰面砖工程的施工图、设计说明及其他设计文件

B　材料的产品合格证书、性能检测报告、进场验收记录和复验报告

C 饰面砖样板件的粘结强度检测报告

D 隐蔽工程验收记录

55. 采用湿作业法施工的饰面板工程，石材应进行( )。

A 防酸背涂处理　　B 防碱背涂处理

C 防酸表涂处理　　D 防碱表涂处理

56. 石材外幕墙工程施工前，应进行的石材材料性能指标复验不含下列哪项？( )

A 石材的弯曲强度　　B 寒冷地区石材的耐冻融性

C 花岗石的放射性　　D 石材的吸水率

57. 建筑地面工程施工及质量验收时，整体面层地面属于( )。

A 分部工程　　B 子分部工程　　C 分项工程　　D 没有规定

58. 建筑地面工程施工中，下列各材料铺设时环境温度的控制规定，哪项是错误的？( )

A 采用掺有水泥、石灰的拌和料铺设时不应低于5℃

B 采用石油沥青胶粘剂铺贴时不应低于5℃

C 采用有机胶粘剂粘贴时不应低于10℃

D 采用砂、石材料铺设时不应低于−5℃

59. 下述各地面垫层最小厚度可以小于100mm的是( )。

A 砂石垫层　　B 碎石垫层和碎砖垫层

C 三合土垫层　　D 炉渣垫层

60. 下述对地面工程灰土垫层的要求中，哪项是错误的？( )

A 熟化石灰可采用粉煤灰代替

B 可采用磨细生石灰与黏土按重量比拌合洒水堆放后施工

C 基土及垫层施工后应防止受水浸泡

D 应分层夯实并经湿润养护、晾干后方可进行下一道工序施工

61. 建筑地面工程施工中，在预制钢筋混凝土板上铺设找平层前应先填嵌板缝，下列填嵌板缝施工要求中哪项是错误的？( )

A 板缝最小底宽不应小于30mm

B 当板缝底宽大于40mm时应按设计要求配置钢筋

C 填缝采用强度等级不低于C20的细石混凝土

D 填嵌时板缝内应清理干净并保持湿润

62. 建筑地面工程施工中，铺设防水隔离层时，下列施工要求哪项是错误的？( )

A 穿过楼板面的管道四周，防水材料应向上铺涂，并超过套管的上口

B 在靠近墙面处，高于面层的铺涂高度为100mm

C 阴阳角应增加铺涂附加防水隔离层

D 管道穿过楼板面的根部应增加铺涂附加防水隔离层

63. 下列哪类人员具有参加一级注册建筑师考试的资格？( )

A 取得建筑学硕士学位，并从事建筑设计工作2年

B 取得建筑技术专业硕士学位，并从事建筑设计工作2年

C 取得建筑学博士学位，并从事建筑设计工作1年

D 取得高级工程师技术职称，并从事建筑设计相关业务2年

64. 申请注册建筑师初始注册应当具备的条件中，不包含以下哪项？(　　)

A　依法取得执业资格证书或者互认资格证书

B　只受聘于中国境内一个建设工程相关单位

C　近三年内在中国境内从事建筑设计及相关业务一年以上

D　取得建筑设计中级技术职称

65. 某建筑师通过一级注册建筑师考试并取得执业资格证书后出国留学，四年后回国想申请注册，请问他需要如何完成注册？(　　)

A　直接向全国注册建筑师管理委员会申请注册

B　达到继续教育要求后，经户口所在地的省级注册建筑师管理委员会报送全国注册建筑师管理委员会申请注册

C　达到继续教育要求后，经受聘设计单位所在地的省级注册建筑师管理委员会报送全国注册建筑师管理委员会申请注册

D　重新参加一级注册建筑师考试通过后申请注册

66. 以下设计行为中属于违法的是(　　)。

Ⅰ. 已从建筑设计院退休的王高工，组织有工程师技术职称的基督徒免费负责设计一座教堂的施工图设计；

Ⅱ. 总务处李老师为节省学校开支，免费为学校设计了一个临时库房；

Ⅲ. 某人防专业设计院郑工为其他设计院负责设计了多个人防工程施工图；

Ⅳ. 农民未进行设计自建两层6间楼房

A　Ⅰ、Ⅱ　　B　Ⅰ、Ⅲ　　C　Ⅱ、Ⅲ　　D　Ⅲ、Ⅳ

67. 建设工程设计方案评标，以下可不作为综合评定依据的是(　　)。

A　投标人的业绩　　B　投标人的信誉

C　投标人设计人员的能力　　D　投标设计图纸的数量

68. 某省甲级设计院中标设计一个包括四星级酒店、商业中心与75m高层住宅的综合建设项目，经建设单位同意，以下行为合法的是(　　)。

A　高层住宅分包给其他甲级设计院设计

B　商业中心分包给某乙级设计院设计

C　酒店节能设计分包给其他甲级设计院设计

D　地下人防安排省人防设计院工程师设计

69. 建设工程竣工验收应当具备的条件中，以下哪项有误？(　　)

A　完成建设工程设计和合同约定的各项内容

B　有完整的技术档案和施工管理资料

C　有工程使用的主要建筑材料、建筑构配件和设备的进场试验报告

D　有勘察、设计、施工、工程监理单位签署的工程保修书

70. 建设工程合同不包括(　　)。

A　工程勘察合同　　B　工程设计合同　　C　工程监理合同　　D　工程施工合同

71. 设计公司给房地产开发公司寄送的公司业绩介绍及价目表属于(　　)。

A　合同　　B　要约邀请　　C　要约　　D　承诺

72. 下列哪条可不作为编制建设工程勘察、设计文件的依据？(　　)

A　项目批准文件

B　城市规划要求

C　工程建设强制性标准

D　建筑施工总包方对工程有关内容的规定

73. 编制初步设计文件，应(　　)。

A　满足编制施工招标文件的需要　　　　B　满足主要设备材料采购的需要

C　满足非标准设备制作的需要　　　　D　注明建设工程合理使用年限

74. 设计文件中选用材料、构配件、设备时，以下哪项做法不正确？(　　)

A　注明其规格　　　　B　注明其型号

C　注明其生产厂家　　　　D　注明其性能

75. 工程建设强制性标准不涉及以下哪个方面的条文？(　　)

A　安全　　B　美观　　C　卫生　　D　环保

76. 工程建设中采用国际标准或者国外标准且现行强制性标准未作规定的，建设单位(　　)。

A　应当向国务院有关行政主管部门备案

B　应当向省级建设行政主管部门备案

C　应当向所在市建设行政主管部门备案

D　可直接采用，不必备案

77. 工程质量监督机构应当对工程建设的以下哪两项执行强制性标准的情况实施监督？(　　)

Ⅰ. 设计；Ⅱ. 勘察；Ⅲ. 施工；Ⅳ. 监理

A　Ⅰ、Ⅲ　　B　Ⅱ、Ⅲ　　C　Ⅱ、Ⅳ　　D　Ⅲ、Ⅳ

78. 以下哪项内容不是城市总体规划的强制性内容？(　　)

A　建筑控制高度　　　　B　水源地、水系内容

C　基础设施、公共服务设施用地内容　　　　D　防灾、减灾内容

79. 关于城市新区开发和建设，以下表述正确的是(　　)。

A　应新建所有市政基础设施和公共服务设施

B　应充分改造自然资源，打造特色人居环境

C　应在城市总体规划确定的建设用地范围内设立

D　应当及时调整建设规模和建设时序

80. 负责审批省会城市总体规划的是(　　)。

A　本市人民政府　　　　B　本市人民代表大会

C　所在省人民政府　　　　D　国务院

81. 以下哪条不是土地使用权出让的方式？(　　)

A　拍卖　　B　招标　　C　划拨　　D　双方协议

82. 下列哪项不是商品房预售的必要条件？(　　)

A　该工程已结构封顶

B　取得建设工程规划许可证

C　投入开发建设的资金已达该工程建设总投资的20%以上，并确定施工进度和竣工交付日期

D　取得商品房预售许可证明

83. 甲单位建设一项工程，已委托乙单位设计、丙单位施工，丁、戊单位均有意向参与其监理工作，丙与戊同属一个企业集团，乙、丙、丁、戊均具有相应工程监理资质等级，甲可以选择以下哪项中的一家监理其工程？(　　)

A 乙、丙　　B 乙、丁　　C 丙、戊　　D 丁、戊

84. 建设工程中，以下哪两项必须经总监理工程师签字后方可实施？(　　)

Ⅰ. 进入下一道工序施工；　　Ⅱ. 设备安装；

Ⅲ. 建设单位拨付工程款；　　Ⅳ. 竣工验收

A Ⅰ、Ⅱ　　B Ⅰ、Ⅲ　　C Ⅱ、Ⅲ　　D Ⅲ、Ⅳ

85. 勘察、设计单位违反工程建设强制性标准进行勘察、设计，除责令改正外，还应处以(　　)。

A 1万元以上3万元以下的罚款　　B 5万元以上10万元以下的罚款

C 10万元以上30万元以下的罚款　　D 30万元以上50万元以下的罚款

2012年试题解析、答案及考点

1. **解析：** 工程造价是工程项目在建设期预计或实际支出的建设费用。流动资金是在项目运营期内长期占用并周转使用的营运资金。

答案： C

考点： 建设工程造价的构成。

2. **解析：** 根据设计图纸计算工程量，套用概算定额、预算定额编制的费用都属于建筑安装工程费。设备及工器具购置费、不可预见费、工程建设其他费用均不包含在概算定额中。

答案： B

考点： 设计概算的编制。

3. **解析：** 基本预备费以设备及工器具购置费用、建筑安装工程费用和工程建设其他费用三部分之和为计算基础，工程费用包括设备及工器具购置费和建筑安装工程费。

答案： A

考点： 基本预备费的计算。

4. **解析：** 二次搬运费属于措施费，包含在建筑安装工程费中。

答案： D

考点： 工程建设其他费用的内容。

5. **解析：** 利率、汇率调整等增加的费用属于涨价预备费。

答案： C

考点： 基本预备费的内容。

6. **解析：** 投资估算是在可行性研究阶段编制的造价文件。

答案： A

考点： 不同阶段编制的造价文件。

7. **解析：** 工程排污费属于规费。

答案： D

考点： 施工措施费及规费的内容（注：由于工程排污费已取消并改为征收环境保护税，

规费已不含工程排污费）。

8. **解析：** 建设项目投资估算的作用之一是作为向银行借款的依据。

答案： A

考点： 投资估算的作用。

9. **解析：** 竣工结算应按施工合同条款进行结算。承包方申请的签证，如果没有发包方的签证认可，是不能作为竣工结算依据的。

答案： A

考点： 竣工结算依据的文件。

10. **解析：** 工程量清单应在施工图纸完成后、施工招标前编制。

答案： C

考点： 工程量清单的编制阶段。

11. **解析：** 钢筋混凝土结构高于砖混结构的单方造价，地下结构高于地上结构的单方造价。

答案： D

考点： 土建工程单方造价的比较。

12. **解析：** 分部分项工程费中的综合单价应考虑风险费用。

答案： B

考点： 工程量清单计价中的风险费用。

13. **解析：** 钢材的价格相对较高，对造价影响相对较大。

答案： C

考点： 工程造价的控制。

14. **解析：** 通常天然石材的单方价格较高。

答案： C

考点： 地坪材料的价格比较。

15. **解析：** 容积率反映了公共建筑的用地情况。

答案： C

考点： 反映设计方案节地的经济指标。

16. **解析：** 压型钢板的每平方米造价较高。

答案： D

考点： 钢筋混凝土楼板的每平方米造价比较。

17. **解析：** 根据《面积计算规范》第 3.0.19 条及 3.0.25 条，知 A、B、D 项均应计算建筑面积。又根据第 3.0.27 条 10 款，独立的烟囱、烟道不计算建筑面积。

答案： C

考点： 不应计算建筑面积的规定。

18. **解析：** 根据《面积计算规范》：A 项，阳台按 1/2 投影面积计算；B 项，按自然层水平投影面积的 1/2 计算；C 项，层高在 2.2m 及以上。

答案： D

考点： 雨篷建筑面积的计算规则。

19. **提示：** 根据《面积计算规范》第 3.0.13 条：窗台与室内楼地面高差在 0.45m 以下且结

构净高在2.10m及以上的凸（飘）窗，应按其围护结构外围水平面积计算1/2面积。第3.0.27条不应计算建筑面积的项目：窗台与室内地面高差在0.45m以下且结构净高在2.10m以下的凸（飘）窗，窗台与室内地面高差在0.45m及以上的凸（飘）窗。（注：此题所依据的规范已更新）

答案： D

考点： 飘窗的建筑面积计算规则。

20. **提示：** 根据《面积计算规范》第3.0.27条8款，不应计算建筑面积的项目：无围护结构的观光电梯。

答案： C

考点： 不应计算建筑面积的规定。

21. **解析：** 根据《面积计算规范》第3.0.4条。

答案： A

考点： 场馆看台建筑面积的计算。

22. **解析：** 根据《面积计算规范》。注意本题题干中已经给出"有永久性顶盖的室外楼梯建筑面积$50m^2$"。

答案： A

考点： 楼梯建筑面积的计算。

23. **解析：** 评价投资方案的盈利能力可采用内部收益率、净现值等指标：采用内部收益率指标的评判标准是内部收益率不小于基准收益率，采用净现值指标的评判标准是净现值不小于零。

答案： C

考点： 依据内部收益率和净现值指标评价项目盈利能力的标准。

24. **解析：** 财务净现值属于反映项目盈利能力的动态指标。

答案： B

考点： 反映项目盈利能力动态评价指标。

25. **解析：** 根据《砌体施工验收规范》第3.0.8条及第3.0.11条，可知B、C、D项所述做法正确。若洞口两侧留斜槎，其上部过梁将过长，无法实施，结构也不允许。故A选项所述做法错误。

答案： A

考点： 施工洞留设。

26. **解析：**《砌体施工验收规范》第3.0.11条规定："设计要求的洞口、沟槽、管道应于砌筑时正确留出或预埋，未经设计同意，不得打凿墙体和在墙体上开凿水平沟槽。宽度超过300mm的洞口上部，应设置钢筋混凝土过梁。不应在截面边长小于500mm的承重墙体、独立柱内埋设管线。"脚手架拉结件不在"设计要求"范围内。

答案： A

考点： 砌体施工基本规定。

27. **解析：** 从《砌体施工验收规范》第3.0.15条表3.0.15（见题26-1-16解表）查得：施工质量控制等级分为A、B、C三级。D选项（砂浆配合比计量控制严格）是A级控制要求，而B级要求"配合比计量控制一般"。其他选项均为B级控制要求。

答案：D

考点：砌体施工质量控制等级。

28. **解析**：《砌体施工验收规范》第 3.0.18 条规定："砌体施工时，楼面和屋面堆载不得超过楼板的允许荷载值。当施工层进料口处施工荷载较大时，楼板下应采取临时支撑措施。"按照题干所说，如果"为避免楼面和屋面堆载超过楼板的允许荷载值"，则各选项均正确。规范中此条指的是进料口处荷载较大（未超过楼板的允许荷载值），因有洞口且当采用井架或门架上料时，接料平台高出楼面有坎，造成运料车对楼板产生较大振动荷载，故应加临时支撑，避免楼板开裂或导致安全事故。本题题意似有误。

答案：D

考点：砌体施工基本规定。

29. **解析**：《砌体施工验收规范》第 4.0.1 条第 3 款规定：水泥进场"抽检数量，按同一生产厂家、同品种、同等级、同批号连续进场的水泥，袋装水泥不超过 200t 为一批，散装水泥不超过 500t 为一批，每批抽样不少于一次"。故 D 符合题意。

答案：D

考点：砌筑砂浆。

30. **解析**：《砌体施工验收规范》第 4.0.7 条规定："在砂浆中掺入砌筑砂浆增塑剂、早强剂、缓凝剂、防冻剂、防水剂等砂浆外加剂，其品种和用量应经有资质的检测单位检验和试配确定。"而在《砌体施工规范》第 5.4.2 条规定，"当在砌筑砂浆中掺用有机塑化剂时，应有其砌体强度的型式检验报告，符合要求后方可使用"，其目的是检验有机塑化剂在改变砂浆性能的同时，是否对砂浆强度造成影响，以保证砂浆强度满足设计要求。

答案：A

考点：砌筑砂浆。

31. **解析**：①《砌体施工验收规范》第 4.0.3 条第 2 款规定："建筑生石灰、建筑生石灰粉熟化为石灰膏，其熟化时间分别不少于 7d 和 2d；沉淀池中储存的石灰膏、应防止干燥、冻结和污染，严禁使用脱水硬化的石灰膏；建筑生石灰粉、消石灰粉不得替代石灰膏配制水泥石灰砂浆"。可见 A 选项，拌制砌筑砂浆时"不得直接采用消石灰粉"的表述正确。②砌体属于结构工程，对砂浆有严格的强度要求，故《砌体施工验收规范》第 4.0.5 条规定："砌筑砂浆应进行配合比设计"，而试配是完成配合比设计的重要内容，故 B 选项要求正确。③《砌体施工验收规范》第 4.0.8 条规定："配制砌筑砂浆时，各组分材料应采用质量计量，水泥及各种外加剂配料的允许偏差为±2%；砂、粉煤灰、石灰膏等配料的允许偏差为±5%"，故 C 选项要求不正确。而抹灰用的砂浆一般才都采用体积比计量。④砌筑砂浆常用水泥砂浆或水泥混合砂浆，为了避免凝结而影响强度，《砌体施工验收规范》第 4.0.10 条规定："现场拌制的砂浆应随拌随用，拌制的砂浆应在 3h 内使用完毕，当施工期间最高气温超过 30℃时，应在 2h 内使用完毕"，故 D 选项要求正确。

答案：C

考点：砌筑砂浆。

32. **解析**：在《混凝土施工规范》第3.3.1条规范："混凝土结构工程各工序的施工，应在前一道工序质量检查合格后进行"，主要是预防和避免质量缺陷累积或被掩盖。

答案：D

考点：质量控制。

33. **解析**：侧模属于非承重模板，《混凝土施工规范》第4.5.3条规定：侧模拆除时的混凝土强度应能保证其表面及棱角不受损伤。

答案：A

考点：模板拆除。

34. **解析**：《混凝土施工规范》第7.4.2条规定："后浇带的留设位置应符合设计要求。后浇带和施工缝的留设及处理方法应符合施工方案（注：考试时执行的2002版规范称'施工技术方案'）的要求"。即后浇带模板的支顶、拆除及其混凝土的浇筑、养护等均应按施工方案执行，故C选项正确。另需注意的是，《混凝土结构工程施工规范》GB 50666—2011第4.4.16条明确规定："后浇带的模板及支架应独立支设"，以便拆除后浇带周围模板时，保留后浇带处的模板和支撑，避免结构受损。施工单位在制定施工方案时需按此确定模板的类型及支顶方法、拆除时间等。

答案：C

考点：后浇带模板。

35. **解析**：《混凝土施工验收规范》第5.1.1条规定，"在浇筑混凝土之前，应进行钢筋隐蔽工程验收。隐蔽工程验收应包括下列内容：①纵向受力钢筋的牌号、规格、数量、位置；②钢筋的连接方式、接头位置、接头质量、接头面积百分率搭接长度、锚固方式及锚固长度；③箍筋、横向钢筋的牌号、规格、数量、间距位置，箍筋弯钩的弯折角度及平直段长度；④预埋件的规格、数量、位置。"按照考试时所执行的2002版规范，仅B选项缺少"接头质量、接头面积百分率"。

答案：B

考点：钢筋隐蔽工程验收内容。

36. **解析**：《混凝土施工验收规范》规定：预应力筋张拉机具及压力表，应定期维护。张拉设备和压力表应配套标定和使用，标定期限不应超过半年。即应"配套标定、配套使用"，不得分别标定，故C选项要求错误。

答案：B

考点：预应力施工一般规定。

37. **解析**：进行混凝土配合比设计的目的不但是为了保证混凝土强度等级，还要满足耐久性和工作性等要求。故D选项说法不正确。

答案：D

考点：混凝土配置要求。

38. **解析**：《地下防水验收规范》表3.0.1规定（见题26-3-4解表）：一级防水标准为"不允许漏水，结构表面无湿渍"。二级防水标准为"不允许漏水，结构表面可有少量湿渍；……"三级防水标准为"有少量漏水点，不得有线流和漏泥沙；……"四级防水标准为"有漏水点，不得有线流和漏泥沙；……"故题干所述标准为二级防水。

答案：B

考点：地下工程防水的等级标准。

39. 解析：《地下防水验收规范》3.0.11 条规定：地下防水工程不得在雨天、雪天、五级以上大风时施工；施工环境气温条件：冷粘法、自粘法不低于5℃，热熔法、焊接法不低于－10℃，……故为D。可参见题 26-3-9 解表。

答案：D

考点：地下防水施工条件。

40. 解析：《地下防水验收规范》3.0.13 条第 4 款规定："防水细部构造应全数检查。"

答案：D

考点：地下防水检验批与检验数量。

41. 解析：《地下防水验收规范》4.1.18 条规定："防水混凝土结构表面的裂缝宽度不应大于 0.2mm 且不得贯通。"B 正确。

答案：B

考点：防水混凝土施工质量要求。

42. 解析：《地下防水验收规范》4.2.2 条及 4.2.5 条规定：水泥砂浆防水层应采用聚合物、掺外加剂或掺合料的水泥防水砂浆；施工应分层铺抹或喷涂；终凝后应及时进行养护（D 选项要求不正确），温度不低于 5℃，时间不少于 14d。

答案：D

考点：水泥砂浆防水层施工。

43. 解析：《地下防水验收规范》4.1.19 条规定："防水混凝土的结构厚度不应小于 250mm。"D 选项正确。

答案：D

考点：防水混凝土施工要求。

44. 解析：《装修验收标准》第 3.1.1 条规定："建筑装饰装修工程应进行设计，并应出具完整的施工图设计文件"，B 选项"应具有经批准的装饰装修方案设计文件"表述不准确。《装修验收标准》第 3.1.2 条规定："建筑装饰装修设计应符合城市规划、防火、环保、节能、减排等有关规定"（说明："减排"是 2018 版标准较此题考试时所用 2001 版规范增加的内容），C 选项表述准确。《装修验收标准》第 3.1.1 条规定，建筑装饰装修工程设计深度应满足施工要求，D 选项表述准确。关于设计资质的 A 选项表述，是此题考试时所用 2001 版规范的准确内容，而在 2018 版《装修验收标准》中，不再强调设计资质和施工资质。此题选 B。

答案：B

考点：装饰装修设计规定。

45. 解析：《装修验收规范》2001 版 4.1.8 条曾规定：抹灰用的石灰膏的熟化期不应少于 15d，罩面用的磨细石灰粉的熟化期不应少于 3d。故选 A。需注意，新《装修验收标准》2018 版已排除了麻刀石灰和纸筋石灰抹灰，故未再对石灰膏熟化提出要求。

答案：A

考点：抹灰的一般规定。

46. 解析：《装修验收标准》4.2.7 条规定："水泥砂浆不得抹在石灰砂浆层上，罩面石膏灰不得抹在水泥砂浆层上。”前者避免空鼓脱落，后者避免开裂。

答案：C

考点：一般抹灰要求。

47. **解析**：规范规定：建筑外墙金属窗、塑料窗施工前，应对抗风压性能、空气渗透性能和雨水渗漏性能进行复验。不包括保温隔热性能。故选C。需注意，新《装修验收标准》2018版对性能名称作了改变，即将“空气渗透性能”改为“气密性”，“雨水渗透性”改为“水密性”。

答案：C

考点：门窗工程的一般规定。

48. **解析**：制作胶合板门、纤维板门时，其横楞和上、下冒头应各钻两个以上的透气孔，并保证通畅，以防止返潮、起鼓、开裂。

答案：C

考点：木门窗的制作。

49. **解析**：铝合金、塑料门窗推拉门窗扇开关力应不大于100N，用弹簧秤检查。（注意：《装修验收标准》2018版将开关力检查改为用测力计）

答案：D

考点：门窗安装质量检查。

50. **解析**：管道和设备在吊顶中占有最重要的地位，一旦出现问题将对吊顶造成致命影响。因此《装修验收标准》第7.1.10条强调，吊顶工程“安装面板前应完成吊顶内管道和设备的调试及验收。”另A、B及D项不是每次面板安装前必须检查的项目。故选C。

答案：C

考点：吊顶安装的一般规定。

51. **解析**：《装修验收标准》第7.2.1、7.3.1、7.4.1均规定：“吊顶标高、尺寸、起拱和造型应符合设计要求。”故选A。

答案：A

考点：吊顶安装要求。

52. **解析**：暗龙骨石膏板吊顶工程中，纸面石膏板接缝开裂是常见的质量通病。因此《装修验收标准》第7.2.5条规定：石膏板的接缝应按其施工工艺标准进行防裂处理。安装双层石膏板时，面层板与基层板的接缝应错开，并不得在同一根龙骨上接缝。故选B。（注：暗龙骨吊顶现应作“整体面层吊顶”）

答案：B

考点：整体面层吊顶施工要求。

53. **解析**：《装修验收标准》7.3.3条规定：明龙骨吊顶（现称“板块面层吊顶”）工程面板的安装应稳固严密，面板与龙骨的搭接宽度应大于龙骨受力面宽度的2/3。如图，饰面板搭在T形龙骨上，左侧搭接宽度不足，右侧正确。

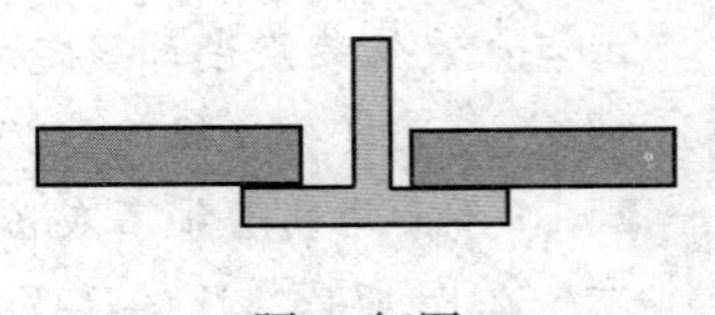

题53解图

答案：A

考点：板块面层吊顶施工要求。

54. **解析：**《装修验收标准》第 10.1.2 条规定了饰面砖工程验收时应检查的文件和记录：①饰面砖工程的施工图、设计说明及其他文件（A 表述准确）；②材料的产品合格证书、性能检验报告、进场验收记录和复验报告（B 表述准确）；③外墙面砖施工前粘贴样板和外墙饰面砖粘贴工程饰面砖粘结强度检验报告（C 表述不准确，外墙需检验粘结强度，室内饰面砖则不需要）；④隐蔽工程验收记录（D 表述准确）；⑤施工记录。故选 C。

答案：C

考点：饰面砖工程的一般规定。

55. **解析：**湿作业法安装石材饰面板，其背后需灌筑水泥砂浆。为了避免盐分、碱分渗透过石材而影响装饰效果，2001 版《装修验收规范》8.2.7 条规定，在安装前对石材应进行防碱背涂处理。故选 B。需注意，在现行规范《装修验收标准》第 9.2.7 条规定："采用湿作业法施工的石板安装工程，石板应进行防碱密封处理"。

答案：B

考点：石板安装要求。

56. **解析：**《装修验收标准》第 11.1.3 条规定，石材幕墙工程施工前，应对以下材料及性能指标进行复验：石材的抗弯强度，寒冷地区石材的耐冻融性，室内用花岗石的放射性；结构胶的粘结强度；密封胶的污染性。对石材的吸水率未明确要求复验，但有严格限制（小于 0.8%）。而题目所列"外幕墙"，对"花岗石的放射性"无复验要求和严格限制。故 C 较合题意。

答案：C

考点：幕墙工程的一般规定。

57. **解析：**《地面施工验收规范》第 3.0.1 条规定：建筑地面整体面层工程属于建筑装饰装修分部工程中的一项子分部工程。具体划分见表 3.0.1（题 57 解表）。

建筑地面工程子分部工程、分项工程的划分表 题 57 解表

<table>
<tr><th>分部工程</th><th colspan="2">子分部工程</th><th>分项工程</th></tr>
<tr><td rowspan="6">建筑装饰装修工程</td><td rowspan="6">地面</td><td rowspan="2">整体面层</td><td>基层：基土、灰土热层、砂垫层和砂石垫层、碎石垫层和碎砖垫层、三合土及四合土垫层、炉渣垫层、水泥混凝土垫层和陶粒混凝土垫层、找平层、隔离层、填充层、绝热层</td></tr>
<tr><td>面层：水泥混凝土面层、水泥砂浆面层、水磨石面层、硬化耐磨面层、防油渗面层、不发火（防爆）面层、自流平面层、涂料面层、塑胶面层、地面辐射供暖的整体面层</td></tr>
<tr><td rowspan="2">板块面层</td><td>基层：基土、灰土垫层、砂垫层和砂石垫层、碎石垫层和碎砖垫层、三合土及四合土垫层、炉渣垫层、水泥混凝土垫层和陶粒混凝土垫层、找平层、隔离层、填充层、绝热层</td></tr>
<tr><td>面层：砖面层（陶瓷锦砖、缸砖、陶瓷地砖和水泥花砖面层）、大理石面层和花岗石面层、预制板块面层（水泥混凝土板块、水磨石板块、人造石板块面层）、料石面层（条石、块石面层）、塑料板面层、活动地板面层、金属板面层、地毯面层、地面辐射供暖的板块面层</td></tr>
<tr><td rowspan="2">木、竹面层</td><td>基层：基土、灰土垫层、砂垫层和砂石垫层、碎石垫层和碎砖垫层、三合土及四合土垫层、炉渣垫层、水泥混凝土垫层和陶粒混凝土垫层、找平层、隔离层、填充层、绝热层</td></tr>
<tr><td>面层：实木地板、实木集成地板、竹地板面层（条材、块材面层）、实木复合地板面层（条材、块材面层）、浸渍纸层压木质地板面层（条材、块材面层）、软木类地板面层（条材、块材面层）、地面辐射供暖的木板面层</td></tr>
</table>

答案： B

考点： 地面工程的划分。

58. **解析：**《地面施工验收规范》第 3.0.11 条规定：建筑地面工程施工时，各层材料铺设时环境温度的控制应符合材料或产品的技术要求，并符合：①采用掺有水泥、石灰的拌和料铺设以及用石油沥青胶结料铺贴时，不应低于 5℃；②采用有机胶粘剂粘贴时，不应低于 10℃；③采用砂、石材料铺设时，不应低于 0℃；④采用自流平、涂料铺设时，应为 5～30℃。故 D 选项说法错误。

答案： D

考点： 地面施工环境温度控制。

59. **解析：** 按照《地面施工验收规范》第 4.3.1、4.4.1、4.5.1、4.6.1、4.7.1、4.8.2 条规定，地面垫层的最小厚度：

灰土垫层、砂石垫层、碎石和碎砖垫层、三合土垫层≥100mm；

砂垫层、混凝土垫层≥60mm；

炉渣垫层、轻骨料混凝土垫层≥80mm。

可见 D 选项"炉渣垫层"最小厚度可以小于 100mm。

答案： D

考点： 地面基层铺设要求。

60. **解析：**《地面施工验收规范》第 4.3.2 条规定：熟化石灰粉可采用磨细生石灰或粉煤灰代替（A 表述正确）。第 4.3.6 条规定：灰土体积比应符合设计要求。可见 B 选项中"按重量比"不符合规范。第 4.3.3 条规定：灰土垫层应铺设在不受地下水浸泡的基土上，施工后应有防治水浸泡的措施（C 表述正确）。4.3.4 条规定：灰土垫层应分层夯实，经湿润养护、晾干后方可进行下一道工序施工（D 表述正确）。故选 B。

答案： B

考点： 灰土垫层施工。

61. **解析：**《地面施工验收规范》第 4.9.4 条规定：在预制钢筋混凝土板相邻缝底宽不应小于 20mm。故 A 选项不符合规范，其他选项符合规范，且填缝高度应低于板面 10～20mm，养护至 C15 后方可继续施工。

答案： A

考点： 地面找平层施工要求。

62. **解析：**《地面施工验收规范》第 4.10.5 条规定：在靠近柱、墙处，防水隔离层铺涂高度应高出面层 200～300mm。故 B 要求错误。

答案： B

考点： 隔离层施工要求。

63. **解析：** 注册建筑师条例第八条规定，符合下列条件之一的，可以申请参加一级注册建筑师考试：（一）取得建筑学硕士以上学位或者相近专业工学博士学位，并从事建筑设计或者相关业务 2 年以上的；（二）取得建筑学学士学位或者相近专业工学硕士学位，并从事建筑设计或者相关业务 3 年以上的；（三）具有建筑学业大学本科毕业学历并从事建筑设计或者相关业务 5 年以上的，或者具有建筑学相近专业大学本科毕业学历并从事建筑设计或者相关业务 7 年以上的；（四）取得高级工程师技术职称并从事建筑设计或者相关业务3年以上的，或者取得工程师技术职称并从事建筑设计或者相关业务5年以上的；（五）不具有前四项规定的条件，但设计成绩突出，经全国注册建筑师管理委员会认定达到前四项规定的专业水平的。

答案： A

考点： 注册建筑师考试资格，硕士2年以上。

64. **解析：**《注册建筑师条例》第十七条规定，申请注册建筑师初始注册，应当具备以下条件：（一）依法取得执业资格证书或者互认资格证书；（二）只受聘于中华人民共和国境内的一个建设工程勘察、设计、施工、监理、招标代理、造价咨询、施工图审查、城乡规划编制等单位（以下简称聘用单位）；（三）近三年内在中华人民共和国境内从事建筑设计及相关业务一年以上；（四）达到继续教育要求；（五）没有本细则第二十一条所列的情形。

答案： D

考点： 注册条件没有职称要求。

65. **解析：**《建筑师条例细则》第十八条规定：初始注册者可以自执业资格证书签发之日起三年内提出申请。逾期未申请者，须符合继续教育的要求后方可申请初始注册。

答案： C

考点： 注册条件时限。

66. **解析：**《设计管理条例》2015年修订版第四十四条规定：抢险救灾及其他临时性建筑和农民自建两层以下住宅的勘察、设计活动，不适用本条例。所以Ⅱ、Ⅳ的行为谈不上违法。

答案： B

考点： 条例适用范围。

67. **解析：**《设计管理条例》第十四条规定：建设工程勘察、设计方案评标，应当以投标人的业绩、信誉和勘察、设计人员的能力以及勘察、设计方案的优劣为依据，进行综合评定。

答案： D

考点： 设计方案评标依据。

68. **解析：** 主体部分不能分包。《设计管理条例》第十九条规定：除建设工程主体部分的勘察、设计外，经发包方书面同意，承包方可以将建设工程其他部分的勘察、设计再分包给其他具有相应资质等级的建设工程勘察、设计单位。

答案： C

考点： 关于分包的规定。

69. **解析：** 工程保修书是施工单位签署的。《工程质量条例》第十六条规定，建设单位收到建设工程竣工报告后，应当组织设计、施工、工程监理等有关单位进行竣工验收。建设工程竣工验收应当具备下列条件：（一）完成建设工程设计和合同约定的各项内容；（二）有完整的技术档案和施工管理资料；（三）有工程使用的主要建筑材料、建筑构配件和设备的进场试验报告；（四）有勘察、设计、施工、工程监理等单位分别签署的质量合格文件；（五）有施工单位签署的工程保修书。

答案： D

考点：竣工条件中保修书是施工单位签的。

70. **解析**：《民法典》第七百八十八条规定，建设工程合同包括工程勘察、设计、施工合同。

答案：C

考点：工程监理属于服务合同，不能算工程合同。

71. **解析**：《民法典》第四百七十三条规定，要约是希望和他人订立合同的意思表示，该意思表示应当符合下列规定：（一）内容具体确定；（二）表明经受要约人承诺，要约人即受该意思表示约束。第十五条规定，要约邀请是希望他人向自己发出要约的意思表示。寄送的价目表、拍卖公告、招标公告、招股说明书、商业广告等为要约邀请。

答案：B

考点：要约和要约邀请。

72. **解析**：《设计管理条例》第二十五条规定，编制建设工程勘察、设计文件，应当以下列规定为依据：（一）项目批准文件；（二）城市规划；（三）工程建设强制性标准；（四）国家规定的建设工程勘察、设计深度要求。

答案：D

考点：设计依据。

73. **解析**：《设计管理条例》第二十六条规定：编制建设工程勘察文件，应当真实、准确，满足建设工程规划、选址、设计、岩土治理和施工的需要；编制方案设计文件，应当满足编制初步设计文件和控制概算的需要；编制初步设计文件，应当满足编制施工招标文件、主要设备材料订货和编制施工图设计文件的需要；编制施工图设计文件，应当满足设备材料采购、非标准设备制作和施工的需要，并注明建设工程合理使用年限。

答案：A

考点：设计内容。

74. **解析**：《设计管理条例》第二十七条规定：设计文件中选用的材料、构配件、设备，应当注明其规格、型号、性能等技术指标，其质量要求必须符合国家规定的标准。除有特殊要求的建筑材料、专用设备和工艺生产线等外，设计单位不得指定生产厂、供应商。

答案：C

考点：设计单位不得指定生产厂、供应商。

75. **解析**：《强制性标准监督规定》第三条规定：本规定所称工程建设强制性标准是指直接涉及工程质量、安全、卫生及环境保护等方面的工程建设标准强制性条文。

答案：B

考点：强制性条文涉及的内容，美观不属于。

76. **解析**：《强制性标准监督规定》第五条规定：工程建设中拟采用的新技术、新工艺、新材料，不符合现行强制性标准规定的，应当由拟采用单位提请建设单位组织专题技术论证，报批准标准的建设行政主管部门或者国务院有关主管部门审定。

工程建设中采用国际标准或者国外标准，现行强制性标准未作规定的，建设单位应当向国务院建设行政主管部门或者国务院有关行政主管部门备案。

答案：A

考点：突破强制性条文的规定。

77. 解析：《强制性标准监督规定》规定：工程质量监督机构应当对工程建设施工、监理、验收等阶段执行强制性标准的情况实施监督。

答案：D

考点：质量监督机构的监督范围。

78. 解析：《城乡规划法》第十七条规定，城市总体规划、镇总体规划的内容应当包括：城市、镇的发展布局，功能分区，用地布局，综合交通体系，禁止、限制和适宜建设的地域范围，各类专项规划等。

规划区范围、规划区内建设用地规模、基础设施和公共服务设施用地、水源地和水系、基本农田和绿化用地、环境保护、自然与历史文化遗产保护以及防灾减灾等内容，应当作为城市总体规划、镇总体规划的强制性内容。建筑高度问题是详细规划的内容。

答案：A

考点：总体规划的强制性内容。

79. 解析：《城乡规划法》第三十条规定：城市新区的开发和建设，应当合理确定建设规模和时序，充分利用现有市政基础设施和公共服务设施，严格保护自然资源和生态环境，体现地方特色。

在城市总体规划、镇总体规划确定的建设用地范围以外，不得设立各类开发区和城市新区。

答案：C

考点：城乡规划的实施。

80. 解析：《城乡规划法》第十三条规定：省、自治区人民政府组织编制省域城镇体系规划，报国务院审批。

答案：D

考点：规划的审批。

81. 解析：《房地产管理法》第十三条规定：土地使用权出让，可以采取拍卖、招标或者双方协议的方式。

答案：C

考点：土地使用权出让的规定。

82. 解析：《房地产管理法》第四十五条规定，商品房预售，应当符合下列条件：（一）已交付全部土地使用权出让金，取得土地使用权证书；（二）持有建设工程规划许可证；（三）按提供预售的商品房计算，投入开发建设的资金达到工程建设总投资的25%以上，并已经确定施工进度和竣工交付日期；（四）向县级以上人民政府房产管理部门办理预售登记，取得商品房预售许可证明。C项应为25%以上才对。

答案：C

考点：商品房预售条件。

83. 解析：丙是施工单位，不能自己监理自己，戊和施工单位丙同属一个集团也不行。

答案：B

考点：关于监理的规定。

84. **解析**：《工程质量条例》第三十七条规定：工程监理单位应当选派具备相应资格的总监理工程师和监理工程师进驻施工现场。

未经总监理工程师签字，建设单位不拨付工程款，不进行竣工验收。

答案：D

考点：总监理工程师职责与权力。

85. **解析**：《工程质量条例》第六十三条规定，违反本条例规定，有下列行为之一的，责令改正，处10万元以上30万元以下的罚款：（一）勘察单位未按照工程建设强制性标准进行勘察的；（二）设计单位未根据勘察成果文件进行工程设计的；（三）设计单位指定建筑材料、建筑构配件的生产厂、供应商的；（四）设计单位未按照工程建设强制性标准进行设计的。

答案：C

考点：工程质量管理条例中的罚则。

2011年试题、解析、答案及考点

2011年 试 题

《建筑工程建筑面积计算规范》GB/T 50353—2013已于2014年7月1日起实施；《屋面工程质量验收规范》GB 50207—2012已于2012年10月1日起实施。本套题中的22、37、40题不适用新规范，已按新规范改题并作答，请读者注意。

1. 对于设备运杂费的阐述，正确的是(　　)。
   A　设备运杂费属于工程建设其他费用
   B　设备运杂费通常由运费和装卸费、包装费、设备供销部门的手续费、采购与仓库保管费构成
   C　设备运杂费的取费基础是运费
   D　工程造价构成中不含设备运杂费
2. 属于建筑安装工程间接费的是(　　)。
   A　临时设施费　　B　危险作业意外伤害保险费
   C　环境保护费　　D　已完工程和设备保护费
3. 工程建设其他费用中，与未来企业生产和经营活动有关的是(　　)。
   A　建设管理费　　B　勘察设计费
   C　工程保险费　　D　联合试运转费
4. 根据我国现行建筑安装工程费用组成的规定，工地现场材料采购人员的工资应计入(　　)。
   A　人工费　　B　材料费　　C　现场经费　　D　企业管理费
5. 设计三级概算是指(　　)。
   A　项目建议书概算、初步可行性研究概算、详细可行性研究概算
   B　投资概算、设计概算、施工图概算
   C　总概算、单项工程综合概算、单位工程概算
   D　建筑工程概算、安装工程概算、装饰装修工程概算
6. 某新建项目建设期为1年，向银行贷款500万元，年利率为10%，建设期内贷款分季度均衡发放，只计息不还款，则建设期贷款利息为(　　)。
   A　0万元　　B　25万元　　C　50万元　　D　100万元
7. 当初步设计深度不够，不能准确地计算工程量，但工程设计采用的技术比较成熟而又有类似工程概算指标可以利用时，编制工程概算可以采用(　　)。
   A　单位工程指标法　　B　概算指标法
   C　概算定额法　　D　类似工程概算法
8. 基本预备费计算的基数是(　　)。
   A　工程费用+室外工程费+红线外市政工程费

B　工程直接费+间接费

C　工程费用+建设单位管理费

D　工程费用+工程建设其他费

9. 采用工程量清单计价，可作为竞争性费用的是（　　）。

A　分部分项工程费　　B　税金

C　规费　　D　安全文明施工费

10. 采用单价法编制施工图预算是以分部分项工程量乘以单价后的合计作为（　　）。

A　措施费　　B　直接工程费

C　间接费　　D　建筑安装工程费

11. 下列有关工程量清单的叙述中，正确的是（　　）。

A　工程量清单中含有工程数量和综合单价

B　工程量清单是招标文件的组成部分

C　在招标人同意的情况下，工程量清单可以由投标人自行编制

D　工程量清单编制准确性和完整性的责任单位是投标单位

12. 根据《建设工程工程量清单计价规范》GB 50500—2003 规定，投标单位各实体工程的风险费用应计入（　　）。

A　其他项目清单计价表　　B　材料清单计价表

C　分部分项工程清单计价表　　D　措施费表

13. 下列各类建筑中土建工程单方造价最高的是（　　）。

A　砖混结构车库　　B　砖混结构住宅

C　框架结构住宅　　D　钢筋混凝土结构地下车库

14. 下列外墙面层材料每平方米单价最低的是（　　）。

A　花岗石　　B　大理石　　C　金属板　　D　水泥砂浆

15. 一般情况下，砖混结构形式的多层建筑随层数的增加，土建单方造价（元/m^2）会有何变化？（　　）

A　降低　　B　不变

C　增加　　D　层数增加越多单价降低越大

16. 在设计阶段实施价值工程进行设计方案优化的步骤一般为（　　）。

A　功能评价→功能分析→方案创新→方案评价

B　功能评价→功能分析→方案评价→方案创新

C　功能分析→功能评价→方案创新→方案评价

D　功能分析→功能评价→方案评价→方案创新

17. 在住宅小区规划设计中节约用地的主要措施有（　　）。

A　增加建筑的间距　　B　提高住宅层数或高低层搭配

C　缩短房屋进深　　D　压缩公共建筑的层数

18. 反映公共建筑使用期内经济性的指标是（　　）。

A　单位造价　　B　能源耗用量　　C　面积使用系数　　D　建筑用钢量

19. 下列有关工业项目总平面设计评价指标的说法，正确的是（　　）。

A　建筑系数反映了总平面设计的功能分区的合理性

B　土地利用系数反映出总平面布置的经济合理性和土地利用效率

C　绿化系数应该属于工程量指标的范畴

D　经济指标是指工业项目的总运输费用、经营费用等

20. 一栋4层坡屋顶住宅楼，勒脚以上结构外围水平面积每层为930m²，1～3层各层层高均为3.0m；建筑物顶层全部加以利用，净高超过2.1m的面积为410m²，净高在1.2～2.1m的面积为200m²，其余部位净高小于1.2m，该住宅的建筑面积为(　　)。

A　3100m²　　B　3300m²　　C　3400m²　　D　3720m²

21. 以下说法正确的是(　　)。

A　建筑物通道（骑楼、过街楼的底层）应计算建筑面积

B　建筑物内的变形缝，应按其自然层合并在建筑物面积内计算

C　屋顶水箱、花架、凉棚、露台、露天游泳池应计算建筑面积

D　建筑物外墙保温不应计算建筑面积

22. 某建筑物的飘窗，窗台与室内楼地面高差为0.45m、结构净高为2.70m，其建筑面积应按下列何种方式计算？(　　)

A　按窗台板水平投影面积计算1/2面积

B　按其围护结构外围水平面积计算1/2面积

C　按其围护结构外围水平面积计算全面积

D　不计算

23. 在财务评价中使用的价格是(　　)。

A　影子价格　　B　基准价格　　C　预算价格　　D　市场价格

24. 可行性研究阶段进行敏感性分析，所使用的分析指标之一是(　　)。

A　总投资额　　B　借款偿还期　　C　内部收益率　　D　净年值

25. 砂浆应随拌随用，当施工期间最高气温超过30℃时水泥砂浆最迟使用完毕的时间是(　　)。

A　2h　　B　3h　　C　4h　　D　5h

26. 砖砌筑前浇水湿润是为了(　　)。

A　提高砖与砂浆间的粘结力　　B　提高砖的抗剪强度

C　提高砖的抗压强度　　D　提高砖砌体的抗拉强度

27. 混凝土小型空心砌块砌体的水平灰缝砂浆饱满度按净面积计算不得低于(　　)。

A　50%　　B　70%　　C　80%　　D　90%

28. 石砌挡土墙内侧回填土要分层回填夯实，其作用一是保证挡土墙内含水量无明显变化，二是保证(　　)。

A　墙体侧向土压力无明显变化　　B　墙体强度无明显变化

C　土体抗剪强度无明显变化　　D　土体密实度无明显变化

29. 设置在配筋砌体水平灰缝中的钢筋，应居中放置在灰缝中的目的一是对钢筋有较好的保护，二是(　　)。

A　提高砌体的强度　　B　提高砌体的整体性

C　使砂浆与块体较好地粘结　　D　使砂浆与钢筋较好地粘结

30. 蒸压加气混凝土砌块和轻骨料混凝土小型空心砌块在砌筑时，其产品龄期应超过28d，

其目的是控制(　　)。

A　砌块的规格形状尺寸　　B　砌块与砌体的粘结强度

C　砌体的整体变形　　D　砌体的收缩裂缝

31. 浇筑混凝土结构后拆除侧模时，混凝土强度要保证混凝土结构(　　)。

A　表面及棱角不受损坏　　B　不出现侧向弯曲变形

C　不出现裂缝　　D　达到抗压强度标准值

32. 模板安装时，现浇钢筋混凝土梁、板结构起拱的目的是(　　)。

A　提高结构的刚度　　B　提高结构的抗裂度

C　保证结构的整体性　　D　保证结构构件的形状和尺寸

33. 后张法施工预应力混凝土结构孔道灌浆的作用是为了防止预应力钢筋锈蚀和保证(　　)。

A　结构刚度　　B　结构承载力

C　结构抗裂度　　D　结构耐久性

34. 混凝土试件强度的尺寸换算系数为1.00时，混凝土试件的尺寸是(　　)。

A　50mm×50mm×50mm　　B　100mm×100mm×100mm

C　150mm×150mm×150mm　　D　200mm×200mm×200mm

35. 现浇钢筋混凝土结构楼面预留后浇带的作用是避免混凝土结构出现(　　)。

A　温度裂缝　　B　沉降裂缝　　C　承载力降低　　D　刚度降低

36. 现浇混凝土结构外观质量出现严重缺陷，提出技术处理方案的单位是(　　)。

A　设计单位　　B　施工单位　　C　监理单位　　D　建设单位

37. 屋面现浇泡沫混凝土整体保温层施工过程中，应随时检查泡沫混凝土的(　　)。

A　配比　　B　湿密度　　C　导热系数　　D　抗压强度

38. 严禁采用热熔法施工的卷材是(　　)。

A　厚度小于3mm的合成高分子卷材

B　厚度小于3mm的高聚物改性沥青防水卷材

C　PVC防水卷材

D　普通沥青防水卷材

39. 影响涂膜防水使用年限长短的决定因素是涂膜的(　　)。

A　含水率　　B　厚度　　C　不透水性　　D　施工季节

40. 屋面找平层施工中，能防止卷材开裂的有效措施是(　　)。

A　管根处、转角处做成圆弧形　　B　控制平整度

C　设置分格缝　　D　做好养护

41. 浇筑地下防水混凝土后浇带时，其两侧混凝土的龄期必须达到(　　)。

A　42d　　B　28d　　C　14d　　D　7d

42. 地下防水工程中，要求防水混凝土的结构最小厚度不得小于(　　)。

A　100mm　　B　150mm　　C　200mm　　D　250mm

43. 做地下防水工程时，在砂卵石层中注浆宜采用(　　)。

A　电动硅化注浆法　　B　高压喷射注浆法

C　劈裂注浆法　　D　渗透注浆法

44. 建筑装饰装修工程当涉及主体和承重结构改动或增加荷载时，对既有建筑结构安全性

进行核验、确认的单位是(　　)。

A　原结构设计单位　　B　原施工单位

C　原装饰装修单位　　D　建设单位

45. 抹灰层出现脱层、空鼓、裂缝和开裂等缺陷，将会降低墙体的哪个性能？(　　)

A　强度　　B　整体性

C　抗渗性　　D　保护作用和装饰效果

46. 在砌体上安装建筑外门窗时严禁采用的方法是(　　)。

A　预留洞口　　B　预埋木砖　　C　预埋金属件　　D　射钉固定

47. 塑料门窗框与墙体间缝隙应采用闭孔弹性材料填嵌饱满是为了(　　)。

A　防止门窗与墙体间出现裂缝　　B　防止门窗与墙体间出现冷桥

C　提高门窗与墙体间的整体性　　D　提高门窗与墙体间的连接强度

48. 明龙骨吊顶工程的饰面材料与龙骨的搭接宽度应大于龙骨受力面宽度的(　　)。

A　2/3　　B　1/2　　C　1/3　　D　1/4

49. 在吊顶内铺放纤维吸声材料时，应采取的施工技术措施是(　　)。

A　防潮措施　　B　防火措施　　C　防散落措施　　D　防霉变措施

50. 轻质隔墙工程是指(　　)。

A　加气混凝土砌块隔墙　　B　薄型板材隔墙

C　空心砖隔墙　　D　小砌块隔墙

51. 必须对室内用花岗石材料性能指标进行复验的项目是(　　)。

A　耐腐蚀性　　B　吸湿性　　C　抗渗性　　D　放射性

52. 在混凝土或水泥类抹灰基层涂饰涂料前，基层应做的处理项目是(　　)。

A　涂刷界面剂　　B　涂刷耐水腻子

C　涂刷抗酸封闭底漆　　D　涂刷抗碱封闭底漆

53. 以下哪项是造成抹灰基层上的裱糊工程质量不合格的关键因素？(　　)

A　表面平整程度　　B　基层颜色是否一致

C　基层含水率是否＜8%　　D　基层腻子有无起皮裂缝

54. 软包工程适用的建筑部位是(　　)。

A　墙面和花饰　　B　墙面和门　　C　墙面和橱柜　　D　墙面和窗

55. 建筑装饰装修工程为加强对室内环境的管理，规定进行控制的物质有(　　)。

A　甲醛、酒精、氡、苯　　B　甲醛、氡、氨、苯

C　甲醛、酒精、氨、苯　　D　甲醛、汽油、氡、苯

56. 地面工程的结合层采用以下哪种材料时施工环境最低温度不应低于5℃？(　　)

A　水泥拌合料　　B　砂料　　C　石料　　D　有机胶粘剂

57. 在建筑地面工程中，下列哪项垫层的最小厚度为80mm？(　　)

A　碎石垫层　　B　砂垫层　　C　炉渣垫层　　D　水泥混凝土垫层

58. 必须设置地面防水隔离层的建筑部位是(　　)。

A　更衣室　　B　厕浴间　　C　餐厅　　D　客房

59. 关于水磨石地面面层，下述要求中错误的是(　　)。

A　拌合料采用体积比

B　浅色的面层应采用白水泥

C　普通水磨石面层磨光遍数不少于3遍

D　防静电水磨石面层拌合料应掺入绝缘材料

60. 要求不导电的水磨石面层应采用的料石是(　　)。

A　花岗岩　　B　大理石　　C　白云岩　　D　辉绿岩

61. 一般情况下，有防尘和防静电要求的专业用房的建筑地面工程最好是采用(　　)。

A　活动地板面层　　B　塑料板面层　　C　大理石面层　　D　花岗石面层

62. 实木地板面层铺设时必须符合设计要求的项目是(　　)。

A　木材的强度　　B　木材的含水率　　C　木材的防火性能　　D　木材的防蛀性能

63. 某建筑师通过一级注册建筑师考试并取得执业资格证书后出国留学，四年后回国想申请注册，请问他需要如何完成注册？(　　)

A　直接向全国注册建筑师管理委员会申请注册

B　达到继续教育要求后，经户口所在地的省级注册建筑师管理委员会报送全国注册建筑师管理委员会申请注册

C　达到继续教育要求后，经受聘设计单位所在地的省级注册建筑师管理委员会报送全国注册建筑师管理委员会申请注册

D　重新参加一级注册建筑师考试通过后申请注册

64. 建筑设计单位承担民用建筑设计项目的条件是(　　)。

A　有注册建筑师盖章即可

B　由其他专业设计师任工程项目设计主持人或设计总负责人，注册建筑师任工程项目建筑专业负责人

C　由其他专业设计师任工程项目设计主持人或设计总负责人，注册建筑师任工程项目建筑专业审核人

D　由注册建筑师任工程项目设计主持人或设计总负责人

65. 注册建筑师注册的有效期为(　　)。

A　5年　　B　3年　　C　2年　　D　1年

66. 注册建筑师继续教育分为必修课和选修课，其学时要求是(　　)。

A　每年各为40学时

B　在每一注册有效期内各为40学时

C　在每一注册有效期内任选必修课或选修课共80学时

D　每年任选必修课或选修课共80学时

67. 甲级资质和乙级资质的两个设计单位拟参加某项目的工程设计，下列表述哪项是正确的？(　　)

A　可以以联合体形式按照甲级资质报名参加

B　可以以联合体形式按照乙级资质报名参加

C　后者可以以前者的名义参加设计投标，中标后前者将部分任务分包给后者

D　前者与后者不能组成联合体共同投标

68. 依法必须进行工程设计招标的项目，其评标委员会由招标人的代表和有关技术、经济等方面的专家组成，成员人数为（　　）。

A 三人以上单数　　B 五人以上单数
C 七人以上单数　　D 九人以上单数

69. 下列关于工程设计中标人按照合同约定履行义务完成中标项目的叙述，哪条是正确的？(　　)
A 中标人经招标人同意，可以向具备相应资质条件的他人转让中标项目
B 中标人按照合同约定，可以将中标项目肢解后分别向具备相应资质条件的他人转让
C 中标人按照合同约定，可以将中标项目的部分非主体工作分包给具备相应资质条件的他人完成，并可以再次分包
D 中标人经招标人同意，可以将中标项目的部分非关键性工作分包给具备相应资质条件的他人完成，并不得再次分包

70. 申请领取施工许可证要由以下哪家单位办理？(　　)
A 建设单位　B 设计单位　C 施工单位　D 监理单位

71. 建设工程合同包括(　　)。
A 工程设计、监理、施工合同　　B 工程勘察、设计、监理合同
C 工程勘察、监理、施工合同　　D 工程勘察、设计、施工合同

72. 技术改造项目可依据设计复杂程度增加设计收费的调整系数，其范围为(　　)。
A 1.1～1.3　B 1.1～1.4　C 1.2～1.4　D 1.1～1.5

73. 根据《建筑工程设计文件编制深度规定》，民用建筑工程一般分为(　　)。
A 方案设计、施工图设计二个阶段
B 概念性方案设计、方案设计、施工图设计三个阶段
C 可行性研究、方案设计、施工图设计三个阶段
D 方案设计、初步设计、施工图设计三个阶段

74. 修改建设工程设计文件的正确做法是(　　)。
A 无须委托原设计单位而由原设计人员修改
B 由原设计单位修改
C 无须征询原设计单位同意而由具有相应资质的设计单位修改
D 由施工单位修改，设计人员签字认可

75. 可满足设备材料采购需要的建设工程设计文件是(　　)。
A 可行性研究报告　　B 方案设计文件
C 初步设计文件　　D 施工图设计文件

76. 对工程项目执行强制性标准情况进行监督检查的单位为(　　)。
A 建设项目规划审查机构　　B 工程建设标准批准部门
C 施工图设计文件审查单位　　D 工程质量监督机构

77. 以下哪个单位的人员必须熟悉、掌握工程建设强制性标准？(　　)
Ⅰ.建设单位；Ⅱ.建设项目规划审查机关；Ⅲ.施工图设计文件审查单位；Ⅳ.建筑安全监督管理机构；Ⅴ.工程质量监督机构
A Ⅰ、Ⅱ、Ⅲ、Ⅳ　　B Ⅰ、Ⅱ、Ⅲ、Ⅴ
C Ⅰ、Ⅲ、Ⅳ、Ⅴ　　D Ⅱ、Ⅲ、Ⅳ、Ⅴ

78. 城市规划区内建设工程在设计任务书报请批准时，必须附有哪个行政主管部门的选址意见书？（　　）

A　建设主管部门　　　　　　　　　　B　规划主管部门

C　房地产主管部门　　　　　　　　　D　国土资源主管部门

79. 建设工程竣工验收后，应在多长时间内向城乡规划主管部门报送有关竣工验收资料？（　　）

A　一个月　　　　B　三个月　　　　C　半年　　　　D　一年

80. 负责最终审批省会城市城市总体规划的是（　　）。

A　本市人民政府　　　　　　　　　　B　本市人民代表大会

C　省政府　　　　　　　　　　　　　D　国务院

81. 下列土地使用权出让方式的表述中，何者是正确的？（　　）

A　不得采取双方协议的方式

B　只能采取拍卖的方式

C　只能采取招标的方式

D　可以采取拍卖、招标或者双方协议的方式

82. 下列以划拨方式取得土地使用权期限的表述中，何者是正确的？（　　）

A　使用期限为四十年　　　　　　　　B　使用期限为五十年

C　使用期限为七十年　　　　　　　　D　没有使用期限的限制

83. 下列监理单位可以从事的业务中，何者是正确的？（　　）

A　转让监理业务　　　　　　　　　　B　参与工程竣工预验收

C　经营建筑材料、构配件　　　　　　D　组织工程竣工预验收

84. 下列关于国外公司或社团组织在中国境内独立投资工程项目选择监理单位的问题，表述正确的是（　　）。

A　可以只委托国外监理单位承担建设监理业务

B　只能聘请中国监理单位独立承担建设监理业务

C　可以不聘请任何监理单位承担建设监理业务

D　可以委托国外监理单位和中国监理单位进行合作监理

85. 某住宅开发项目为建筑立面的美观和吸引购房者，开发公司要求设计卧室飘窗距地面400mm高，飘窗设置普通玻璃且不设栏杆，建设行政主管部门对其做出的如下做法哪项正确？（　　）

A　责令开发公司改正，并处以20万元以上50万元以下的罚款

B　责令开发公司改正，并处以10万元以上30万元以下的罚款

C　责令设计单位改正，并处以20万元以上50万元以下的罚款

D　责令设计单位改正，并处以10万元以上30万元以下的罚款

2011年试题解析、答案及考点

1. **解析：** 设备运杂费是由运费和装卸费、包装费、设备供销部门的手续费、采购与仓库保管费构成。

答案：B

考点：设备运杂费的构成。

2. 解析：危险作业意外伤害保险费是属于建安工程间接费的规费。

答案：B

考点：规费、间接费的内容。《建筑安装工程费用项目组成》建标［2013］44 号文中，已无建筑安装工程间接费的概念，按《社会保险法》《建筑法》的规定，取消原规费中危险作业意外伤害保险费，增加工伤保险费、生育保险费。工伤保险费、生育保险费列入规费中的社会保险费。

3. 解析：联合试运转费属于与未来企业生产和经营活动有关的工程建设其他费用。

答案：D

考点："与未来企业生产经营有关的费用"的内容。

4. 解析：建设单位管理费按规定不包括建设单位采购及保管材料所需的费用。因此，工地现场材料采购人员的工资应计入材料费。

答案：B

考点：材料费的内容。

5. 解析：设计三级概算是指：设计总概算、单项工程综合概算和单位工程概算。

答案：C

考点：设计三级概算的内容。

6. 解析：本题贷款均衡发放，可按下列公式：

本年应计利息＝(本年年初贷款本利和累计金额＋当年贷款额/2)×年利率

＝(0＋500/2)×10%＝25 万元

答案：B

考点：建设期贷款利息计算。

7. 解析：当初步设计深度不够，不能准确地计算工程量，但工程设计采用的技术比较成熟，而又有类似概算指标可以利用时，可采用概算指标法来编制工程设计概算。

答案：B

考点：设计概算的编制方法。

8. 解析：基本预备费计算的基数是"工程费用＋工程建设其他费用"。

答案：D

考点：基本预备费的计算方法。

9. 解析：根据《建设工程工程量清单计价规范》GB 50500—2013，规费、税金及安全文明施工费不可作为竞争性费用。分部分项工程费由投标人自主报价。

答案：A

考点：可作为竞争性费用、不可作为竞争性费用的内容。

10. 解析：采用单价法编制施工图预算是以分部分项工程量乘以分部分项工程单价后的合计为单位工程直接工程费。

答案：B

考点：单价法编制施工图预算的编制方法。

11. 解析：有关工程量清单的叙述中，"工程量清单是招标文件的组成部分"是正确的。

答案：B

考点：招标文件的组成。

12. 解析：按规定，投标单位各实体工程的风险费用应计入“分部分项工程量清单计价表”中，因为表中的综合单价考虑了风险因素。

答案：C

考点：工程量清单计价中的风险费用。

13. 解析：此题中各类土建工程单方造价最高的是钢筋混凝土结构地下车库。

答案：D

考点：不同结构的土建工程单方造价。

14. 解析：外墙面层材料每平方米单价最低的是水泥砂浆。

答案：D

考点：外墙面层材料的每平方米单价。

15. 解析：砖混结构的多层建筑随层数的增加，其土建单方造价（元/m^2）会降低。

答案：A

考点：不同层数的多层砖混结构房屋的土建单方造价。

16. 解析：在设计阶段实施价值工程进行设计方案优化的步骤为：功能分析→功能评价→方案创新→方案评价。

答案：C

考点：价值工程进行设计方案优化的步骤。（注：此题超出大纲内容）

17. 解析：在小区规划设计中节约用地的主要措施是提高住宅层数或高低层搭配。

答案：B

考点：小区规划设计中节约用地的措施。

18. 解析：在使用期内，反映公共建筑经济性的指标是能源耗用量。

答案：B

考点：使用期内反映公共建筑经济性的指标。

19. 解析：关于工业项目总平面设计评价指标是土地利用系数，它反映出总平面布置的经济合理性和土地利用效率。

答案：B

考点：工业项目总平面设计的评价指标。

20. 解析：按规定，4 层坡屋顶住宅楼的建筑面积$=930\times3+410+200/2=3300m^2$。

答案：B

考点：坡屋顶房屋的建筑面积计算。

21. 解析：本题对建筑面积计算正确的是：按《面积计算规范》第 13.0.25 条“与室内相通的变形缝，应按其自然层合并在建筑物面积内计算”。

答案：B

考点：变形缝的建筑面积计算。

22. 解析：根据《建筑工程建筑面积计算规范》GB/T 50353—2013 第 3.0.13 条：窗台与室内楼地面高差在 0.45m 以下且结构净高在 2.10m 及以上的凸（飘）窗，应按其围护结构外围水平面积计算 1/2 面积。

第 3.0.27 条不应计算建筑面积的项目：窗台与室内地面高差在 0.45m 以下且结构净高在 2.10m 以下的凸（飘）窗，窗台与室内地面高差在 0.45m 及以上的凸（飘）窗。

答案： D

考点： 飘窗的建筑面积计算。（注：此题按当时执行、现已废止的规范命题）

23. **解析：** 在财务评价中，使用现行市场价格。

答案： D

考点： 财务评价中使用的价格。

24. **解析：** 可行性研究阶段进行敏感性分析所使用的分析指标之一是内部收益率。

答案： C

考点： 敏感性分析的分析指标。

25. **解析：**《砌体验收规范》第 4.0.10 条规定：现场拌制的砂浆应随拌随用，拌制的砂浆应在 3h 内使用完毕。当施工期间最高气温超过 30℃时，应在 2h 内使用完毕。

答案： A

考点： 砌筑砂浆的使用时间。

26. **解析：**《砌体验收规范》条文说明第 5.1.6 条规定：试验研究和工程实践证明，砖的湿润程度对砌体施工质量影响较大，干砖砌筑不利于砂浆强度的正常增长，大大降低砖与砂浆间的粘结力。故选 A。

答案： A

考点： 浇水润砖的目的。

27. **解析：**《砌体验收规范》第 6.2.2 条规定：混凝土小砌块砌体水平灰缝和竖向灰缝的砂浆饱满度，按净面积计算不得低于 90%。另需注意：加气混凝土及轻骨料混凝土砌块砌筑填充墙时，水平、竖向灰缝的砂浆饱满度均不得低于 80%；而任何砖砌体只要求水平灰缝的饱满度不低于 80%。

答案： D

考点： 砂浆饱满度。

28. **解析：**《砌体验收规范》条文说明第 7.1.11 条规定：挡土墙内侧回填土的质量是保证挡土墙可靠性的重要因素之一；挡土墙顶部坡面便于排水，不会导致挡土墙内侧土含水量和墙的侧向土压力明显变化，以确保挡土墙的安全。为了确保夯实，每层铺松土宜为 300mm。

答案： A

考点： 挡土墙的回填。

29. **解析：**《砌体验收规范》条文说明第 8.1.3 条规定：砌体水平灰缝中钢筋居中放置有两个目的：一是对钢筋有较好的保护，二是有利于钢筋的锚固。"锚固"就需要钢筋与砂浆较好地粘结，从而达到粘结、加固的目的。故选 D。而 A、B 选项所述是在砌体中配筋的目的。

答案： D

考点： 配筋砌体施工要求。

30. **解析：**《砌体验收规范》条文说明第 6.1.3 条规定：小砌块龄期达到 28d 之前，自身收缩速度较快，其后收缩速度减慢，且强度趋于稳定。为有效控制砌体收缩裂缝，检验小砌块的强度，规定砌体施工时所用的小砌块产品龄期不应小于28d。故D选项符合题意。

答案：D

考点：砌块的龄期。

31. **解析**：《混凝土施工规范》第4.5.3条规定：当混凝土强度能够保证其表面及棱角不受损伤时，方可拆除侧模。故选A。而拆除底模，则据构件的类型及跨度有具体的强度要求。

答案：A

考点：拆除模板的规定。

32. **解析**：《混凝土验收规范》条文说明第4.2.7条规定：对跨度较大的现浇混凝土梁、板的模板，由于其施工阶段的自重作用，竖向支撑出现变形和下沉，如不起拱可能造成跨间明显变形。故在安装模板时适度起拱有利于保证结构构件的形状和尺寸。规范规定，方梁板跨度大于等于4m时，跨中起拱高度应为跨度的1‰～3‰。

答案：D

考点：模板起拱。

33. **解析**：《混凝土验收规范》条文说明第6.5.1条规定：预应力筋张拉后处于高应力状态，对腐蚀非常敏感，所以应尽早进行孔道灌浆。灌浆是对预应力筋的永久性保护措施，可有效地防止预应力钢筋侵蚀和保证结构的耐久性。

答案：D

考点：孔道灌浆。

34. **解析**：依据《混凝土验收规范》第7.1.2条，当采用非标准尺寸试件时，应将其抗压强度乘以尺寸折算系数，折算成边长为150mm的标准尺寸试件抗压强度。即混凝土试件尺寸150mm×150mm×150mm为标准尺寸试件，强度的尺寸换算系为1.00。故C选项正确。

答案：C

考点：混凝土施工的一般规定。

35. **解析**：《混凝土验收规范》条文说明第7.4.2条规定：混凝土后浇带对控制混凝土结构的温度、收缩裂缝有较大作用。可见，后浇带的主要作用是避免温度裂缝。故选A。还需注意，后浇带的留设位置应符合设计要求，而留设方法及处理方法应符合施工方案的要求。

答案：A

考点：混凝土后浇带的留设。

36. **解析**：依据《混凝土验收规范》第8.2.1条，现浇结构的外观质量不应有严重缺陷。对已经出现的严重缺陷，应由施工单位提出技术处理方案，经监理单位认可后进行处理，并重新检查验收。

答案：B

考点：现浇结构质量验收与处理。

37. **解析**：《屋面验收规范》第5.5.4条规定，浇筑过程中，应随时检查泡沫混凝土的湿密度。干密度是泡沫混凝土重要性能指标，直接影响泡沫混凝土的导热系数和抗压强度，但施工中无法及时得到，故只能利用事先试验得到的干、湿密度间的关系，通过检查湿密度控制施工质量。

答案： B

考点： 现浇泡沫混凝土施工。

38. **解析：**《屋面验收规范》第6.2.6条规定，厚度小于3mm的高聚物改性沥青防水卷材严禁采用热熔法施工。条文说明6.2.6条说明，因表面所涂覆的改性沥青较薄，采用热熔法施工容易把胎体增强材料烧坏，使其降低乃至失去拉伸性能，从而严重影响卷材防水层的质量。故B选项符合题意。实际上，A、C、D选项所述合成高分子卷材、PVC防水卷材、普通沥青防水卷材是不能采用热熔法施工的，只是规范中没有写"严禁使用"。

答案： B

考点： 屋面卷材防水层施工。

39. **解析：**《屋面验收规范》条文说明第6.3.7条规定：涂膜防水层使用年限长短的决定因素，除防水涂料技术性能外就是涂膜的厚度。故选B，因此涂膜平均厚度应符合设计要求，且最小厚度不得小于设计厚度的80%。

答案： B

考点： 屋面涂膜防水层施工。

40. **解析：**《屋面验收规范》条文说明第4.2.9条，调查分析认为，卷材、涂膜防水层的不规则拉裂，是由于找平层的开裂造成的。而水泥砂浆找平层的开裂又是难以避免的。找平层合理分格后，可将变形集中到分格缝处。从而避免找平层开裂，进而有效防止卷材开裂。故选C。

答案： C

考点： 屋面找平层施工。

41. **解析：**《地下防水验收规范》条文说明第5.3.6条规定：后浇带应在两侧混凝土干缩变形基本稳定后施工，混凝土收缩变形一般在龄期为6周后才能基本稳定。因此，浇筑防水混凝土后浇带时，其两侧混凝土的龄期必须达到42d。

答案： A

考点： 地下防水混凝土后浇带施工。

42. **提示：**《地下防水验收规范》第4.1.19条规定，防水混凝土结构厚度不应小于250mm，其允许偏差应为+8mm、.−5mm；主体结构迎水面钢筋保护层厚度不应小于50mm，其允许偏差应为±5mm。故选D。

答案： D

考点： 防水混凝土质量要求。

43. **解析：**《地下防水验收规范》第8.1.3条规定，在砂卵石层中宜采用渗透注浆法；在黏土层中宜采用劈裂注浆法；在淤泥质软土中宜采用高压喷射注浆法。

答案： D

考点： 地下防水注浆工程。

44. **解析：** 考试时所执行的2001版《装修验收规范》第3.1.5条规定，建筑装饰装修工程设计必须保证建筑物的结构安全和主要使用功能。当涉及主体和承重结构改动或增加荷载时，必须由原结构设计单位或具备相应资质的设计单位核查有关原始资料，对既有建筑结构的安全性进行核验、确认。故选 A。需注意的是，现行 2018 版《装修验收标准》第 3.1.4 条修订为：当“既有建筑装饰装修工程设计涉及主体和承重结构变动时，必须在施工前委托原结构设计单位或具有相应资质条件的设计单位提出设计方案，或由检测鉴定单位对建筑结构的安全性进行鉴定”。即原设计单位“提出设计方案”，而不是“核验、确认”。

答案： A

考点： 对装饰装修设计的基本规定。

（注：此题 2009 年考过）

45. **解析：** 考试时所执行的 2001 版《装修验收规范》条文说明第 4.2.5 条规定：抹灰工程的质量关键是粘结牢固，无开裂、空鼓与脱落。如果粘结不牢，出现空鼓、开裂、脱落等缺陷，会降低对墙体的保护作用，且影响装饰效果。2018 版《装修验收标准》对各种抹灰的检查验收的主控项目中，均包含“抹灰层与基层之间及各种抹灰层之间应粘结牢固，抹灰层应无脱层和空鼓，面层应无爆灰和裂缝”的规定。

答案： D

考点： 抹灰质量要求。

46. **解析：** 考试时所执行的 2001 版《装修验收规范》条文说明第 5.1.11 条规定：门窗安装是否牢固，既影响使用功能又影响安全，其重要性尤其以外墙门窗更为显著。考虑到砌体中砖、砌块以及灰缝的强度较低，受冲击容易破碎，故在砌体上安装门窗时严禁用射钉固定。2018 版《装修验收标准》第 6.1.11 条，仍规定：“在砌体上安装门窗严禁采用射钉固定”。

答案： D

考点： 门窗安装的一般规定。

47. **解析：** 考试时所执行的 2001 版《装修验收规范》条文说明第 5.4.7 条规定：塑料门窗的线性膨胀系数较大，由于温度升降易引起门窗变形或在门窗框与墙体间出现裂缝（故选 A），为了防止上述现象，特规定门窗框与墙体间缝隙应采用伸缩性能较好的闭孔弹性材料填嵌。需注意的是：2018 版《装修验收标准》第 6.4.4 条进一步明确了塑料窗框与洞口间的伸缩内应采用聚氨酯发泡胶填充，表面采用密封胶密封。

答案： A

考点： 塑料门窗安装。

48. **解析：** 详见 2012 年 53 题题解。

答案： A

考点： 板块面层吊顶施工要求。

49. **解析：**《装修验收标准》第 7.2.9，7.3.9，7.4.8 条均规定：吊顶内填充吸声材料的品种和铺设厚度应符合设计要求，并有防散落措施。即整体面层吊顶、板块面层吊顶和格栅吊顶均有此要求。

答案： C

考点： 吊顶工程质量要求。

50. **解析：**《装修验收标准》第 8.1.1 条规定：轻质隔墙工程适用于板材隔墙、骨架隔墙、活动隔墙、玻璃隔墙等。B选项所述“薄型板材隔墙”属于板材隔墙，而其他选项所述隔墙均不在轻质隔墙范畴内。

答案： B

考点： 轻质隔墙内容。

51. **解析：**《装修验收标准》第9.1.3条规定，饰面板工程应对一些材料及其性能指标进行复验，其中包括室内用花岗石板的放射性，不包括A、B、C选项所述项目，故选D。

答案： D

考点： 饰面板工程复验项目。

52. **解析：**《装修验收标准》第12.1.5条第1款规定：新建筑物的混凝土或抹灰基层在用腻子找平或直接涂饰涂料前应涂刷抗碱封闭底漆。

答案： D

考点： 涂饰工程的基层处理。

53. **解析：** 2001版《装修验收规范》条文说明第11.1.5条规定：基层的质量与裱糊工程的质量有非常密切的关系；抹灰工程的表面平整度、立面垂直度及阴阳角方正等质量均对裱糊质量影响很大，如其质量达不到高级抹灰的质量要求，将会造成裱糊时对花困难，并出现离缝和搭接现象，影响整体装饰效果，故抹灰质量应达到高级抹灰的要求。

答案： A

考点： 裱糊工程的基层处理。

54. **解析：** 2001版《装修验收规范》第11.3.1条规定，软包工程适用于墙面、门等工程。需要说明的是，2018版《装修验收标准》无此规定，只要求安装位置及构造做法符合设计要求。

答案： B

考点： 软包适用部位。

55. **解析：**《装修验收标准》第15.0.9条规定：“建筑装饰装修工程的室内环境质量应符合现行国家标准《民用建筑工程室内环境污染控制规范》GB 50325的规定”。而GB 50325—2010（2013版）第1.0.3条：“本规范控制的室内环境污染物有氡（简称Rn-2222）、甲醛、氨、苯和总有机挥发物（简称TVOC）”。故B选项符合题意。

答案： B

考点： 装饰装修工程室内环境控制。

56. **解析：**《地面验收规范》第3.0.11条规定：建筑地面工程施工时，各层环境温度的控制应符合材料或产品的技术要求，并应符合下列规定：1. 采用掺有水泥、石灰的拌合料铺设以及用石油沥青胶结料铺贴时，不应低于5℃；2. 采用有机胶粘剂粘贴时，不应低于10℃；3. 采用砂、石材料铺设时，不应低于0℃；4. 采用自流平、涂料铺设时，不应低于5℃，也不应高于30℃。故A选项正确。

答案： A

考点： 地面工程施工环境温度。

57. **解析：**《地面验收规范》第4.7.1条规定：炉渣垫层应采用炉渣，或水泥与炉渣，或水泥、石灰与炉渣的拌合料铺设，其厚度不应小于 80mm。故选 C。需注意，地面垫层的最小厚度取决于所用材料的强度及其颗粒粒径。规范规定可归纳如下：对于灰土垫层、砂石垫层、三合土、碎石和碎砖垫层，其最小厚度不得小于 100mm；对炉渣、陶粒混凝土垫层则不小于 80mm；对砂垫层、水泥混凝土垫层应不小于 60mm。

答案： C

考点： 地面垫层的最小厚度。

58. **解析：**《地面验收规范》第 4.10.11 条规定：厕浴间和有防水要求的建筑地面必须设置防水隔离层。选 B。另外需注意，防水隔离层的设置要求：楼层结构必须采用现浇混凝土或整块预制混凝土板，混凝土强度等级不应小于 C20；房间的楼板四周除门洞外应做混凝土翻边，高度不应小于 200mm，宽同墙厚，混凝土强度等级不应小于 C20。防水隔离层铺设后，应进行蓄水检验，深度不少于 10mm，时间为 24h，并做记录。

答案： B

考点： 地面隔离层施工要求。

59. **解析：**《地面验收规范》第 5.4.1 条规定：水磨石面层应采用水泥与石料拌合料铺设，有防静电要求时，拌合料内应按设计要求掺入导电材料。故 D 选项要求错误。

答案： D

考点： 水磨石面层施工要求。

60. **解析：**《地面验收规范》第 6.5.3 条规定：不导电的料石面层的石料应采用辉绿岩石加工制成。填缝材料亦采用辉绿岩石加工的砂嵌实。

答案： D

考点： 料石面层施工要求。

61. **解析：**《地面验收规范》第 6.7.1 条规定：活动地板面层宜用于有防尘和防静电要求的专业用户的建筑地面。应采用特制的平压刨花板为基材，表面可饰以装饰板，底层应用镀锌板经粘结胶合形成活动地板块，配以横梁、橡胶垫条和可供调节高度的金属支架组装成架空板，应在水泥类面层（或基层）上铺设。

答案： A

考点： 活动地板面层施工要求。

62. **解析：**《地面验收规范》第 7.2.8 条规定：实木地板、实木集成地板、竹地板面层采用的地板、铺设时的木（竹）材含水率、胶粘剂等应符合设计要求和国家现行有关标准的规定。

答案： B

考点： 木作面层施工要求。

63. **解析：**《建筑师条例细则》第十八条规定：初始注册者可以自执业资格证书签发之日起三年内提出申请。逾期未申请者，须符合继续教育的要求后方可申请初始注册。

答案： C

考点： 注册条件、时限。

64. **解析：**《建筑师条例细则》第三十条规定：注册建筑师所在单位承担民用建筑设计项目，应当由注册建筑师任工程项目设计主持人或设计总负责人；工业建筑设计项目，须由注册建筑师任工程项目建筑专业负责人。

答案：D

考点：注册建筑师条例细则，设计主持人的规定。

65. **解析：**《建筑师条例细则》第十九条规定：注册建筑师每一注册有效期为二年。

答案：C

考点：注册建筑师有效期。

66. **解析：**《建筑师条例细则》第三十五条规定：继续教育分为必修课和选修课，在每一注册有效期内各为四十学时。

答案：B

考点：注册建筑师继续教育规定。

67. **解析：**《建筑法》第二十七条规定：大型建筑工程或者结构复杂的建筑工程，可以由两个以上的承包单位联合共同承包。共同承包的各方对承包合同的履行承担连带责任。两个以上不同资质等级的单位实行联合共同承包的，应当按照资质等级低的单位的业务许可范围承揽工程。

答案：B

考点：联合承包的规定。

68. **解析：**《招投标法》第三十七条规定：评标由招标人依法组建的评标委员会负责。依法必须进行招标的项目，其评标委员会由招标人的代表和有关技术、经济等方面的专家组成，成员人数为五人以上单数。

答案：B

考点：评标委员会组成现象。

69. **解析：**《招投标法》第四十八条规定：中标人应当按照合同约定履行义务，完成中标项目。中标人不得向他人转让中标项目，也不得将中标项目肢解后分别向他人转让。中标人按照合同约定或者经招标人同意，可以将中标项目的部分非主体、非关键性工作分包给他人完成。接受分包的人应当具备相应的资格条件，并不得再次分包。中标人应当就分包项目向招标人负责，接受分包的人就分包项目承担连带责任。

答案：D

考点：设计分包的规定。

70. **解析：**《建筑法》第七条规定：建筑工程开工前，建设单位应当按照国家有关规定向工程所在地县级以上人民政府建设行政主管部门申请领取施工许可证。

答案：A

考点：建设单位申领施工许可证。

71. **解析：**监理属于咨询服务，不属于工程合同（见《民法典》第七百八十八条）。

答案：D

考点：监理服务不属于工程合同。

72. **解析：**见《工程勘察设计收费标准》1.0.12条。

答案：B

考点：设计收费规定。

73. **解析：**《设计文件深度规定》1.0.3条规定：民用建筑工程一般应分为方案设计、初步设计和施工图设计三个阶段。

答案：D

考点：设计文件编制深度。

74. **解析**：《设计管理条例》第二十八条规定：建设单位、施工单位、监理单位不得修改建设工程勘察、设计文件；确需修改建设工程勘察、设计文件的，应当由原建设工程勘察、设计单位修改。

答案：B

考点：修改设计文件的规定。

75. **解析**：《设计文件深度规定》第1.0.43条规定：施工图设计文件，应满足设备材料采购、非标准设备制作和施工的需要。

答案：D

考点：施工图设计深度。

76. **解析**：《强制性标准监督规定》第八条规定：工程建设标准批准部门应当定期对建设项目规划审查机关、施工图设计文件审查单位、建筑安全监督管理机构、工程质量监督机构实施强制性标准的监督进行检查，对监督不力的单位和个人，给予通报批评，建议有关部门处理。

答案：B

考点：对强制性标准的监督检查部门。

77. **解析**：《强制性标准监督规定》第七条规定：建设项目规划审查机关、施工图设计文件审查单位、建筑安全监督管理机构、工程质量监督机构的技术人员必须熟悉、掌握工程建设强制性标准。

答案：D

考点：熟悉、掌握强制性标准的部门。

78. **解析**：《城乡规划法》第三十六条规定：按照国家规定需要有关部门批准或者核准的建设项目，以划拨方式提供国有土地使用权的，建设单位在报送有关部门批准或者核准前，应当向城乡规划主管部门申请核发选址意见书。

答案：B

考点：选址意见书的核发部门。

79. **解析**：《城乡规划法》第四十五条规定：建设单位应当在竣工验收后六个月内向城乡规划主管部门报送有关竣工验收资料。

答案：C

考点：报道竣工资料的时限。

80. **解析**：《城乡规划法》第十四条规定：省、自治区人民政府所在地的城市以及国务院确定的城市的总体规划，由省、自治区人民政府审查同意后，报国务院审批。其他城市的总体规划，由城市人民政府报省、自治区人民政府审批。

答案：D

考点：规划的审批。

81. **解析**：《房地产管理法》第十三条规定：土地使用权出让，可以采取拍卖、招标或者双方协议的方式。

答案：D

考点：土地出让的方式。

82. **解析：**《房地产管理法》第二十三条规定：土地使用权划拨，是指县级以上人民政府依法批准，在土地使用者缴纳补偿、安置等费用后将该幅土地交付其使用，或者将土地使用权无偿交付给土地使用者使用的行为。依照本法规定以划拨方式取得土地使用权的，除法律、行政法规另有规定外，没有使用期限的限制。

答案：D

考点：划拨土地没有使用期限。

83. **解析：**《建设工程监理规范》GB 50319—2000 第 5.7.1 条规定：总监理工程师应组织专业监理工程师，对承包单位报送的竣工资料进行审查，并对工程质量进行竣工预验收。

答案：D

考点：竣工预验收应由监理单位总监负责组织。

84. **解析：**《工程建设监理规定》第二十七条规定：国外公司或社团组织在中国境内独立投资的工程项目建设，如果需要委托国外监理单位承担建设监理业务时，应当聘请中国监理单位参加，进行合作监理。中国监理单位能够监理的中外合资的工程建设项目，应当委托中国监理单位监理。若有必要，可以委托与该工程项目建设有关的国外监理机构监理或者聘请监理顾问。国外贷款的工程项目建设，原则上应由中国监理单位负责建设监理。如果贷款方要求国外监理单位参加的，应当与中国监理单位进行合作监理。国外赠款、捐款建设的工程项目，一般由中国监理单位承担建设监理业务。

答案：D

考点：此题按旧法规作答，无相应考点。

85. **解析：**《强制性标准监督规定》第十六条规定：建设单位有下列行为之一的，责令改正，并处以 20 万元以上 50 万元以下的罚款：

（一）明示或者暗示施工单位使用不合格的建筑材料、建筑构配件和设备的；

（二）明示或者暗示设计单位或者施工单位违反工程建设强制性标准，降低工程质量的。

答案：A

考点：甲方不能违背强制性标准。